"十二五"普通高等教育规划教材

聚合物加工流变学基础

FUNDAMENTALS OF RHEOLOGY FOR POLYMER PROCESSING

何 红 编著

化学工业出版社

·北京·

本书系统介绍了流变学的基本概念、材料流变特性与标准流动、聚合物本构方程及其建立方法，阐述了深入了解流变学的必备知识和思想。在流变学所需的数学基础方面，由浅入深，易于理解。全书共分七章，主要内容有流变学的基本效应，连续介质力学基础，流变学标准流动和材料函数，线性和非线性黏弹性本构方程和基本的流变学测量。

本书为高等学校机械设计及理论、化工过程机械、材料工程和化工专业的研究生、本科生教材，也可供从事高分子材料和加工有关的科研、技术人员参考。

图书在版编目（CIP）数据

聚合物加工流变学基础/何红编著 . —北京：化学工业
出版社，2015.3
"十二五"普通高等教育规划教材
ISBN 978-7-122-22619-8

Ⅰ. ①聚… Ⅱ. ①何… Ⅲ. ①高聚物-加工-流变学-
高等学校-教材 Ⅳ. ①TQ316

中国版本图书馆 CIP 数据核字（2014）第 301655 号

责任编辑：杨　菁　　　　　　　　　　　　文字编辑：徐雪华
责任校对：吴　静　　　　　　　　　　　　装帧设计：张　辉

出版发行：化学工业出版社（北京市东城区青年湖南街 13 号　邮政编码 100011）
印　　刷：北京永鑫印刷有限责任公司
装　　订：三河市宇新装订厂
787mm×1092mm　1/16　印张 10¼　字数 248 千字　　2015 年 4 月北京第 1 版第 1 次印刷

购书咨询：010-64518888(传真：010-64519686)　　售后服务：010-64518899
网　　址：http://www.cip.com.cn
凡购买本书，如有缺损质量问题，本社销售中心负责调换。

定　　价：30.00 元

前言 FOREWORD

流变学作为研究物质流动和形变的科学，涉及诸多学科基本理论和知识的相互交叉。笔者在高校为本科生和研究生教授流变学多年，深感目前流变学不同版本教材和有关参考著作常常是默认学生已经具备有关交叉学科的基本理论和知识，尤其是数学和流体力学，因而没有设置相关的内容，由此易造成流变学教学上难以循序渐进和系统化，没有相关基础知识的学生学习流变学会有一定困难，理解和掌握也难以透彻和全面。此为萌生本书编写的最初动因，同时考虑本书针对的物质材料主要为聚合物，所以取名为"聚合物加工流变学基础"。

本书的编写基于笔者20多年的流变学教学实践和研究基础，以国外同类流变学教材为主要参考，并根据教学内容和课时安排实际需要予以取舍，同时注意吸取流变学研究的新近成果和思想。内容共计7章。第1章为绪论，概括介绍流变学的背景知识；第2章首先回顾了流变学学习所需的数学中有关矢量的知识，然后比较详细地介绍了张量运算的知识；第3章为牛顿流体力学；第4章、第5章和第6章为流变学的核心内容，其中第4章包括流变学的标准流动和材料函数，第5章和第6章涉及本构方程的内容，从简单的无记忆广义牛顿流体的本构方程，到较复杂的有记忆效应的广义牛顿流体的本构方程，最后再到较高级的本构方程；第7章为流变学测量。

本书主要介绍聚合物加工所涉及的宏观流变学的基本理论和知识，并未详细论及微观流变学。对于化学工程类专业的学习者可以略过第3章，最后一章既可单独学习，也可结合前面第4、5、6章共同学习；自学者可依个人背景知识和实际需要具体决定。本书可用于机械工程、高分子科学与工程以及化学工程等专业的研究生、本科生教学或课程参考用书，也可用作相关工程技术人员查阅和自学用书。

本书出版得到北京化工大学研究生院的资助，成稿过程中得到其他老师的热情支持以及郝旭东、张静宜和傅学磊几位研究生的具体帮助和家人的鼓励，在此一并表示诚挚的感谢。

本书利用业余时间、多方收集资料累积整理而成，同时限于笔者水平，或有不当、疏漏之处，敬望同仁和读者不吝指教。

何 红
2014 年 11 月于北京化工大学

目录 CONTENTS

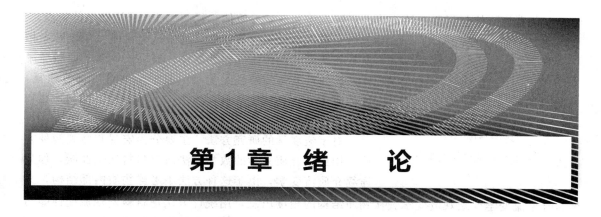

第1章 绪 论

1.1 流变学概念

什么是流变学？简要说流变学是研究材料流动及形变规律的科学。它主要研究复杂流体比如聚合物熔体或溶液、食品、血浆、生物材料、泥浆、悬浮液和膏状复合物等的流动行为，这些材料的流动行为不同于遵守牛顿内摩擦定律的黏性流体，也不同于遵从虎克弹性定律的弹性固体，而是表现出既有黏性，又有弹性，或者说"固-液两相性共存"，在不同的外界条件下，会表现出不同程度的流动和形变。若进一步用朴素的辩证观点来看，流动与形变无甚区别。流动可视为广义的形变，而形变也可以视为广义的流动，这主要取决于外力作用时间和观察者观测时间的尺度选择。

古希腊和古中国的哲人们早已有"万物皆流"的思想萌芽，而且也有用聪明智慧积累关于物质流动和形变知识并应用于实践活动的历史。然而，流变学真正成为一门独立学科始于上个世纪。1928 年美国物理化学家 E. C. Bingham 教授要解决交叉学科的一些物理问题时，请教了一位古典文学教授后发明了"流变学"这一名词。1929 年流变学会成立时采用了流变学这一术语与概念，至此被认为流变学诞生了。

流变学是一门涉及多学科交叉的边缘科学，研究领域及对象多种多样，因此有多个分支，比如高聚物流变学、化工流变学、石油流变学、生物流变学、食品流变学、金属流变学、地质流变学、纳米材料流变学、分形体流变学等。流变学是 20 世纪中叶以来发展最快的科学之一，这得益于与之密切关联的工业、相关科学理论技术以及计算机的突飞猛进发展。

现在不仅有国际性的流变学会，而且还有洲际、地区性和国家范围的流变学会，定期的流变学会议使各领域的流变学研究者进行相互交流，命名新的流变学名词术语，促进着流变学科的蓬勃发展。

1.2 流体分类与流变学研究方法

我们把遵守牛顿黏性定律的流体称为牛顿流体，这类流体通常为小分子液体和气体，如水、玉米油、糖浆等；而应力-剪切速率关系不符合牛顿内摩擦定律的流体称之为非牛顿流体。比较常见的非牛顿流体有高分子溶液和熔体，泥浆、油漆、涂料、纸浆悬浮液、牙膏、洗涤剂、奶油、面团等。非牛顿流体又可以进一步分为广义牛顿流体、黏弹性流体和触变流体。广义牛顿流体包括假塑性流体、宾汉流体和涨塑性流体，见图 1.1。假塑性流体特点是剪切变稀，高分子溶液或熔体就是这类流体，与之特点相反剪切增稠的流体是涨塑性流体，宾汉流体属于屈服性流体。黏弹性流体的特性是流动引发的形变可以部分恢复，这种流体既具有黏性又具有弹性，可细分为线性黏弹性和非线性黏弹性两大类，高分子材料流变行为属于后者。

$$
\text{非牛顿流体}\begin{cases} \text{广义牛顿流体}\begin{cases}\text{假塑性流体}\\\text{涨塑性流体}\\\text{宾汉流体}\end{cases}\\ \text{黏弹性流体}\\ \text{触变流体}\end{cases}
$$

图 1.1　非牛顿流体流变学分类表

对于流变学的研究方法，主要分为宏观和微观两种方法。用连续介质力学的数学方法研究材料流变性能，称为连续介质流变学，由于这种方法不考虑物质内部结构，又称为唯象流变学或宏观流变学。从物质结构的角度出发，用统计方法把材料宏观流变性能与分子结构参数联系起来，称为结构流变学或微观流变学。两种方法的出发点不同，但结论却十分接近。

1.3　流变学效应与流变学知识的重要性

下面介绍一些有代表性的流变学行为，这些非一般的特异性现象或效应与我们的生产和生活息息相关。

（1）剪切变稀与剪切增稠

黏度是最常见的流变学量。非牛顿流体的黏度变化不同于牛顿流体，例如管流实验，如图 1.2 所示。两个直径和长度完全相同的玻璃管，分别装有液面高度相同、黏度相同的牛顿流体和非牛顿流体，封口后倒置玻璃管，同时撤除密封板后会观察到有趣的流变现象：液体流动一段时间 t_2 后，二者的液面的高度并不如起始时高度相同，非牛顿流体的液面低于牛顿流体的液面，而液体快流尽时刻 t_3，非牛顿流体液面高度反而高于牛顿流体的液面高度。发生这种现象的原因是由于非牛顿流体的黏度不像牛顿流体那样在定温下是常数，其黏度是随着剪切速率发生变化，即非牛顿流体的黏度是剪切速率 $\dot{\gamma}$ 的函数，发生了剪切变稀现象。如果不了解非牛顿流体黏度特性，把牛顿流体的黏度关联式应用于非牛顿流体输运工程就会有问题。

剪切变稀是非牛顿流体在高速率如较高压力降驱使流动下表现出黏度下降的性能，而有些材料则表现为相反效应剪切增稠，即流体在较高速率下流动表现出黏度增加的趋势。剪切

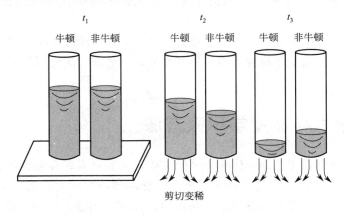

图 1.2　管流现象

变稀和剪切增稠是最常见的非牛顿效应，这两种效应都可以通过数学方程建立流变学模型，借助标准流动和标准材料函数进行流变性能测量。

（2）弹性效应

① Weissenberg 效应　如图 1.3 所示，两个容器，左边盛的液体为水，是常见的牛顿流体，右边盛的液体为聚丙烯酰胺水溶液，高速搅拌两种液体会发现不同的实验现象：左边容器内的水在高速混合下，受到离心力作用，趋向容器壁面方向流动，中央液面呈凹形，这种离心现象比较常见；而高分子溶液在高速搅动下不是向容器壁面方向流动，而是沿着搅拌轴向上爬动，离心力越大，爬的高度越高，这就是爬轴现象，即 Weissenberg 效应，这种反常的现象是由于流体弹性造成的，这种效应无法用牛顿流体的有关定律来解释。聚合物和许多食品类的加工设备设计与操作都需要考虑材料的 Weissenberg 效应，Weissenberg 效应产生的轴向力与轴的转动速度有关，预测爬轴效应产生的轴向力或这些材料流动形成的自由表面形状，需用反映材料的这些非线性效应的流变本构方程来进行。

② 口模胀大　聚合物熔体被强制通过挤出口模时，熔体通过口模后会表现出液体流出直径增大超过口模直径的现象，这就是口模胀大现象，如图 1.4 所示。聚合物熔体挤出口模后与出口模前的直径之比，称为挤出胀大比。如果口模流道越长，胀大比就越小，高分子熔体表出现具有衰退记忆的特性。产生这种现象的原因是聚合物料流离开口模后，聚合物熔体受到的应力迅速降低，经历拉伸的大分子发生了松弛造成的。生产实际中，塑料制品型材挤出的最终制品形状并不只由口模的形状和尺寸来决定，还需要考虑材料的弹性记忆效应，用高级本构方程预测口模胀大比，由此计算设计型材口模的尺寸和形状才能满足最终制品的要求。

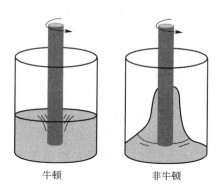

牛顿　　　　　　非牛顿

图 1.3　爬轴现象

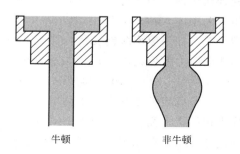

牛顿　　　　　　非牛顿

图 1.4　口模胀大现象

③ 不稳定流动与熔体破裂　高聚物熔体挤出时，如果挤出速率（或应力）过高，超过某一临界剪切速率（或临界剪切应力）时，就容易出现弹性湍流，导致流动不稳定，挤出物表面粗糙现象。随着挤出速率的进一步增大，可能制品表面先后会出现波浪形、鲨鱼皮形、竹节、螺旋畸变现象，最后导致完全无规则的挤出物断裂，称之为熔体破裂，这是高聚物熔体弹性行为的典型表现，对聚合物加工质量和产率提高有重要影响。

（3）屈服应力

屈服应力是我们在生活中容易观察到的复杂流变效应。对流体施加应力时，牛顿流体始终表现为流动，而非牛顿流体则表现为超过临界应力值后，才开始有流动趋势。例如我们生活中常见高粘度食品蜂蜜，是牛顿流体，如果从盛蜂蜜的容器中取出一勺蜂蜜，蜂蜜平静光滑的表面会被搅动，但过了几分钟后，被搅动的表面由于很小重力作用又恢复到原来的平静光滑状态。同样为食品的蛋黄酱却表现出不同的行为，取一勺蛋黄酱后，原蛋黄酱的表面受到搅动，经过十分钟后，蛋黄酱表面依旧保持被搅动的形状，如果延长观察时间一周甚至一年，蛋黄酱的表面依旧没有变化还是保持当初被搅动的状态，这表明蛋黄酱在重力作用下没有发生流动，它可以承受较小的应力，即临界应力之下的应力，蛋黄酱是一种屈服型流体。如果施加更高的应力，如在面包上涂抹蛋黄酱，它就会容易流动。除食品外，还有泥浆、油漆、沥青等，都属于这类屈服型流体。加工屈服应力型流体时，一定要注意使应力维持在屈服应力之上。

流变学是实践性很强的一门科学，流变实验不仅用于研究，还应用于实际生产检测，如塑料造粒的质量控制。原料生产厂家可能常遇到这样问题：虽然原料物质相同，但由于原料生产厂家、批次不同等原因，经常会出现造粒质量波动。如果你是生产厂家材料研究工程师，为保证产品质量，经常需要做材料性能测试，如何确保每批购买的树脂都具有相同流变性能呢？这就需要找准能反映出原料流变性能的可测参数进行实验测量。如果对象是牛顿流体，仅测量黏度就足以描述流体的流动特征；而塑料树脂同时具有黏弹两种性能，需要进行能反映黏性和弹性特征的测试，常见的测量量可选线性黏弹性模量 $G'(\omega)$ 和 $G''(\omega)$，它们对聚合物的分子量、分子量分布、化学成分很敏感，这些量的微小变化可以反映出结构的细微变化，而且这些模量的测量比较简单，故可以选作厂家质量控制的监控指标。材料检测实验，有时是粗略检测，而有时作特性分析时则需要对流变学有更深入的了解。

现代计算机技术的飞速发展和商业软件的出现使流变计算变得更容易，但计算的准确性取决于材料数据的准确性以及恰当本构方程的选择。聚合物加工设备如注射成型机、挤出机和吹模成型机，其中流场、温度场、应力场是计算感兴趣的场，但其准确性依赖于非牛顿模型的合适选择。当面对诸多应力-应变模型如幂律定律、Cross 模型、Ellis 模型、线性黏弹流体、上随体 Maxwell 模型、Oldroyd B 模型等，如何选择？如果压力降恒定，则广义牛顿模型足够；如果流率缓慢变化，那么广义线弹性模型也可能合适，如果要得到材料非线性信息如法向应力效应，由法向应力引起的不稳定性、口模挤出胀大，就要用更复杂的上随体 Maxwell 模型、Oldroyd B 模型等，一旦用了这些非线性模型，则计算方面的难度和量就会增加，实验确定的参数个数也会增加。所以模型选择往往是综合考虑的结果。尽管计算软件使模拟过程极大简化，但应力-应变模型的选择对于聚合物加工问题模拟的精度至关重要。

流变学是理论深邃、实践性强的实验科学。以高聚物流变学为例，高聚物流变学作为流变学的重要分支之一，其研究内容与高分子物理学、高分子化学、高分子材料加工原理、非线性传热理论、连续体力学等理论密切相关。高分子液体的应力、应变响应不成简单的线性关系，也不是一一对应关系，其应力状态往往与形变的历史关联。高分子溶液和熔体流动宏观上呈现出的非线性黏弹性行为，与其微观结构组分密切相关。因此从事材料和设备的工程人员，为了更清晰认识聚合物材料的基本流变特性，从根本上理解聚合物制备和加工过程，需具备流变学的知识来认识和解释实际工作中遇到的各种流体行为。换句话，如果你要测量材料流变性能，要预测非牛顿流体流动，就需要流变学知识，而这就需要深入到数学的层次。为帮助读者从定量、定性的角度深入理解流变学，本书将循序渐进地介绍矢量、张量数学、流变学的标准流动和材料函数、流变模型和流变测量内容，这些内容没有力求面面俱到，但由浅渐进到数学层面，力求易于理解，希望为进一步的学习和研究提供一个良好起点。

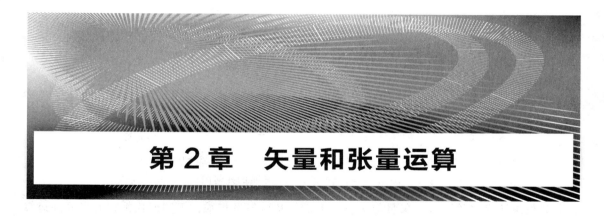

第 2 章　矢量和张量运算

当处理牛顿流体以及复杂流体等温流动问题时，需要求解这些流动遵循的质量守恒和动量守恒定律方程以及流体的本构方程，其中质量守恒方程是标量方程，动量守恒方程是矢量方程，有三个标量分量，而应力本构方程——描述材料应力-形变响应关系是数学上更复杂的张量方程。前两类方程中的物理量标量、矢量我们比较熟悉，而张量是流变学中广泛应用很重要的物理量，比如聚合物挤出口模胀大现象中，表示聚合物弹性记忆效应的本构方程通常需用多个标量方程，如果数学上使用张量的概念，以上复杂的本构方程就可以简化，使用张量既可省时，又可简化方程表达。所以流变学学习中，张量线性代数是非常需要学习的内容，花时间了解了张量后会发现牛顿流体力学的某些方面会变得更易理解。

本章主要内容是介绍张量及相关知识，同时对标量和矢量知识也作必要回顾。

2.1　标量和矢量

2.1.1　标量

标量是只有大小的量。例如质量、能量、密度、体积等都属于标量。标量可以是常量，比如光速 $c(c=3.0\times10^{10}\ cm/s)$，也可以是变量，比如理想气体的密度 $\rho(T,p)$ 是温度 T 和压力 p 的函数，它会随温度和压力变化。标量的大小有单位。标量间代数运算遵守的代数运算法则：乘法交换律、结合律和分配律。

2.1.2　矢量定义与表达

矢量是既有大小，又有方向的量。例如流体力学和流变学中的速度 $\vec{v}$ 和力 $\vec{F}$ 都是矢量。速度 $\vec{v}$ 可以表示物体运动速度（大小）、方向。本书中为区别于标量，在矢量字体上方加箭头来表示。矢量有一个重要性质是其大小和方向不依赖于坐标系。矢量大小表示矢量值，如大小为 a 的矢量可以表示为：

矢量大小
$$|\vec{a}|=a \tag{2-1}$$

矢量方向可以用矢量值大小为 1 的单位矢量 $\hat{a}$ 表示，其方向指向同原矢量，表示为：

$$\hat{a}=\frac{\vec{a}}{a} \tag{2-2}$$

我们用符号（＾）区分单位矢量和普通矢量。

矢量的运算法则不同于标量，当二个矢量运算时，大小和方向都要考虑，矢量加法和减法运算规则如图 2.1。

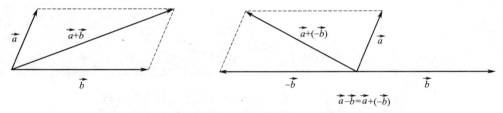

图 2.1 两个矢量相加、相减的几何图

矢量乘法有多种形式：矢量与标量、矢量与其他矢量相乘。不同形式乘积有不同的运算法则。标量与矢量相乘，标量只影响矢量大小，而不改变矢量方向。由于标量与矢量相乘只与标量的量相关，故这种乘法与标量乘法的性质相同：满足乘法交换律、结合律和分配律。

矢量间乘法有两种：标量积和矢量积，它们也称作内（点）积和外（交叉）积。定义如下：

标量积 $$\vec{a} \cdot \vec{b} = ab\cos\Psi \qquad (2\text{-}3)$$

矢量积 $$\vec{a} \times \vec{b} = ab\sin\Psi\,\hat{n} \qquad (2\text{-}4)$$

其中 $\hat{n}$ 是单位矢量，方向垂直于 $\vec{a}$ 和 $\vec{b}$，交叉积方向判定服从右手法则，参见图 2.2。Ψ 是矢量 $\vec{a}$ 和 $\vec{b}$ 之间的夹角。当矢量 $\vec{b}$ 与单位矢量 $\hat{a}$ 进行点积时，其结果是标量积，由矢量 $\vec{b}$ 在单位矢量 $\hat{a}$ 方向上投影得到。

$\vec{b}$ 在单位矢量 $\hat{a}$ 方向的投影：
$$\vec{b} \cdot \hat{a} = (b)(1)\cos\Psi = b\cos\Psi \qquad (2\text{-}5)$$

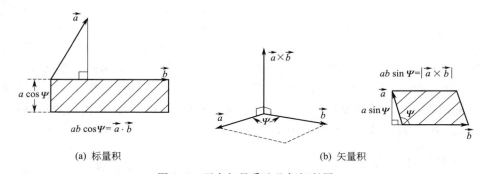

(a) 标量积   (b) 矢量积

图 2.2 两个矢量乘法几何解释图

还有，两个相互垂直矢量的点积为零；两个相互平行矢量点积为两矢量大小的乘积。两个矢量点积遵循乘法交换律和分配律，两个矢量叉积遵循乘法结合律和分配律。

矢量点积代数法则 $\begin{cases}交换 & \vec{a} \cdot \vec{c} = \vec{c} \cdot \vec{a} \\ 结合 & 不可能 \\ 分配 & \vec{a} \cdot (\vec{c} + \vec{w}) = \vec{a} \cdot \vec{c} + \vec{a} \cdot \vec{w}\end{cases}$

矢量叉积代数法则 $\begin{cases}不能交换 \\ 结合\ (\vec{a} \times \vec{c}) \times \vec{w} = \vec{a} \times (\vec{c} \times \vec{w}) \\ 分配\ \vec{a} \times (\vec{c} + \vec{w}) = \vec{a} \times \vec{c} + \vec{a} \times \vec{w}\end{cases}$

点积运算很方便计算矢量的大小，如下面方程（2-6）和方程（2-7），按惯例矢量的大小取正值。以上两种类型乘积的几何解释参见图 2.2。

$$\vec{a} \cdot \vec{a} = a^2 \qquad (2-6)$$

$$|\vec{a}| = \left| \sqrt{\vec{a} \cdot \vec{a}} \right| \qquad (2-7)$$

坐标系

矢量的一个重要性质是其大小和方向不依赖于坐标系，流变学中理解这一性质很重要，但矢量表达与坐标系有关。例如要表达力矢量，通常先选择参考坐标系，再写出坐标下作用力的数学表达式。那么坐标系的选择有什么考虑？任何矢量都可以选作坐标系的坐标基？坐标基必须相互垂直而且是单位矢量？以下坐标基的两个规则可以回答这几个问题：

① 三维空间中，任一矢量可以表示为三个非零不共面矢量的线性组合，这三个不共面的非零矢量被称为坐标基。

② 坐标系可以随意选择，通常选择使流动问题容易求解的坐标系。坐标系的作用是作为参考系统为矢量和其它量提供单位长度和参考方向。

规则①表示坐标系并不必须由相互垂直的单位基矢量构成。我们熟悉的坐标系有笛卡尔坐标系（直角坐标）$(\hat{i}, \hat{j}, \hat{k})$ 或表示成 $(\hat{e}_x, \hat{e}_y, \hat{e}_z)$，或 $(\hat{e}_1, \hat{e}_2, \hat{e}_3)$，其基本矢量是三个相互垂直的单位矢量（基本矢量正交）。虽然笛卡尔坐标系最常用，但是二个坐标基规则表明坐标系并不必须由相互垂直的单位基矢量构成。高级流变本构方程的坐标基就不一定相互垂直。

规则①表示坐标基不同面。所有坐标系都要求基矢量不在一个平面内。例如我们选择二个基矢量 $\hat{i}$ 和 $\hat{j}$，第三个基矢量如果选择 $\hat{a} = (\frac{1}{\sqrt{2}})\hat{i} + (\frac{1}{\sqrt{2}})\hat{j}$，则基矢量 $\hat{a}$ 平行于 $\hat{i}$ 和 $\hat{j}$ 的矢量和，三个基矢量在一个坐标面内，如图 2.3。在这样坐标系下要表达垂直于三个基矢量的矢量 $\vec{k}$ 就会有问题。$\vec{k}$ 垂直于选定的三基个矢量，无法由 $\hat{i}$、$\hat{j}$ 和 $\hat{a}$ 的组合产生 $\vec{k}$。所以数学上要求三个基矢量不在一个平面内，就意味着：三个基矢量必须线性独立，即三个

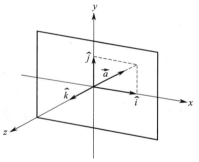

图 2.3　笛卡尔坐标系 (x, y, z) 和

笛卡尔基矢量 $(\hat{i}, \hat{j}, \hat{k})$

基矢量（$\vec{a}$、$\vec{b}$ 和 $\vec{c}$）的线性组合为零，或者说这些矢量乘以标量系数 α、β 和 γ 后加和为零：

$$\alpha \vec{a} + \beta \vec{b} + \xi \vec{c} = 0 \qquad (2-8)$$

上式在且仅在 $\alpha = \beta = \xi = 0$ 时成立，如果满足式（2-8）的标量系数 α，β，ξ 中的一个或多个系数不为零，则基矢量 $\vec{a}$、$\vec{b}$ 和 $\vec{c}$ 就存在线性依赖关系，即 $\vec{a}$、$\vec{b}$ 和 $\vec{c}$ 三者共面，不能作为一组基矢量。

一旦选定一组适当的基矢量（如 $\vec{a}$、$\vec{b}$ 和 $\vec{c}$），即确定某一坐标系，任一矢量都可以表示成这三个基矢量的线性组合形式，这意味着任一矢量 $\vec{v}$ 都能找到三个标量系数 $\tilde{v}_1$, $\tilde{v}_2$, $\tilde{v}_3$ 表示为：

$$\vec{v} = \tilde{v}_1 \vec{a} + \tilde{v}_2 \vec{b} + \tilde{v}_3 \vec{c} \tag{2-9}$$

注意对于选定的基矢量 $\vec{a}$、$\vec{b}$ 和 $\vec{c}$，就有表示某一矢量的标量系数 $\tilde{v}_1$，$\tilde{v}_2$，$\tilde{v}_3$ 与之唯一对应。如果选定不同的基矢量（空间方向不同，或基矢量间的夹角不同，或基矢量的长度不同于原始基矢量），就会计算出不同的标量系数。

当选用标准正交坐标系时，矢量表达和乘法运算更容易。

2.1.3 矢量代数运算

2.1.3.1 矢量加法

两个矢量相加时，用通常的标准正交基坐标系表示和运算，矢量的优势就会显现出来。例如两个矢量 $\vec{u}$ 和 $\vec{v}$ 相加得到矢量 $\vec{w}$。笛卡尔坐标系 $\hat{e}_i (i = 1, 2, 3)$ 下的这些矢量可以表示为：

$$\vec{u} = u_1 \hat{e}_1 + u_2 \hat{e}_2 + u_3 \hat{e}_3 \tag{2-10}$$

$$\vec{v} = v_1 \hat{e}_1 + v_2 \hat{e}_2 + v_3 \hat{e}_3 \tag{2-11}$$

$$\vec{w} = w_1 \hat{e}_1 + w_2 \hat{e}_2 + w_3 \hat{e}_3 \tag{2-12}$$

$\vec{u}$ 和 $\vec{v}$ 相加结果用基矢量表示为

$$\vec{w} = \vec{u} + \vec{v} = (u_1 + v_1) \hat{e}_1 + (u_2 + v_2) \hat{e}_2 + (u_3 + v_3) \hat{e}_3 \tag{2-13}$$

对比关于 $\vec{w}$ 的式(2-13) 和式(2-12)，可以看出矢量 $\vec{w}$ 的系数就是其加和两个矢量的系数和：

$$w_1 = u_1 + v_1 \tag{2-14}$$

$$w_2 = u_2 + v_2 \tag{2-15}$$

$$w_3 = u_3 + v_3 \tag{2-16}$$

知道基矢量，每次表达时如果不必都写出这些基矢量就可以简化表达，即用仅表示系数的矩阵来表示矢量更简便。因此笛卡尔坐标系下的矢量 $\vec{v}$ 可以有两种表达方式，一种是表达式形式 [式(2-11)]，另一种表达方式是仅写出系数 v_1，v_2 和 v_3 更方便的矩阵形式：

$$\vec{v} = \begin{pmatrix} v_1 \\ v_2 \\ v_3 \end{pmatrix}_{123} = (v_1\ v_2\ v_3)_{123} \tag{2-17}$$

上述矩阵表达中下标 123 提示我们定义系数 v_1，v_2 和 v_3 所用的坐标系。矩阵表达式中只有矢量系数，表示成列或行矢量均可。

2.1.3.2 矢量点积

同一标准正交基下，两个矢量的点积运算非常容易。例如矢量 $\vec{u}$ 和 $\vec{v}$ 的点积：

$$\vec{v} \cdot \vec{u} = (v_1 \hat{e}_1 + v_2 \hat{e}_2 + v_3 \hat{e}_3) \cdot (u_1 \hat{e}_1 + u_2 \hat{e}_2 + u_3 \hat{e}_3) \tag{2-18}$$

运用分配和交换法则有

$$\vec{v} \cdot \vec{u} = v_1 u_1 \hat{e}_1 \cdot \hat{e}_1 + v_2 u_1 \hat{e}_2 \cdot \hat{e}_1 + v_3 u_1 \hat{e}_3 \cdot \hat{e}_1 + v_1 u_2 \hat{e}_1 \cdot \hat{e}_2 + v_2 u_2 \hat{e}_2 \cdot \hat{e}_2 + $$
$$v_3 u_2 \hat{e}_3 \cdot \hat{e}_2 + v_1 u_3 \hat{e}_1 \cdot \hat{e}_3 + v_2 u_3 \hat{e}_2 \cdot \hat{e}_3 + v_3 u_3 \hat{e}_3 \cdot \hat{e}_3 \tag{2-19}$$

因为基矢量正交，相同的基矢量相乘（如 $\hat{e}_1 \cdot \hat{e}_1$）为 1（$\cos 0 = 1$），二个不同的基矢量相乘（如 $\hat{e}_1 \cdot \hat{e}_2$）为零 [$\cos(\pi/2) = 0$]。因此表达式(2-19) 可以简化为

$$\vec{v} \cdot \vec{u} = v_1 u_1 + v_2 u_2 + v_3 u_3 \tag{2-20}$$

上式两个矢量点积结果中没有出现基矢量，即两个矢量点积结果为标量。我们看到同一标准正交基下两个矢量点积运算等于各项分量乘积相加之和。

矢量在某一方向的投影由矢量点乘该方向的单位矢量得到。对于标准正交基，基矢量本身就是单位矢量，则标准正交基下，矢量投影的各分量分别为：

$$v_1 = \vec{v} \cdot \hat{e}_1 \tag{2-21}$$

$$v_2 = \vec{v} \cdot \hat{e}_2 \tag{2-22}$$

$$v_3 = \vec{v} \cdot \hat{e}_3 \tag{2-23}$$

上面结果可以用单位矢量依次点乘矢量表达式（2-11）来检验各项，注意这里采用的是相互垂直单位长度的三个基矢量 $\hat{e}_i (i = 1, 2, 3)$，以 v_1 为例

$$\hat{e}_1 \cdot \vec{v} = \hat{e}_1 \cdot (v_1 \hat{e}_1 + v_2 \hat{e}_2 + v_3 \hat{e}_3) = v_1 \tag{2-24}$$

2.1.3.3　矢量叉积

标准正交基下可以直接进行叉积运算。对于基矢量，相同基矢量叉积相乘为零，如 $\hat{e}_1 \times \hat{e}_1 = 0$（因为 $\sin\psi = 0$）；不同基矢量，叉积计算遵循右手法则，见图 2.2。

$$\hat{e}_1 \times \hat{e}_2 = \hat{e}_3 \tag{2-25}$$

$$\hat{e}_2 \times \hat{e}_3 = \hat{e}_1 \tag{2-26}$$

$$\hat{e}_3 \times \hat{e}_1 = \hat{e}_2 \tag{2-27}$$

$$\hat{e}_3 \times \hat{e}_2 = -\hat{e}_1 \tag{2-28}$$

$$\hat{e}_2 \times \hat{e}_1 = -\hat{e}_3 \tag{2-29}$$

$$\hat{e}_1 \times \hat{e}_3 = -\hat{e}_2 \tag{2-30}$$

注意基矢量下标排列顺序与运算正负。当下标 ijk 按照 123 顺序排列，$\hat{e}_i \times \hat{e}_j = +\hat{e}_k$，移动最后一个数字，把它排到最前面就又得到一组新叉积，基矢量这种排列称为周期排列。同理，当 ijk 周期排列顺序为 321 时，则 $\hat{e}_i \times \hat{e}_j = -\hat{e}_k$。

对于任意矢量，叉积计算时，先写出每个矢量标准正交下表达式，然后逐一计算各叉积。其中平行矢量间的叉积为零。

$$\vec{v} \times \vec{u} = (v_1 \hat{e}_1 + v_2 \hat{e}_2 + v_3 \hat{e}_3) \times (u_1 \hat{e}_1 + u_2 \hat{e}_2 + u_3 \hat{e}_3)$$

$$= v_1 u_1 \hat{e}_1 \times \hat{e}_1 + v_1 u_2 \hat{e}_1 \times \hat{e}_2 + v_1 u_3 \hat{e}_1 \times \hat{e}_3 + v_2 u_1 \hat{e}_2 \times \hat{e}_1 + v_2 u_2 \hat{e}_2 \times \hat{e}_2 +$$

$$v_2 u_3 \hat{e}_2 \times \hat{e}_3 + v_3 u_1 \hat{e}_3 \times \hat{e}_1 + v_3 u_2 \hat{e}_3 \times \hat{e}_2 + v_3 u_3 \hat{e}_3 \times \hat{e}_3$$

$$= \hat{e}_1 (v_2 u_3 - v_3 u_2) - \hat{e}_2 (v_1 u_3 - v_3 u_1) + \hat{e}_3 (v_1 u_2 - v_2 u_{12}) \tag{2-31}$$

以上运算也可以用行列式计算求得，符号内为 3×3 矩阵，行列式运算为：

$$|Z| = \begin{vmatrix} Z_{11} & Z_{12} & Z_{13} \\ Z_{21} & Z_{22} & Z_{23} \\ Z_{31} & Z_{32} & Z_{33} \end{vmatrix} = Z_{11}(Z_{22}Z_{33} - Z_{23}Z_{32}) - Z_{12}(Z_{21}Z_{33} - Z_{23}Z_{31}) + Z_{13}(Z_{21}Z_{32} - Z_{22}Z_{31})$$

$$\tag{2-32}$$

用行列式形式计算两个矢量叉积，须先用基矢量和矢量系数构建一个 3×3 矩阵：

$$\vec{v} \times \vec{u} = \begin{vmatrix} \hat{e}_1 & \hat{e}_2 & \hat{e}_3 \\ v_1 & v_2 & v_3 \\ u_1 & u_2 & u_3 \end{vmatrix} = \hat{e}_1(v_2u_3 - v_3u_2) - \hat{e}_2(v_1u_3 - v_3u_1) + \hat{e}_3(v_1u_2 - v_2u_{12})$$

$$= \begin{bmatrix} (v_2u_3 - v_3u_2) \\ (v_3u_1 - v_1u_3) \\ (v_1u_2 - v_2u_1) \end{bmatrix}_{123} \tag{2-33}$$

用行列式形式计算的矢量叉积与前面式(2-31)的计算结果相一致。矩阵结果下标 123 表示 3×1 矩阵中含有对应坐标基$\hat{e}_1$，$\hat{e}_2$，$\hat{e}_3$ 的矢量叉积$\vec{v} \times \vec{u}$ 结果系数。

流变学中应用的数学表达式可能更复杂，为了有序表示多字母与下标，常使用爱因斯坦（Einstein）标记法。

2.1.4 矢量的爱因斯坦标记

爱因斯坦标记，也称爱因斯坦求和约定写法，是一种更紧凑且易读的矢量书写格式。为了更高效地使用爱因斯坦标记，矢量必须书写为标准正交基下的矢量，如：

$$\vec{v} = v_1\hat{e}_1 + v_2\hat{e}_2 + v_3\hat{e}_3 \tag{2-34}$$

上式可以紧凑地表示为：

$$\vec{v} = \sum_{i=1}^{3} v_i\hat{e}_i \tag{2-35}$$

略去求和符号，式(2-35)就进一步简化为$\vec{v} = v_i\hat{e}_i$，记住下标指数须从 1 到 3 重复求和，这就是爱因斯坦求和标记。

求矢量乘积和下面要介绍的张量乘积时，利用爱因斯坦标记更简洁。式(2-18)两个矢量$\vec{v}$和$\vec{u}$的点积利用爱因斯坦标记可以写作：

$$\vec{v} \cdot \vec{u} = v_i\hat{e}_i \cdot u_j\hat{e}_j = v_iu_j\hat{e}_i \cdot \hat{e}_j \tag{2-36}$$

要记住下标 i 和 j 是重复求和符号。如果写全式(2-36)的求和表达式，结果为：

$$\vec{v} \cdot \vec{u} = \sum_{i=1}^{3}\sum_{j=1}^{3} v_iu_j\hat{e}_i \cdot \hat{e}_j \tag{2-37}$$

注意这两个矢量使用了不同的下标，这一点很重要，因为这一表达式含有两个求和约定，每个矢量有一个求和约定。如果两个矢量的两个求和约定都采用同一下标如 i 表示，则求和次数就被不正确地少一次。

点积计算还可以采用克罗内克符号（Kronecker delta）标记：

$$\text{克罗内克符号} \qquad \delta_{ij} \equiv \begin{cases} 1 & i=j \\ 0 & i \neq j \end{cases} \tag{2-38}$$

它恰好地表示了$\hat{e}_i \cdot \hat{e}_j$的结果。其中$\hat{e}_i$和$\hat{e}_j$是三个标准正交基矢量中的任意两个量，

$$\hat{e}_i \cdot \hat{e}_j = \delta_{ij} \tag{2-39}$$

注意下标 i 和 j 在 1，2 和 3 中取值。当矢量点积结果表达式中出现克罗内克符号时，δ 的两个下标表示标准正交基矢量点积的结果，这样表示有些冗长。为了简化爱因斯坦求和约定中出现的克罗内克符号，我们用一个下标替代双下标并去掉 δ：

$$\vec{v} \cdot \vec{u} = v_i\hat{e}_i \cdot u_j\hat{e}_j = v_iu_j\hat{e}_i \cdot \hat{e}_j = v_iu_j\delta_{ij} = v_iu_i \tag{2-40}$$

上述运算结果中，下标 i 也可用其他字母替代，可以写作 $v_i u_j$ 或 $v_m u_m$。下标的作用是提醒求和，确认求和过程中变化项；式（2-40）的结果与式（2-20）结果相同：

$$\vec{v} \cdot \vec{u} = v_i u_i = \sum_{i=1}^{3} v_i u_i = v_1 u_1 + v_2 u_2 + v_3 u_3 \tag{2-41}$$

矢量叉积也可以使用爱因斯坦标记，用希腊字母 ε_{ijk} 表示排列顺序：

$$\varepsilon_{ijk} \equiv \begin{cases} 1 & ijk=123,231,\text{或 }321 \\ -1 & ijk=321,213,\text{或 }132 \\ 0 & i=j,j=k,\text{或 }k=i \end{cases} \tag{2-42}$$

下标组合为 $+1$ 的排列称为偶排列，而为 -1 的排列称为奇排列。借助该符号功能，和爱因斯坦标记，矢量叉积可以写作如下：

$$\vec{v} \times \vec{u} = v_p \hat{e}_p \times u_s \hat{e}_s = v_p u_s \hat{e}_p \times \hat{e}_s = v_p u_s \varepsilon_{psj} \hat{e}_j \tag{2-43}$$

下标重复（本例中 p，s 和 j）求和的次数可以设定。式（2-43）可以理解为有三次求和。读者可以自己验证这一结果与前面提到的行列式求法的结果一致性。用爱因斯坦标记方法表示矢量点积和叉积仅限于标准正交基。

2.2　张量

张量是和矢量相关的数学实体，张量比矢量阶次高而且更复杂，不易用图来表示。首先我们从数学上描述一下张量，然后再演示张量的用途。

张量有一对有序的坐标方向，也称作不定矢量积。最简单的张量称作并矢或双积，写作张量 $\underline{\underline{A}} = \vec{a}\vec{b}$，$\vec{a}$、$\vec{b}$ 都是矢量，本书中用两条下划线表示张量。标量只有大小，矢量既有大小又有方向，而张量既有大小又有两个或两个以上方向。

2.2.1　张量的代数运算

这里主要介绍二阶张量的代数运算。张量代数运算不遵循乘法交换律，但是遵循结合律和分配律。张量的代数运算遵守法则具体表述为：

$$\text{矢量并积的代数运算法则}\begin{cases} \text{不遵循交换律} & \vec{a}\vec{b} \neq \vec{b}\vec{a} \\ \text{结合律} & (\vec{a}\vec{b})\vec{c} = \vec{a}(\vec{b}\vec{c}) \\ \text{分配律} & \vec{a}(\vec{b}+\vec{c}) = \vec{a}\vec{b} + \vec{a}\vec{c} \\ (\vec{a}+\vec{b})(\vec{c}+\vec{d}) = \vec{a}\vec{c} + \vec{a}\vec{d} + \vec{b}\vec{c} + \vec{b}\vec{d} \end{cases}$$

张量和标量乘积法则与矢量和标量乘积法则相同，如 $\alpha \vec{a}\vec{b} = \vec{a}(\alpha \vec{b}) = (\alpha \vec{a})\vec{b}$。

2.2.1.1　张量加法

张量的加减法不同于矢量加减法，无法用图来表示。对于选定的坐标系，张量总可以用 9 个有序基矢量对的线性组合来表示：

$$\underline{\underline{A}} = A_{11}\hat{e}_1\hat{e}_1 + A_{12}\hat{e}_1\hat{e}_2 + A_{13}\hat{e}_1\hat{e}_3 + A_{21}\hat{e}_2\hat{e}_1 + A_{22}\hat{e}_2\hat{e}_2 + A_{23}\hat{e}_2\hat{e}_3 +$$
$$A_{31}\hat{e}_3\hat{e}_1 + A_{32}\hat{e}_3\hat{e}_2 + A_{33}\hat{e}_3\hat{e}_3 \tag{2-44}$$

两个张量相加的最简单形式是，基矢量相同，基矢量对相同的对应项系数相加。

$$
\begin{aligned}
\underset{=}{C} = &\underset{=}{A} + \underset{=}{B} \\
= &(A_{11}+B_{11})\hat{e}_1\hat{e}_1 + (A_{12}+B_{12})\hat{e}_1\hat{e}_2 + (A_{13}+B_{13})\hat{e}_1\hat{e}_3 + (A_{21}+B_{21})\hat{e}_2\hat{e}_1 + \\
&(A_{22}+B_{22})\hat{e}_2\hat{e}_2 + (A_{23}+B_{23})\hat{e}_2\hat{e}_3 + (A_{31}+B_{31})\hat{e}_3\hat{e}_1 + (A_{32}+B_{32})\hat{e}_3\hat{e}_2 + \\
&(A_{33}+B_{33})\hat{e}_3\hat{e}_3
\end{aligned}
\tag{2-45}
$$

用下标和基矢量对来表示张量之和繁琐不实用。由于张量由 9 个有序分量组成，一般把张量的 9 个有序系数用矩阵形式写出更直观简洁。

$$
\begin{aligned}
\underset{=}{A} = &\vec{u}\vec{v} \\
= &u_1v_1\hat{e}_1\hat{e}_1 + u_1v_2\hat{e}_1\hat{e}_2 + u_1v_3\hat{e}_1\hat{e}_3 + u_2v_1\hat{e}_2\hat{e}_1 + u_2v_2\hat{e}_2\hat{e}_2 + u_2v_3\hat{e}_2\hat{e}_3 + u_3v_1\hat{e}_3\hat{e}_1 + u_3v_2 \\
&\hat{e}_3\hat{e}_2 + u_3v_3\hat{e}_3\hat{e}_3 \\
= &\begin{bmatrix} u_1v_1 & u_1v_2 & u_1v_3 \\ u_2v_1 & u_2v_2 & u_2v_3 \\ u_3v_1 & u_3v_2 & u_3v_3 \end{bmatrix}_{123}
\end{aligned}
\tag{2-46}
$$

$\underset{=}{A}$ 更常表示为：

$$
\underset{=}{A} = \begin{bmatrix} A_{11} & A_{12} & A_{13} \\ A_{21} & A_{22} & A_{23} \\ A_{31} & A_{32} & A_{33} \end{bmatrix}_{123}
\tag{2-47}
$$

式中每个系数的两个下标表示出该标量系数伴随哪两个基矢量和基矢量的顺序。因为张量是由有序分量组成，一般 A_{12} 不等于 A_{21}，其他类同。更进一步说，按惯例第一个下标表示系数所在行，第二个下标系示系数所在列。用矩阵形式表示的张量加法运算更简单，张量减法运算法则与加法运算相同。

2.2.1.2 张量点积

并矢间的点积运算，

张量点积 $\qquad\qquad \vec{a}\vec{b} \cdot \vec{c}\vec{d} = \vec{a}(\vec{b} \cdot \vec{c})\vec{d} = (\vec{b} \cdot \vec{c})\vec{a}\vec{d}$ $\qquad$ (2-48)

上式中 $(\vec{b} \cdot \vec{c})$ 是标量，遵循交换律，可以将该项移到在前面，如式(2-48)所示。该例表示两个张量的点积还是张量，但所得结果不同于原始张量，只保留了某些矢量的方向（如保留了 $\vec{a}$ 和 $\vec{d}$ 的方向，而 $\vec{b}$ 和 $\vec{c}$ 的方向就没有出现在运算结果中）。

与之类似，可以得到矢量点乘张量： $\qquad \vec{a} \cdot \vec{b}\vec{c} = (\vec{a} \cdot \vec{b})\vec{c} = \vec{w}$ $\qquad$ (2-49)

矢量点乘张量的结果 $\vec{w}$ 是矢量，该矢量的方向为部分原始张量方向（平行于 $\vec{c}$），但是其大小不同于原始矢量（$\vec{a}$，$\vec{b}$，$\vec{c}$）中的任何一个矢量。两个张量的点积以及矢量与张量的点积都不遵循乘法交换律，但都遵循结合律和分配律。

$$
张量点积的代数运算法则 \begin{cases} 不遵循交换律 \vec{a}\vec{b} \cdot \vec{c}\vec{d} \neq \vec{c}\vec{d} \cdot \vec{a}\vec{b} \\ \quad \underset{=}{A} \cdot \underset{=}{B} \neq \underset{=}{B} \cdot \underset{=}{A} \\ 结合律 (\vec{a}\vec{b} \cdot \vec{c}\vec{d}) \cdot \vec{f}\vec{g} = \vec{a}\vec{b} \cdot (\vec{c}\vec{d} \cdot \vec{f}\vec{g}) \\ \quad (\underset{=}{A} \cdot \underset{=}{B}) \cdot \underset{=}{C} = \underset{=}{A} \cdot (\underset{=}{B} \cdot \underset{=}{C}) \\ 分配律 \vec{a}\vec{b} \cdot (\vec{c}\vec{m}+\vec{n}\vec{w}) = (\vec{a}\vec{b} \cdot \vec{c}\vec{m}) + (\vec{a}\vec{b} \cdot \vec{n}\vec{w}) \\ \quad \underset{=}{A} \cdot (\underset{=}{D}+\underset{=}{M}) = \underset{=}{A} \cdot \underset{=}{D} + \underset{=}{A} \cdot \underset{=}{M} \end{cases}
$$

$$\text{矢量与张量点积的代数运算法则} \begin{cases} \text{不遵循交换律} \vec{b} \cdot \vec{c}\vec{d} \neq \vec{c}\vec{d} \cdot \vec{b} \\ \qquad \vec{b} \cdot \underline{\underline{M}} \neq \underline{\underline{M}} \cdot \vec{b} \\ \text{结合律} \vec{a} \cdot (\vec{c}\vec{d} \cdot \vec{w}) = (\vec{a} \cdot \vec{c}\vec{d}) \cdot \vec{w} \\ \qquad \vec{a} \cdot (\underline{\underline{B}} \cdot \vec{w}) = (\vec{a} \cdot \underline{\underline{B}}) \cdot \vec{w} \\ \text{分配律} \vec{d} \cdot (\vec{c}\vec{m} + \vec{n}\vec{w}) = (\vec{d} \cdot \vec{c}\vec{m}) + (\vec{d} \cdot \vec{n}\vec{w}) \\ \qquad \vec{d} \cdot (\underline{\underline{A}} + \underline{\underline{C}}) = \vec{d} \cdot \underline{\underline{A}} + \vec{d} \cdot \underline{\underline{C}} \end{cases}$$

如果用矩阵形式表达张量，在标准正交基下，矢量与张量点积遵循矩阵相乘法则：

$$\vec{w} = \vec{v} \cdot \underline{\underline{A}} = (v_1 v_2 v_3)_{123} \cdot \begin{bmatrix} A_{11} & A_{12} & A_{13} \\ A_{21} & A_{22} & A_{23} \\ A_{31} & A_{32} & A_{33} \end{bmatrix}_{123} = (w_1 w_2 w_3)_{123} \tag{2-50}$$

其中

$$w_1 = v_1 A_{11} + v_2 A_{21} + v_3 A_{31} \tag{2-51}$$

$$w_2 = v_1 A_{12} + v_2 A_{22} + v_3 A_{32} \tag{2-52}$$

$$w_3 = v_1 A_{13} + v_2 A_{23} + v_3 A_{33} \tag{2-53}$$

两个张量之间的点积与之类似也遵循矩阵相乘法则。

2. 2. 1. 3　张量标量积

两个张量可以进行标量积运算，其定义如下：

张量标量积
$$\vec{a}\vec{b} : \vec{c}\vec{d} = (\vec{b} \cdot \vec{c})(\vec{a} \cdot \vec{d}) \tag{2-54}$$

张量的二次点积结果是最邻近的一对矢量 $\vec{b}$ 和 $\vec{c}$（内部对）一次点积，然后再与剩下的一对矢量（外部对）$\vec{a}$ 和 $\vec{d}$ 的点积相乘。

$$\underbrace{\vec{a}\vec{b} \cdot \overbrace{\vec{c}}^{\vec{b} \cdot \vec{c}} \vec{d}}_{\vec{a} \cdot \vec{d}}$$

两个张量标量积运算法则如下：

$$\text{张量标量积代数运算法则} \begin{cases} \text{交换律} \vec{a}\vec{w} : \vec{n}\vec{d} = \vec{n}\vec{d} : \vec{a}\vec{w} \\ \text{结合律不符合} \\ \text{分配律} \vec{b}\vec{a} : (\vec{m}\vec{n} + \vec{w}\vec{d}) = \vec{b}\vec{a} : \vec{m}\vec{n} + \vec{b}\vec{a} : \vec{w}\vec{d} \end{cases}$$

2. 2. 2　张量的爱因斯坦标记

张量乘积符号可以用爱因斯坦求和约定符号简化。有张量求和符号表示需二次求和：

$$\underline{\underline{A}} = \sum_{i=1}^{3} \sum_{j=1}^{3} A_{ij} \hat{e}_i \hat{e}_j \tag{2-55}$$

应用爱因斯坦求和约定后，上式变为：

$$\underline{\underline{A}} = A_{ij} \hat{e}_i \hat{e}_j \tag{2-56}$$

哑元下标 i 和 j 可以用任意字母表示，如下述各表达式就是等效表达式：

$$\underline{\underline{A}} = A_{ij} \hat{e}_i \hat{e}_j = A_{mp} \hat{e}_m \hat{e}_p = A_{rs} \hat{e}_r \hat{e}_s \tag{2-57}$$

表达式中重要的是符号 A 的第一个下标、第二个下标分别与第一个和第二个基矢量的下标要匹配。例如与张量A有关但又不同于A的一个张量，其转置张量，记作A^T。二者具有相同的系数，但转置张量A^T的基矢量顺序不同。A^T和A矩阵是关于主对角线的镜像，A^T的矩阵系数可以由A矩阵的行与列交换得到：

$$A = \begin{bmatrix} A_{11} & A_{12} & A_{13} \\ A_{21} & A_{22} & A_{23} \\ A_{31} & A_{32} & A_{33} \end{bmatrix}_{123} \tag{2-58}$$

$$A^T = \begin{bmatrix} A_{11} & A_{21} & A_{31} \\ A_{12} & A_{22} & A_{32} \\ A_{13} & A_{23} & A_{33} \end{bmatrix}_{123} \tag{2-59}$$

A^T的爱因斯坦求和表达式，A_{pk}的第一个下标与基矢量并矢中的第二个基矢量匹配：

$$A = A_{pk} \hat{e}_p \hat{e}_k \tag{2-60}$$

$$A^T = A_{pk} \hat{e}_k \hat{e}_p \tag{2-61}$$

含求和约定的哑元字母（本例中的p和k）可以为任选字母，A^T可以写成以下多种形式：

$$A^T = A_{ji} \hat{e}_i \hat{e}_j = A_{ij} \hat{e}_j \hat{e}_i = A_{sr} \hat{e}_r \hat{e}_s \tag{2-62}$$

因为张量可以按照并矢方式书写，前面含爱因斯坦求和约定的矢量乘积表示方法同样适用于两个张量乘积和矢量与张量乘积表达。

$$A \cdot B = A_{ij} \hat{e}_i \hat{e}_j \cdot B_{pk} \hat{e}_p \hat{e}_k = A_{ij} B_{pk} \hat{e}_i \hat{e}_j \cdot \hat{e}_p \hat{e}_k = A_{ij} B_{pk} \hat{e}_i \delta_{jp} \hat{e}_k = A_{ip} B_{pk} \hat{e}_i \hat{e}_k \tag{2-63}$$

式(2-63)中克罗内克符号δ_{jp}两个下标j或p中的一个不必写出，以免繁琐，因此可以用j代替所有的p（也可用p代替所有的j，或用第三个字母）就可得到式(2-63)最后表达式。

最后结果有三个求和，两个求和涉及单位矢量，对p求和不涉及单位矢量：

$$A_{ip} B_{pk} \hat{e}_i \hat{e}_k = \sum_{i=1}^{3} \sum_{p=1}^{3} \sum_{k=1}^{3} A_{ip} B_{pk} \hat{e}_i \hat{e}_k$$

$$= \sum_{i=1}^{3} \sum_{k=1}^{3} (A_{i1} B_{1k} + A_{i2} B_{2k} + A_{i3} B_{3k}) \hat{e}_i \hat{e}_k \tag{2-64}$$

A和B相乘结果似常见的张量，每个系数项$(A_{i1} B_{1k} + A_{i2} B_{2k} + A_{i3} B_{3k})$包含两个未知下标，这两个下标与基矢量并积有关（$\hat{e}_i \hat{e}_k$），这个系数表达式比基张量的表达式要复杂。

矢量与张量相乘，矢量在张量的前（$v \cdot A$）或后（$A \cdot v$），所得结果不同：

$$v \cdot A = v_i \hat{e}_i \cdot A_{rs} \hat{e}_r \hat{e}_s = v_i A_{rs} \hat{e}_i \cdot \hat{e}_r \hat{e}_s = v_i A_{rs} \delta_{ir} \hat{e}_s = v_r A_{rs} \hat{e}_s \tag{2-65}$$

$$A \cdot v = A_{mp} \hat{e}_m \hat{e}_p \cdot v_j \hat{e}_j = A_{mp} v_j \hat{e}_m \hat{e}_p \cdot \hat{e}_j = A_{mp} v_j \hat{e}_m \delta_{pj} = A_{mp} v_p \hat{e}_m = v_p A_{mp} \hat{e}_m \tag{2-66}$$

注意上述二式结果的不同，最后结果中单位矢量下标出现在张量系数A_{ij}下标的不同位置上。

2.2.3 线性矢量函数

流变学中之所以使用张量是它们可以很方便地表达线性矢量函数，而线性矢量函数很自然地出现在我们关心物理量，如物体的内应力的方程中。下面我们通过一个较简单的计算来展示一下如何用张量来表示线性矢量函数。

我们熟悉的标量函数$y = f(x)$，自变量取值x得到变量y。矢量函数与之类似，如$\vec{a} = f(\vec{b})$，改变矢量$\vec{b}$就可以得到另一矢量$\vec{a}$。线性函数是一类很重要的函数。如果函数为线性，则所有矢量$\vec{a}$，$\vec{b}$和标量α具有以下性质：

线性函数定义
$$f(\vec{a}+\vec{b})=f(\vec{a})+f(\vec{b})$$
$$f(\alpha\vec{a})=\alpha f(\vec{a}) \tag{2-67}$$

为了展示张量具有线性矢量函数的性质，在标准正交基下，展开矢量$\vec{b}$。由于函数f是线性函数：

$$\vec{a}=f(\vec{b})=f(b_1\hat{e}_1+b_2\hat{e}_2+b_3\hat{e}_3)=b_1f(\hat{e}_1)+b_2f(\hat{e}_2)+b_3f(\hat{e}_3) \tag{2-68}$$

f对矢量运算得到新矢量$f(\hat{e}_1)$，$f(\hat{e}_2)$和$f(\hat{e}_3)$，我们称它们分别为矢量$\vec{u}$，$\vec{v}$和$\vec{w}$，应用标量乘法的交换律得到：

$$\vec{a}=b_1\vec{v}+b_2\vec{u}+b_3\vec{w}=\vec{v}b_1+\vec{u}b_2+\vec{w}b_3 \tag{2-69}$$

标准正交基下，$\vec{b}$的系数是三个标量b_1，b_2和b_3，因此：

$$b_1=\hat{e}_1\cdot\vec{b} \tag{2-70}$$
$$b_2=\hat{e}_2\cdot\vec{b} \tag{2-71}$$
$$b_3=\hat{e}_3\cdot\vec{b} \tag{2-72}$$

把这些表达式代入式(2-69)，使用矢量点积分配律提出公共因子得到：

$$\vec{a}=(\vec{v}\hat{e}_1+\vec{u}\hat{e}_2+\vec{w}\hat{e}_3)\cdot\vec{b} \tag{2-73}$$

上式括号内的表达式是三个并矢之和，因此括号内表达式是张量，如果令其为$\underline{\underline{M}}$，则最终结果为：

$$\underline{\underline{M}}=\vec{v}\hat{e}_1+\vec{u}\hat{e}_2+\vec{w}\hat{e}_3 \tag{2-74}$$
$$\vec{a}=f(\vec{b})=\underline{\underline{M}}\cdot\vec{b} \tag{2-75}$$

由此我们可以看出，线性矢量函数f对矢量$\vec{b}$的作用等效于张量$\underline{\underline{M}}$与矢量$\vec{b}$的点积。这是我们在本书中经常应用的形式，同样可以用爱因斯坦标记来简化表达。

2.2.4　与张量相关的定义

前面我们已经提到了张量的转置，后面的流变学学习中我们还要遇到与张量有关的一些定义，这里把这些定义概述如下：

单位张量$\underline{\underline{I}}$：

$$\underline{\underline{I}}=\hat{e}_1\hat{e}_1+\hat{e}_2\hat{e}_2+\hat{e}_3\hat{e}_3=\hat{e}_i\hat{e}_i=\begin{pmatrix}1&0&0\\0&1&0\\0&0&1\end{pmatrix}_{123} \tag{2-76}$$

单位张量与单位矩阵具有类似性质。例如$\underline{\underline{I}}\cdot\vec{v}=\vec{v}\cdot\underline{\underline{I}}=\vec{v}$和$\underline{\underline{I}}\cdot B=B\cdot\underline{\underline{I}}=B$，其中$B$、$\vec{v}$是任意张量和矢量。在标准正交基下，$\underline{\underline{I}}$可以写作式(2-76)中的矩阵形式。与$\underline{\underline{I}}$成比例的张量是各向同性张量。各向同性张量表示的线性矢量函数在各方向具有相同的性质。

零张量0：任一坐标系下，所有系数均为零的张量，称为零张量。它可以把任一矢量转变为零矢量的线性矢量函数。

$$\underline{\underline{0}}\equiv\begin{pmatrix}0&0&0\\0&0&0\\0&0&0\end{pmatrix} \tag{2-77}$$

张量的大小$|\underline{\underline{A}}|$：

$$|\underline{\underline{A}}| \equiv + \sqrt{\frac{\underline{\underline{A}} : \underline{\underline{A}}}{2}} \tag{2-78}$$

张量的大小是一个标量，与其本身相关，张量大小不随坐标系的不同而改变。

对称张量和反对称张量：如果张量 A 满足以下关系：$\underline{\underline{A}} = \underline{\underline{A}}^T$，就称 $\underline{\underline{A}}$ 为对称张量。爱因斯坦标记对称张量为 $A_{sm} = A_{ms}$。例如某一对称张量的系数矩阵：

$$\begin{bmatrix} 1 & 2 & 3 \\ 2 & 4 & 5 \\ 3 & 5 & 6 \end{bmatrix}_{123} \tag{2-79}$$

如果一个张量满足以下关系：$\underline{\underline{A}} = -\underline{\underline{A}}^T$，则称 $\underline{\underline{A}}$ 为反对称张量，爱因斯坦标记为 $A_{sm} = -A_{ms}$。例如某一反对称张量的系数矩阵：

$$\begin{bmatrix} 0 & 2 & 3 \\ -2 & 0 & 4 \\ -3 & -4 & 0 \end{bmatrix}_{123} \tag{2-80}$$

反对称张量矩阵的对角线各元素总为零。

张量不变量：有三类不依赖于坐标的张量，这些张量被称为张量不变量。这三类不变量的组合也是不变量，不随坐标而变化。这三类张量不变量的定义不唯一。以张量 B 为例，用张量系数定义的张量不变量，该定义只有在标准正交基坐标系下才有效。三类张量不变量为：

$$\mathrm{I}_{\underline{\underline{B}}} = \sum_{i=1}^{3} B_{ii} \tag{2-81}$$

$$\mathrm{II}_{\underline{\underline{B}}} = \sum_{i=1}^{3} \sum_{j=1}^{3} B_{ij} B_{ji} = \underline{\underline{B}} : \underline{\underline{B}} \tag{2-82}$$

$$\mathrm{III}_{\underline{\underline{B}}} = \sum_{i=1}^{3} \sum_{j=1}^{3} \sum_{k=1}^{3} B_{ij} B_{jk} B_{ki} \tag{2-83}$$

按前面定义，张量的大小 $|\underline{\underline{B}}| = + \sqrt{\mathrm{II}_{\underline{\underline{B}}}/2}$

张量的迹：张量的迹，记作 $\mathrm{trace}(\underline{\underline{A}})$，是矩阵表达式中对角线各单元之和，

$$\underline{\underline{A}} = A_{pj} \hat{e}_p \hat{e}_j = \begin{bmatrix} A_{11} & A_{12} & A_{13} \\ A_{21} & A_{22} & A_{23} \\ A_{31} & A_{32} & A_{33} \end{bmatrix}_{123} \tag{2-84}$$

$$\mathrm{trace}(A) = A_{mm} = A_{11} + A_{22} + A_{33} \tag{2-85}$$

式（2-81）定义的第一不变量是标准正交基下张量的迹。第二、第三不变量也可以用迹表示：

$$\mathrm{II}_{\underline{\underline{B}}} = \mathrm{trace}(\underline{\underline{B}} \cdot \underline{\underline{B}}) \tag{2-86}$$

$$\mathrm{III}_{\underline{\underline{B}}} = \mathrm{trace}(\underline{\underline{B}} \cdot \underline{\underline{B}} \cdot \underline{\underline{B}}) \tag{2-87}$$

张量的阶：迄今我们讨论的张量类型都是二阶张量。二阶张量是由二个矢量的并积构成，高阶张量则由二个以上张量的矢量积产生，三阶张量 $\vec{v}\,\vec{u}\,\vec{w}$，四阶张量 $\vec{v}\,\vec{u}\,\vec{w}\,\vec{b}$。此外，矢量可以看作一阶张量，标量可以看作零阶张量。三维空间中表达张量分量的数目取决于张量的阶 v，张量阶数总结详见表 2.1。要进行代数运算，知道张量的阶很重要。标量只有大小，而矢量既有大小又有方向，所以矢量不会等于标量。同理，矢量也不能等于张量。张量表达的方程中，各项的阶数应当相同。例如在工程和物理学中使用的标量，矢量和张量方程：

标量方程 $\qquad Q=mC_p(T_1-T_2)$ $\begin{cases} Q=传递的热量 \\ m=质量 \\ C_p=热容 \\ T_1,T_2=温度 \end{cases}$

矢量方程 $\qquad \vec{f}=m\vec{a}$ $\begin{cases} \vec{f}=力矢量 \\ m=质量 \\ \vec{a}=加速度矢量 \end{cases}$

张量方程 $\qquad \underline{\underline{\tau}}=-\mu\underline{\underline{\dot{\gamma}}}$ $\begin{cases} \underline{\underline{\tau}}=应力张量 \\ \mu=牛顿黏度 \\ \underline{\underline{\dot{\gamma}}}=形变速率张量 \end{cases}$

矢量与张量运算对结果阶数的影响参见表 2.2。

表 2.1　矢量和张量阶数

阶数 v	名　称	相关方向数目	分量数目	物理量举例
0	标量	0	3^0	质量,能量,温度
1	矢量	1	3^1	速度,力,电场
2	二阶张量	2	3^2	应力,形变
3	三阶张量	3	3^3	应力梯度
v	V 阶张量	v	3^v	

表 2.2　各种运算与表达式阶数

运算符号	结果的阶数	举　例	运算符号	结果的阶数	举　例
无符号	$\sum_{阶数}$	$\alpha\underline{\underline{B}}$,　阶数$=2$	·	$\sum_{阶数}-2$	$\vec{u}\cdot A$,　阶数$=1$
×	$\sum_{阶数}-1$	$\vec{w}\times\underline{\underline{C}}$,阶数$=2$	:	$\sum_{阶数}-4$	$\underline{\underline{B}}:\underline{\underline{C}}$,　阶数$=0$

注：$\sum_{阶数}$ 是表达式中阶数之和。

逆张量 $\underline{\underline{A}}^{-1}$：张量 $\underline{\underline{A}}$ 的倒数也是一个张量 $\underline{\underline{A}}^{-1}$，二者点积相乘为单位张量 $\underline{\underline{I}}$，

$$\underline{\underline{A}}\cdot\underline{\underline{A}}^{-1}=\underline{\underline{A}}^{-1}\cdot\underline{\underline{A}}=\underline{\underline{I}} \qquad (2-88)$$

行列式为零的张量不存在逆张量。张量 $\underline{\underline{A}}$ 的行列式与其不变量之间的关系如下：

$$\det|\underline{\underline{A}}|=\frac{1}{6}(I_{\underline{\underline{A}}}^2-3\,I_{\underline{\underline{A}}}II_{\underline{\underline{A}}}+2\,III_{\underline{\underline{A}}}) \qquad (2-89)$$

张量的行列式是不变量，不随任何坐标系变化。

2.3　矢量和张量的微分运算

流变学中重要方程，质量守恒和动量守恒方程多为微分方程，方程求解中就包括矢量微分算子（算子 ∇）对标量、矢量和张量的运算。

要计算矢量或张量的导数，一般先表示出坐标基下表达式，然后用微分算子，如，$\partial/\partial y$ 作用于矢量或张量每一项包括基矢量。例如任选一坐标基（空间中不一定为正交基），矢量 $\vec{v}$ 用坐标基表示为

$$\vec{v} = \tilde{v}_1 \tilde{e}_1 + v_2 \tilde{e}_2 + v_3 \tilde{e}_3 \tag{2-90}$$

矢量 $\vec{v}$ 各项对 y 求导数

$$\begin{aligned}
\frac{\partial \vec{v}}{\partial y} &= \frac{\partial}{\partial y}(\tilde{v}_1 \tilde{e}_1 + \tilde{v}_2 \tilde{e}_2 + \tilde{v}_3 \tilde{e}_3) \\
&= \frac{\partial}{\partial y}(\tilde{v}_1 \tilde{e}_1) + \frac{\partial}{\partial y}(\tilde{v}_2 \tilde{e}_2) + \frac{\partial}{\partial y}(\tilde{v}_3 \tilde{e}_3) \\
&= \tilde{v}_1 \frac{\partial \tilde{e}_1}{\partial y} + \tilde{e}_1 \frac{\partial \tilde{v}_1}{\partial y} + \tilde{v}_2 \frac{\partial \tilde{e}_2}{\partial y} + \tilde{e}_2 \frac{\partial \tilde{v}_2}{\partial y} + \tilde{v}_3 \frac{\partial \tilde{e}_3}{\partial y} + \tilde{e}_3 \frac{\partial \tilde{v}_3}{\partial y}
\end{aligned} \tag{2-91}$$

式（2-91）中运用了微分乘积法则。如果我们选择笛卡尔坐标系的坐标基，上述问题就会简化，因为笛卡尔坐标系的基矢量（$\hat{e}_x$，$\hat{e}_y$，$\hat{e}_z$）长度恒定，方向固定，式（2-91）中基矢量 $\tilde{e}_i$ 的微分为零，就会减少一半项的出现。

由于矢量和张量不依赖于坐标系，笛卡尔坐标系下推导出的矢量或张量表达式在其他任何坐标系下都有效，因此推导矢量和张量的一般表达式都用笛卡尔坐标，这样最方便。另外，正交基矢量（笛卡尔坐标系、圆柱坐标系和球坐标系）允许使用爱因斯坦符号进行微分运算，这种表达的优势在这里显而易见。

笛卡尔坐标（$x = x_1$，$y = x_2$，$z = x_3$）下，空间微分算子定义为

$$\nabla \equiv \hat{e}_1 \frac{\partial}{\partial x_1} + \hat{e}_2 \frac{\partial}{\partial x_2} + \hat{e}_3 \frac{\partial}{\partial x_3} \tag{2-92}$$

用爱因斯坦符号表示为

$$\nabla = \hat{e}_i \frac{\partial}{\partial x_i} \tag{2-93}$$

∇ 是矢量算子，不是矢量。它虽与矢量具有相同的阶数，但不能单独使用，且没有通常意义上的大小。∇ 运算符号的运算对象可以是标量，矢量或任意阶张量。对标量运算得到矢量，

$$\nabla \alpha = \left(\hat{e}_1 \frac{\partial}{\partial x_1} + \hat{e}_2 \frac{\partial}{\partial x_2} + \hat{e}_3 \frac{\partial}{\partial x_3} \right) \alpha = \hat{e}_1 \frac{\partial \alpha}{\partial x_1} + \hat{e}_2 \frac{\partial \alpha}{\partial x_2} + \hat{e}_3 \frac{\partial \alpha}{\partial x_3} = \hat{e}_i \frac{\partial \alpha}{\partial x_i} = \begin{pmatrix} \dfrac{\partial \alpha}{\partial x_1} \\[2mm] \dfrac{\partial \alpha}{\partial x_2} \\[2mm] \dfrac{\partial \alpha}{\partial x_3} \end{pmatrix}_{123} \tag{2-94}$$

矢量 $\nabla \alpha$ 称作标量 α 的梯度。注意标量与微分算子 ∇ 相乘，标量的位置很重要，标量位置不同，表达式的含义就不同。下面为 ∇ 对标量 α 和 ζ 运算应遵守的法则：

$$\nabla \text{对标量运算的代数法则} \begin{cases} \text{不符合交换律} & \nabla \alpha \neq \alpha \nabla \\ \text{不符合结合律} & \nabla(\zeta \alpha) \neq (\nabla \zeta) \alpha \\ \text{分配律} & \nabla(\zeta + \alpha) = \nabla \zeta + \nabla \alpha \end{cases}$$

上述运算法则第一项限定了 ∇ 不适用于交换律中。∇ 是运算符，$\nabla \alpha$ 是矢量，而 $\alpha \nabla$ 是运算符，二者不相等。第二项限定了微分算子对括号内所有项微分，∇ 与运算对象不适用于结合律。通常 $\partial(\zeta \alpha)/\partial x$ 的微分表达式为：

$$\frac{\partial(\zeta \alpha)}{\partial x} = \zeta \frac{\partial \alpha}{\partial x} + \alpha \frac{\partial \zeta}{\partial x} \tag{2-95}$$

有时易混淆常数和标量。常数描述的是一个不变化的量，而标量有可能是常数（如光速 c），矢量和张量也都有可能是常数（如海洋表面以下 10m 深处的各向同性压力）。因为常数不变

化，所以常数与∇相互位置可以任意排列。

注意微分算子∇会增加所作用表达式的阶数，微分算子作用于标量，结果为矢量；作用于矢量，结果为二阶张量；作用于二阶张量，结果为三阶张量。还有，由于笛卡尔坐标基矢量 $\hat{e}_x$，$\hat{e}_y$，$\hat{e}_z$ 是常量（不随坐标变化），爱因斯坦求和约定中微分算子 $\partial/\partial x_j$ 的书写位置没有限定，但是这些基矢量的阶数在最终表达式与其原始表达式中要相一致。

$$\nabla\vec{w}=\hat{e}_p\frac{\partial}{\partial x_p}(w_k\hat{e}_k)=\hat{e}_p\frac{\partial(w_k\hat{e}_k)}{\partial x_p}$$

$$=\hat{e}_p\hat{e}_k\frac{\partial w_k}{\partial x_p}=\frac{\partial w_k}{\partial x_p}\hat{e}_p\hat{e}_k$$

$$=\begin{bmatrix}\dfrac{\partial w_1}{\partial x_1}&\dfrac{\partial w_2}{\partial x_1}&\dfrac{\partial w_3}{\partial x_1}\\[2mm]\dfrac{\partial w_1}{\partial x_2}&\dfrac{\partial w_2}{\partial x_2}&\dfrac{\partial w_3}{\partial x_2}\\[2mm]\dfrac{\partial w_1}{\partial x_3}&\dfrac{\partial w_2}{\partial x_3}&\dfrac{\partial w_3}{\partial x_3}\end{bmatrix}_{123} \tag{2-96}$$

$$\nabla\underline{\underline{B}}=\hat{e}_i\frac{\partial}{\partial x_i}(B_{rs}\hat{e}_r\hat{e}_s)=\hat{e}_i\frac{\partial(B_{rs}\hat{e}_r\hat{e}_s)}{\partial x_i}=\hat{e}_i\hat{e}_r\hat{e}_s\frac{\partial B_{rs}}{\partial x_i}=\frac{\partial B_{rs}}{\partial x_i}\hat{e}_i\hat{e}_r\hat{e}_s \tag{2-97}$$

$\nabla\underline{\underline{B}}$ 是三阶张量，有 27 个分量。$\nabla\vec{w}$ 是矢量 $\vec{w}$ 的梯度，$\nabla\underline{\underline{B}}$ 是张量 $\underline{\underline{B}}$ 的梯度。

∇对不是常数标量的运算法则，与其对非常数矢量、非常数张量代数运算的法则相同，简述如下：

$$\nabla\text{对非常数矢量、张量运算代数法则}\begin{cases}\text{不适用交换律}\nabla\vec{w}\neq\overrightarrow{w\nabla}\\[1mm]\qquad\nabla\underline{\underline{B}}\neq\underline{\underline{B}}\nabla\\[1mm]\text{不适用结合律}\nabla(\vec{a}\vec{b})\neq(\nabla\vec{a})\vec{b}\\[1mm]\qquad\nabla(\vec{a}\cdot\vec{b})\neq(\nabla\vec{a})\cdot\vec{b}\\[1mm]\qquad\nabla(\vec{a}\times\vec{b})\neq(\nabla\vec{a})\times\vec{b}\\[1mm]\qquad\nabla(\underline{\underline{B}}\underline{\underline{C}})\neq(\nabla\underline{\underline{B}})\underline{\underline{C}}\\[1mm]\qquad\nabla(\underline{\underline{B}}\cdot\underline{\underline{C}})\neq(\nabla\underline{\underline{B}})\cdot\underline{\underline{C}}\\[1mm]\text{分配律}\nabla(\vec{w}+\vec{b})=\nabla\vec{w}+\nabla\vec{b}\\[1mm]\qquad\nabla(\underline{\underline{B}}+\underline{\underline{C}})\neq\nabla\underline{\underline{B}}+\nabla\underline{\underline{C}}\end{cases}$$

∇点乘矢量或张量是其第二类微分运算。∇· 称为散度运算符，降低运算对象的一个阶数。由于标量的阶数为零，所以对标量进行散度运算；矢量的散度，结果为标量；张量的散度，结果为矢量。

矢量的散度：

$$\nabla\cdot\vec{w}=\frac{\partial}{\partial x_i}\hat{e}_i\cdot w_m\hat{e}_m=\hat{e}_i\cdot\hat{e}_m\frac{\partial w_m}{\partial x_i}=\delta_{im}\frac{\partial w_m}{\partial x_i}=\frac{\partial w_m}{\partial x_m}=\frac{\partial w_1}{\partial x_1}+\frac{\partial w_2}{\partial x_2}+\frac{\partial w_3}{\partial x_3} \tag{2-98}$$

张量的散度：

$$\nabla \cdot \underline{\underline{B}} = \frac{\partial}{\partial x_p} \hat{e}_p \cdot B_{mn} \hat{e}_m \hat{e}_n$$

$$= \hat{e}_p \cdot \hat{e}_m \hat{e}_n \frac{\partial B_{mn}}{\partial x_p} = \delta_{pm} \hat{e}_n \frac{\partial B_{mn}}{\partial x_p} = \frac{\partial B_{mn}}{\partial x_p} \hat{e}_n$$

$$= \begin{pmatrix} \dfrac{\partial B_{p1}}{\partial x_p} \\[2mm] \dfrac{\partial B_{p2}}{\partial x_p} \\[2mm] \dfrac{\partial B_{p3}}{\partial x_p} \end{pmatrix}_{123} = \begin{pmatrix} \sum\limits_{p=1}^{3} \dfrac{\partial B_{p1}}{\partial x_p} \\[3mm] \sum\limits_{p=1}^{3} \dfrac{\partial B_{p2}}{\partial x_p} \\[3mm] \sum\limits_{p=1}^{3} \dfrac{\partial B_{p3}}{\partial x_p} \end{pmatrix}_{123}$$

$$= \begin{pmatrix} \dfrac{\partial B_{11}}{\partial x_1} + \dfrac{\partial B_{21}}{\partial x_2} + \dfrac{\partial B_{31}}{\partial x_3} \\[3mm] \dfrac{\partial B_{12}}{\partial x_1} + \dfrac{\partial B_{22}}{\partial x_2} + \dfrac{\partial B_{32}}{\partial x_3} \\[3mm] \dfrac{\partial B_{13}}{\partial x_1} + \dfrac{\partial B_{23}}{\partial x_2} + \dfrac{\partial B_{33}}{\partial x_3} \end{pmatrix}_{123} \tag{2-99}$$

按照微分 $\partial / \partial x_p$ 运算符对标量和矢量的运算的同样法则可以导出散度运算符 $\nabla \cdot$ 对矢量和张量的运算法则。

微分运算还包括拉普拉斯算子 $\nabla \cdot \nabla \alpha$ 或 ∇^2。这种运算结果的阶数不变，对标量、矢量和张量都可以进行拉普拉斯运算，运算结果分别为标量、矢量和张量。

标量的拉普拉斯算子：

$$\nabla \cdot \nabla \alpha = \frac{\partial}{\partial x_k} \hat{e}_k \cdot \frac{\partial}{\partial x_m} \hat{e}_m \alpha$$

$$= \hat{e}_k \cdot \hat{e}_m \frac{\partial}{\partial x_k} \frac{\partial \alpha}{\partial x_m} = \delta_{km} \frac{\partial}{\partial x_k} \frac{\partial \alpha}{\partial x_m}$$

$$= \frac{\partial}{\partial x_k} \frac{\partial \alpha}{\partial x_k} = \frac{\partial^2 \alpha}{\partial x_k^2}$$

$$= \frac{\partial^2 \alpha}{\partial x_1^2} + \frac{\partial^2 \alpha}{\partial x_2^2} + \frac{\partial^2 \alpha}{\partial x_3^2} \tag{2-100}$$

矢量的拉普拉斯算子：

$$\nabla \cdot \nabla \vec{w} = \frac{\partial}{\partial x_k} \hat{e}_k \cdot \frac{\partial}{\partial x_m} \hat{e}_m w_j \hat{e}_j$$

$$= \hat{e}_k \cdot \hat{e}_m \hat{e}_j \frac{\partial}{\partial x_k} \frac{\partial w_j}{\partial x_m} = \delta_{km} \hat{e}_j \frac{\partial}{\partial x_k} \frac{\partial w_j}{\partial x_m}$$

$$= \frac{\partial}{\partial x_k} \frac{\partial w_j}{\partial x_k} \hat{e}_j = \frac{\partial^2 w_j}{\partial x_k^2} \hat{e}_j$$

$$= \begin{vmatrix} \dfrac{\partial^2 w_1}{\partial x_1^2} + \dfrac{\partial^2 w_1}{\partial x_2^2} + \dfrac{\partial^2 w_1}{\partial x_3^2} \\[3mm] \dfrac{\partial^2 w_2}{\partial x_1^2} + \dfrac{\partial^2 w_2}{\partial x_2^2} + \dfrac{\partial^2 w_2}{\partial x_3^2} \\[3mm] \dfrac{\partial^2 w_3}{\partial x_1^2} + \dfrac{\partial^2 w_3}{\partial x_2^2} + \dfrac{\partial^2 w_3}{\partial x_3^2} \end{vmatrix}_{123} \tag{2-101}$$

张量的拉普拉斯运算按照同样的步骤进行。

2.4　矢量和张量的积分定理

这一节主要介绍下一章牛顿和非牛顿流体力学内容中需要应用的矢量数学定理和公式。这里没有证明，详细内容参看高等数学相关书籍。

2.4.1　高斯-奥氏散度定理

高斯-奥氏散度定理与闭合体（体积为 V，表面为 S）内矢量 $\vec{b}$ 的改变相关，闭合体见图 2.4。

高斯-奥氏散度定理
$$\int_V \nabla \cdot \vec{b} \, \mathrm{d}V = \int_S \hat{n} \cdot \vec{b} \, \mathrm{d}S \tag{2-102}$$

其中 $\hat{n}$ 是微元面 $\mathrm{d}S$ 指向外部的单位法线方向。闭合体体积 V 不一定为常量。高斯-奥氏散度定理可以把体积积分转化为表面积分，反之亦然。这对于易于直观表达面积分项，同时它所在的方程中还含有体积分项这样的方程提供了积分转换的便利。

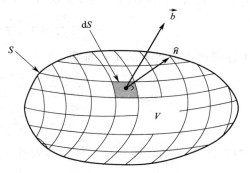

图 2.4　闭合体示意图

任一闭合体，体积 V，表面积 S。每个微元表面 $\mathrm{d}S$ 的单位法向方向为 $\hat{n}$，$\mathrm{d}S$ 表面上矢量为 $\vec{b}$

2.4.2　莱布尼茨公式

莱布尼茨公式解释了对一个积分求微分的结果，流变学初学者遇到的多数可能是定积分情况。例如 $J(x,t)$ 由以下积分定义：

$$J(x,t) = \sum_\alpha^\beta f(x,t) \, \mathrm{d}x \tag{2-103}$$

其中 α 和 β 是常数，f 是 x 和 t 的函数。当求 J 的导数时，可以导出：

$$\begin{aligned} \frac{\mathrm{d}J(x,t)}{\mathrm{d}t} &= \frac{\mathrm{d}}{\mathrm{d}t}\left[\int_\alpha^\beta f(x,t) \, \mathrm{d}x \right] \\ &= \int_\alpha^\beta \frac{\partial f(x,t)}{\partial t} \mathrm{d}x \end{aligned} \tag{2-104}$$

式（2-104）实际上是莱布尼茨公式的简化形式。如果积分限不是常数换作时间的函数，莱布尼茨公式就变为

$$J(x,t) = \sum_{\alpha(t)}^{\beta(t)} f(x,t) \, \mathrm{d}x \tag{2-105}$$

$$\frac{\mathrm{d}J(x,t)}{\mathrm{d}t} = \frac{\mathrm{d}}{\mathrm{d}t}\left[\int_{\alpha(t)}^{\beta(t)} f(x,t)\,\mathrm{d}x\right] \tag{2-106}$$

莱布尼茨公式（一元积分）

$$\frac{\mathrm{d}J(x,t)}{\mathrm{d}t} = \int_{\alpha(t)}^{\beta(t)} \frac{\partial f(x,t)}{\partial t}\,\mathrm{d}x + f(\beta,t)\frac{\mathrm{d}\beta}{\mathrm{d}t} - f(\alpha,t)\frac{\mathrm{d}\alpha}{\mathrm{d}t} \tag{2-107}$$

这是莱布尼茨公式的第一个形式，一元积分的微分公式。我们后面将应用莱布尼茨公式的第二个形式，三维空间积分的微分形式。对于闭合体，运动表面 $S(t)$，体积 $V(t)$ 随时间变化，J 被定义为

$$J(x,y,z,t) = \sum_{V(t)} f(x,y,z,t)\,\mathrm{d}V \tag{2-108}$$

J 的三维莱布尼茨导数为：

莱布尼茨公式（体积分）　$\dfrac{\mathrm{d}J}{\mathrm{d}t} = \displaystyle\int_{V(t)} \dfrac{\partial f}{\partial t}\mathrm{d}V + \int_{S(t)} f(\vec{v}_{\text{表面}} \cdot \hat{n})\,\mathrm{d}S$ (2-109)

$\hat{n}$ 的含义与高斯-奥氏散度定理中规定的含义相同；$\vec{v}_{\text{表面}}$ 是表面微元 $\mathrm{d}S$ 的速度（表面在运动）；如果控制体空间固定，即 $\vec{v}_{\text{表面}}$ 为零，则式(2-109)中的右边第二项就为零。

2.4.3　随体导数

流体力学和流变学中常用量都是随时间和空间变化的量，因此数学运算可能就需要进行多元函数的微分。例如多元函数 $f(x_1,x_2,x_3,t)$ 是时间和空间的函数，其中 x_1，x_2 和 x_3 为空间坐标，t 为时间。该多元函数如表示流体密度，则对 f 取微分：

$$\mathrm{d}f = \frac{\partial f}{\partial t}\mathrm{d}t + \frac{\partial f}{\partial x_1}\mathrm{d}x_1 + \frac{\partial f}{\partial x_2}\mathrm{d}x_2 + \frac{\partial f}{\partial x_3}\mathrm{d}x_3 \tag{2-110}$$

上述表达式各项除以 $\mathrm{d}t$，得到

$$\frac{\mathrm{d}f}{\mathrm{d}t} = \frac{\partial f}{\partial t} + \frac{\partial f}{\partial x_1}\frac{\mathrm{d}x_1}{\mathrm{d}t} + \frac{\partial f}{\partial x_2}\frac{\mathrm{d}x_2}{\mathrm{d}t} + \frac{\partial f}{\partial x_3}\frac{\mathrm{d}x_3}{\mathrm{d}t}$$

$$= \frac{\partial f}{\partial t} + \frac{\partial f}{\partial x_1}v_1 + \frac{\partial f}{\partial x_2}v_2 + \frac{\partial f}{\partial x_3}v_3 \tag{2-111}$$

式(2-111)也可用爱因斯坦标记和矢量（Gibbs）记法表示如下：

$$\frac{\mathrm{d}f}{\mathrm{d}t} = \frac{\partial f}{\partial t} + \frac{\partial f}{\partial x_i}v_i \tag{2-112}$$

随体导数

$$\frac{\mathrm{d}f}{\mathrm{d}t} = \frac{\mathrm{D}f}{\mathrm{D}t} = \frac{\partial f}{\partial t} + \vec{v}\cdot\nabla f \tag{2-113}$$

这一表达式被称为随体导数，经常记作 $\mathrm{D}f/\mathrm{D}t$，它表示随流体粒子运动（速度 $\vec{v}$）观察到的函数 f 的变化速率。

这一章的数学知识是本书后续内容的基础，在接下一章的质量和动量守恒公式推导中就会用到本章的数学公式和定理。

第 3 章　牛顿流体力学

　　高分子熔体或溶液在牛顿流体力学中被看作是连续介质，即宏观上把物体看成由紧密连着的大量微小分子团组成的一种连续体，称之为连续介质。这样在研究力学问题时就不必考虑具体的物质分子结构，而且还可以借助解析数学工具进行分析。

　　连续介质流动属于输运范畴，受质量守恒、动量守恒和能量守恒三大物理定律控制，即这些方程支配着流体流动，它们描述了流体流动的一般规律，如果再结合描述材料特性的本构方程，就可得知我们希望的材料应力、应变、速度等变量。本章内容推导质量守恒、动量守恒和能量守恒三大定律的流体系统控制方程组，并学习应用这些方程求解流体流动问题。

3.1　连续性方程

　　应用力学中分离体方法，想象用一空间闭合曲面把流场中一部分流体分离开，如图 3.1 所示，形象化就是用双手捧住一部分流动着的流体。通常称取定的闭合体为控制体，控制体的空间大小固定，体积为 V，表面积为 S，流经控制体的流体不断流入和流出，我们研究这一闭合体内的质量变化情况。

　　取控制体上一表面微元 $\mathrm{d}S$，流体流经 $\mathrm{d}S$ 的局部速度为 $\vec{v}$，它可以分解成平行于 $\mathrm{d}S$ 和垂直于 $\mathrm{d}S$ 二个量，前者对流体流入控制体没有贡献，后者要通过 $\mathrm{d}S$ 流入或流出控制体，$\mathrm{d}S$ 的单位法向为 $\hat{n}$，则流入/出质量流率为：

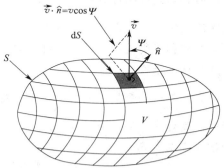

图 3.1　控制体示意图

流出 $\mathrm{d}S$ 的局部质量流率 $= \rho(\hat{n} \cdot \vec{v})\mathrm{d}S = \hat{n}(\rho \cdot \vec{v})\mathrm{d}S$

$$(3\text{-}1)$$

选择 $\hat{n}$ 指向外法向，流出表面 $\mathrm{d}S$ 的流动取正，流入表面 $\mathrm{d}S$ 的流动取负。整个闭合体 V 的净质量流率可以在整个体积边界表面上积分计算得到：

$$（通过表面 S 向外的净质量流率）= \int_{S} \hat{n} \cdot (\rho \vec{v})\mathrm{d}S \qquad (3\text{-}2)$$

此外，非稳定条件下，净流出质量通量会导致控制体内质量下降，这部分控制体质量的净减少量为：

$$(V \text{ 内质量的净减少量}) = -\frac{\mathrm{d}}{\mathrm{d}t}(\int_V \rho \mathrm{d}V) \tag{3-3}$$

负号表示控制体内质量减少而不是增加。

闭合体内流体流动满足质量守恒定律，即任一闭合系统的质量在其流动过程中不生不灭，流体的实际变化为零。在闭合体内，可以建立以下方程，流入质量－流出质量＝0。所以结合上述可能引起闭合体内质量变化的二项，控制体内质量的净减少量等于通过 S 向外流出的质量流率，得到闭合体内质量守恒定律的数学表达式：

$$-\frac{\mathrm{d}}{\mathrm{d}t}(\int_V \rho \mathrm{d}V) = \int_S \hat{n} \cdot (\rho \vec{v}) \mathrm{d}S \tag{3-4}$$

为了简化这一表达式，应用高斯-奥氏散度定理，将等式右侧面积分转化为体积分，

$$0 = \frac{\mathrm{d}}{\mathrm{d}t}(\int_V \rho \mathrm{d}V) + \int_S \hat{n} \cdot (\rho \vec{v}) \mathrm{d}S \tag{3-5}$$

$$= \frac{\mathrm{d}}{\mathrm{d}t}\left(\int_V \rho \mathrm{d}V\right) + \int_V \nabla \cdot (\rho \vec{v}) \mathrm{d}V \tag{3-6}$$

最后合并积分号相同的两项，

$$0 = \int_V \left[\frac{\partial \rho}{\partial t} + \nabla \cdot (\rho \vec{v})\right] \mathrm{d}V \tag{3-7}$$

这是任一体积范围内流体束的质量守恒方程——连续性方程，由于推导闭合体为任意选取，所以此方程在任一体积范围内都成立。方程各项物理意义如下：式(3-7)右侧积分第一项为局部项，表示随时间变化引起的闭合系统内密度 ρ 的局部变化；式(3-7)右侧积分第二项被称为迁移项，表示单位时间内流体流过界面 S 时携带出多少质量，通称质量通量。连续性方程表示这两种变化之和为零。

流动分析中常用微分形式的连续性方程，微分形式的连续性方程可由积分形式连续性方程导出：将式(3-7)各项除以控制体体积，然后就体内任一点 M 取极限，就得到微分形式连续性方程：

微分形式连续性方程 $\qquad 0 = \frac{\partial \rho}{\partial t} + \nabla \cdot (\rho \vec{v}) \tag{3-8}$

流体流动的每一点都满足该方程，该连续性方程表示的是质量守恒物理定律。连续性方程是流动存在和发生流动的必须条件，对于任何不包括多组分流体混合和化学反应的流动问题，都满足这一条件。

大多数聚合物加工过程中，聚合物熔体可视为不可压缩的流体，$\frac{\partial \rho}{\partial t}=0$，连续性方程方程可以简化为：$0 = \nabla \cdot \vec{v}$ 或 $\partial v_i / \partial x_i = 0 (i=1,2,3)$。连续性方程在圆柱坐标系和球坐标系的表达式参见表3.1。

表 3.1　三个坐标系下连续性方程

笛卡尔坐标系
$\frac{\partial \rho}{\partial t} + \left(v_x \frac{\partial \rho}{\partial x} + v_y \frac{\partial \rho}{\partial y} + v_z \frac{\partial \rho}{\partial z}\right) + \rho\left(\frac{\partial v_x}{\partial x} + \frac{\partial v_y}{\partial y} + \frac{\partial v_z}{\partial z}\right) = 0$
圆柱坐标系
$\frac{\partial \rho}{\partial t} + \frac{1}{r}\frac{\partial(\rho r v_r)}{\partial r} + \frac{1}{r}\frac{\partial(\rho v_\theta)}{\partial \theta} + \frac{\partial(\rho v_z)}{\partial z} = 0$
球坐标系
$\frac{\partial \rho}{\partial t} + \frac{1}{r^2}\frac{\partial(\rho r^2 v_r)}{\partial r} + \frac{1}{r\sin\theta}\frac{\partial(\rho v_\theta \sin\theta)}{\partial \theta} + \frac{1}{r\sin\theta}\frac{\partial(\rho v_\phi)}{\partial \phi} = 0$

3.2　动量方程

动量守恒定律是牛顿第二运动定律。根据牛顿第二定律，作用在物体上的总力等于物体总动量的变化速率。动量之所以变化，是由于系统内流体微团受到净作用力的缘故。动量守恒定律的通式，

$$\sum_{\text{作用在物体上所有力}i}\vec{f}_i = \frac{\mathrm{d}(m\vec{v})}{\mathrm{d}t} \tag{3-9}$$

牛顿第二定律告诉我们力带来动量的变化。所选系统动量守恒意味着，既没有动量损失，也没有得到动量，只是系统中不同部分之间进行动量交换。我们继续应用 3.1 节中的闭合体来推导动量方程。动量流动和力的净影响将要改变闭合体系统动量的状态，闭合体的动量平衡方程：

（固定体积 V 内动量的增加速率）＝（流入的净动量）＋（作用在物体上的净力）

（固定体积 V 内动量减少速率）＝（流出净动量）－（作用在物体上的净力）

平衡方程左侧表示成数学形式，

$$（固体体积 V 内动量减少速率）＝ -\frac{\mathrm{d}}{\mathrm{d}t}\left(\int_V \rho\vec{v}\,\mathrm{d}V\right) \tag{3-10}$$

$$= -\int_V \frac{\partial(\rho\vec{v})}{\partial t}\mathrm{d}V \tag{3-11}$$

从式（3-10）到式（3-11）的变换过程中应用了莱布尼茨法则，由于空间上闭合体体积 V 是定值，闭合体表面速度 $\vec{v}_{\text{表面}}=0$，莱布尼茨法则的第二项为零。

在流动的流体中，对动量平衡方程右侧贡献项有三种：对流动量、表面力和体积力。我们将考虑每一项贡献，然后把它们合并到动量平衡方程中得到任一体积内流动流体的动量平衡。

（1）流体流动引起的动量通量

考虑流出体积 V 之外的净对流动量，我们用连续性方程推导所用过的同样方法。考虑闭合体上微元表面积 $\mathrm{d}S$ 上，通过 $\mathrm{d}S$ 的局部流体速度 $\vec{v}$ 与表面 $\mathrm{d}S$ 相垂直，动量的局部流动速率，

（通过 $\mathrm{d}S$ 的局部动量流动速率）＝（动量/体积流率）（体积/时间）

$$=(\rho V)(\hat{n}\cdot\vec{v}\,\mathrm{d}S) \tag{3-12}$$

其中右边括号第一项是单位体积的动量，第二项是通过 $\mathrm{d}S$ 的体积流率。由于 ρ 和 $\hat{n}\cdot\vec{v}$ 是标量，表达式可以写作

（通过 $\mathrm{d}S$ 的布局动量流动速率）＝$\hat{n}\cdot(\rho\vec{v}\vec{v})\mathrm{d}S$ \qquad (3-13)

二个速度的矢量乘积，即张量，它自然出现在动量平衡的形成过程中。在整个表面 S 范围内积分表达式（3-13）得到流出表面的净动量流率，

（通过 S 流出的净动量流动速率）＝$\int_S \hat{n}\cdot(\rho\vec{v}\vec{v})\mathrm{d}S$ \qquad (3-14)

我们选择用外指向为法向 $\hat{n}$ 的方向。使用散度定理把上式转换为体积分

（通过 S 流出净动量流动速率）＝$\int_V \nabla\cdot(\rho\vec{v}\vec{v})\mathrm{d}V$ \qquad (3-15)

（2）表面力引起的动量通量

动量平衡一般式的第二项与作用在闭合体表面上的力有关。作用于流体表面微团上的力

称为表面力。这里注意分子级别力的性质随所研究的材料会有很大的变化。事实上，流变学的复杂性很大一部分是由于我们对分子级别力的理解有限，因此在考虑它们对动量平衡的影响时，不需要指出这些力的具体来源。

我们用力 $\vec{f}$ 表示作用在闭合体微元表面 $\mathrm{d}S$ 中心点上的力，表面单元 $\mathrm{d}S$ 具有向外的单位法向向量。笛卡尔坐标下力 $\vec{f}$ 表示为：

$$\vec{f} = f_i \hat{e}_i = f_1 \hat{e}_1 + f_2 \hat{e}_2 + f_3 \hat{e}_3 \tag{3-16}$$

如果能计算上面一般表达式中各项的系数，该表达式可以追踪流体中每一点的应力状态，这里我们先研究任一点的应力状态。笛卡尔坐标基 $\hat{e}_1$，$\hat{e}_2$，$\hat{e}_3$，用三个力矢量 $\vec{a}$，$\vec{b}$，$\vec{c}$ 描述 P 点的应力状态，如图 3.2 所示。以矢量 $\vec{a}$ 为例，在笛卡尔坐标下表示为

$$\vec{a} = a_1 \hat{e}_1 + a_2 \hat{e}_2 + a_3 \hat{e}_3 \tag{3-17}$$

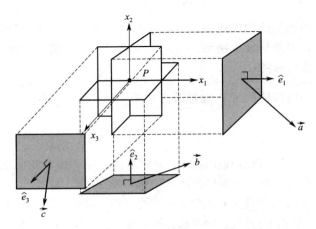

图 3.2　流体流动系统内一点 P 的应力状态
矢量表示过点 P 作用在三个相互垂直平面上的应力

注意 a_1 是 1 平面上的应力，即作用在单位法向为 $\hat{e}_1$ 的平面上。现在定义等于 a_1 的一个标量 Π_{11}，同样 $a_2 = \Pi_{12}$，$a_3 = \Pi_{13}$，这样方便组织点 P 所有的不同应力分量。用双下标标量重新表示作用在 1 表面上的力 $\vec{a}$：

$$\vec{a} = \Pi_{11} \hat{e}_1 + \Pi_{22} \hat{e}_2 + \Pi_{33} \hat{e}_3 \tag{3-18}$$

同理，作用在 2、3 表面的力 $\vec{b}$，$\vec{c}$ 分别写作

$$\vec{b} = \Pi_{21} \hat{e}_1 + \Pi_{22} \hat{e}_2 + \Pi_{23} \hat{e}_3 \tag{3-19}$$

$$\vec{c} = \Pi_{31} \hat{e}_1 + \Pi_{32} \hat{e}_2 + \Pi_{33} \hat{e}_3 \tag{3-20}$$

Π_{ik} 表示作用在 i 平面 k 方向上的应力，Π_{ik} 有九个应力分量。现在把 $\mathrm{d}S$ 上的应力与较早考虑的三个相互垂直平面上的应力联系起来。Π_{11}，Π_{21} 和 Π_{31} 分别是作用在 1、2 和 3 表面上 1 方向上的应力，它都作用在 $\mathrm{d}S$ 面 1 方向的投影上，都对 $\mathrm{d}S$ 上沿着 $\hat{e}_1$ 方向的应力有贡献。Π_{11} 作用面积的是 $\hat{n} \cdot \hat{e}_1 \mathrm{d}S$，同样 Π_{12} 和 Π_{13} 作用面积分别是 $\hat{n} \cdot \hat{e}_2 \mathrm{d}S$ 和 $\hat{n} \cdot \hat{e}_3 \mathrm{d}S$。现在我们可以根据 Π_{i1} 写出 f_1 的表达式：

$$f_1 = \Pi_{11}(\hat{n} \cdot \hat{e}_1) \mathrm{d}S + \Pi_{21}(\hat{n} \cdot \hat{e}_2) \mathrm{d}S + \Pi_{31}(\hat{n} \cdot \hat{e}_3) \mathrm{d}S \tag{3-21}$$

按照同样逻辑得出作用在 dS 上 2 方向 f_2 的表达式，作用在 dS 上 3 方向 f_3。把标量系数合并得到完整的 $\vec{f}$ 表达式：

$$\vec{f} = f_i \hat{e}_i = f_1 \hat{e}_1 + f_2 \hat{e}_2 + f_3 \hat{e}_3$$

$$= \mathrm{d}S\,\hat{n} \cdot (\hat{e}_1 \Pi_{11} + \hat{e}_2 \Pi_{21} + \hat{e}_3 \Pi_{31}) e_1 + \mathrm{d}S\,\hat{n} \cdot (\hat{e}_1 \Pi_{12} + \hat{e}_2 \Pi_{22} + \hat{e}_3 \Pi_{32}) e_2 +$$

$$\mathrm{d}S\,\hat{n} \cdot (\hat{e}_1 \Pi_{13} + \hat{e}_2 \Pi_{23} + \hat{e}_3 \Pi_{33}) e_3 \qquad (3\text{-}22)$$

总张量 Π 写成矩阵形式，9 个分量都清楚表示出来，

$$\vec{f} = \mathrm{d}S\hat{n} \cdot \begin{pmatrix} \Pi_{11} & \Pi_{12} & \Pi_{13} \\ \Pi_{21} & \Pi_{22} & \Pi_{23} \\ \Pi_{31} & \Pi_{32} & \Pi_{33} \end{pmatrix}_{123} \qquad (3\text{-}23)$$

可以看出在流体力学和流变学中张量非常有用，表达式(3-23)简单明确表达了流体内一点的应力状态。关于应力张量 Π_{ik} 符号，规定正 $\hat{e}_k$ 方向的应力 Π_{ik} 为正，闭合体产生的力为正，作用在闭合体上的力为负。

（3）体积力的动量通量

体积力是与质量或体积成正比的力，这种力来自外部场，作用到流体的每一个微团上，例如重力、电磁力等均为体积力。我们只考虑来自重力场的体积力 g，其他类场如电磁场可能会对特定材料如极性流体和带电悬浮液有影响。

重力作用在微元 dV 质量上，因此由于重力产生的力是：（质量）（加速度）＝(ρdV)($\vec{g}$)。其中 ρ 是流体密度。因此重力的总效应表示为

$$\text{作用在体积 } V \text{ 上的总体积力} = \int_V \rho \vec{g}\, \mathrm{d}V \qquad (3\text{-}24)$$

现在汇总动量平衡方程各项：

（固定体积 V 内动量下降速率）＝（向外的动量净通量）－（作用在体积上的净力之和）

$$-\int_V \frac{\partial(\rho\vec{v})}{\partial t}\mathrm{d}V = \int_V \nabla \cdot (\rho\vec{v}\vec{v})\,\mathrm{d}V + \int_V \nabla \cdot \underline{\underline{\Pi}}\,\mathrm{d}V - \int_V \rho\vec{g}\,\mathrm{d}V \qquad (3\text{-}25)$$

$$0 = \int_V \left[-\frac{\partial(\rho\vec{v})}{\partial t} - \nabla \cdot (\rho\vec{v}\vec{v}) - \nabla \cdot \underline{\underline{\Pi}} + \rho\vec{g} \right] \mathrm{d}V \qquad (3\text{-}26)$$

与连续性方程一样，闭合体为任意选取的闭合体，当闭合体小到一点时，就得到了运动方程，

运动方程　　　$$\frac{\partial(\rho\vec{v})}{\partial t} = -\nabla \cdot (\rho\vec{v}\vec{v}) - \nabla \cdot \underline{\underline{\Pi}} + \rho\vec{g} \qquad (3\text{-}27)$$

这一方程对各种类型流体可压缩和不可压缩流体，牛顿和非牛顿流体都有效。由于质量守恒，利用连续性方程可以简化运动方程

$$\rho\left(\frac{\partial\vec{v}}{\partial t} + \vec{v} \cdot \nabla\vec{v}\right) = -\nabla \cdot \underline{\underline{\Pi}} + \rho\vec{g} \qquad (3\text{-}28)$$

$$\rho\frac{\mathrm{D}\vec{v}}{\mathrm{D}t} = -\nabla \cdot \underline{\underline{\Pi}} + \rho\vec{g} \qquad (3\text{-}29)$$

可以进一步分解应力张量 $\underline{\underline{\Pi}} = -p\underline{\underline{I}} + \underline{\underline{\tau}}$，将此式代入运动方程，

$$\rho\left(\frac{\partial\vec{v}}{\partial t} + \vec{v} \cdot \nabla\vec{v}\right) = -\nabla p - \nabla \cdot \underline{\underline{\tau}} + \rho\vec{g} \qquad (3\text{-}30)$$

和

$$\rho\frac{\mathrm{D}\vec{v}}{\mathrm{D}t} = -\nabla p - \nabla \cdot \underline{\underline{\tau}} + \rho\vec{g} \qquad (3\text{-}31)$$

方程(3-31)左侧为惯性力项，方程右侧三项有明确物理含义：∇p 是静水压力项，反映静压力对动量的影响；$\nabla \cdot \underset{=}{\tau}$ 是黏性应力项，反映流体黏性对动量的影响；ρg 是重力项，反映重力对动量的影响。

　　流动流体内各点都必须满足运动方程，运动方程是求解流动问题的重要方程，它是矢量方程，有三个分量，笛卡尔坐标、圆柱坐标和球坐标下的运动方程见表3.2。运动方程的求解需要指定应力。前面提到应力张量 $\underset{=}{\Pi}$ 可以进一步分解为各项同性压力 p 与附加应力 $\underset{=}{\tau}$ 之和。各项同性力使流体产生体积改变，不改变形状，而附加应力 $\underset{=}{\tau}$ 使流体产生变形，当流体静止时，附加应力项为零，应力 $\underset{=}{\Pi}$ 等于静水压力 p。指定流体 $\underset{=}{\tau}$ 的方程是该流体的应力本构方程，本构方程描述各类流体应力的具体性质，它随所研究流体类型的不同而不同。牛顿流体本构方程是最简单的本构方程，目前流变学大量研究聚焦在开发准确的非牛顿流体应力本构方程。一旦明确本构方程，再与运动方程以及连续性结合，就可以求解流体流动的速度场或其他流动变量。

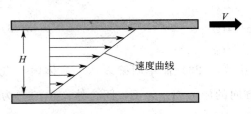

图 3.3　限定在二平板间各种流体剪切流动实验，测量上板不同移动速度所需力的大小

牛顿观察到的剪切应力（力/面积）和剪切速率（速度/间隙）之间的关系称作牛顿黏性定律。

　　牛顿本构方程是一个经验式，它来自不可压缩流体滑动（剪切）流动实验观察推测，而不是由基本原理推导得出。牛顿不可压缩流体滑动（剪切）流动实验结论是剪切应力 τ_{12} 与速度梯度直接成正比（参见图3.3）。

表 3.2　三个坐标系下不可压缩流体动量方程

笛卡尔坐标

$$\rho\left(\frac{\partial v_x}{\partial t}+v_x\frac{\partial v_x}{\partial x}+v_y\frac{\partial v_x}{\partial y}+v_z\frac{\partial v_x}{\partial z}\right)=-\frac{\partial p}{\partial x}-\left(\frac{\partial \tau_{xx}}{\partial x}+\frac{\partial \tau_{yx}}{\partial y}+\frac{\partial \tau_{zx}}{\partial z}\right)+\rho g_x$$

$$\rho\left(\frac{\partial v_y}{\partial t}+v_x\frac{\partial v_y}{\partial x}+v_y\frac{\partial v_y}{\partial y}+v_z\frac{\partial v_y}{\partial z}\right)=-\frac{\partial p}{\partial y}-\left(\frac{\partial \tau_{xy}}{\partial x}+\frac{\partial \tau_{yy}}{\partial y}+\frac{\partial \tau_{zy}}{\partial z}\right)+\rho g_y$$

$$\rho\left(\frac{\partial v_z}{\partial t}+v_x\frac{\partial v_z}{\partial x}+v_y\frac{\partial v_z}{\partial y}+v_z\frac{\partial v_z}{\partial z}\right)=-\frac{\partial p}{\partial z}-\left(\frac{\partial \tau_{xz}}{\partial x}+\frac{\partial \tau_{yz}}{\partial y}+\frac{\partial \tau_{zz}}{\partial z}\right)+\rho g_z$$

圆柱坐标系

$$\rho\left(\frac{\partial v_r}{\partial t}+v_r\frac{\partial v_r}{\partial r}+\frac{v_\theta}{r}\frac{\partial v_r}{\partial \theta}-\frac{v_\theta^2}{r}+v_z\frac{\partial v_r}{\partial z}\right)=-\frac{\partial p}{\partial r}-\left[\frac{1}{r}\frac{\partial(r\tau_{rr})}{\partial r}+\frac{1}{r}\frac{\partial \tau_{r\theta}}{\partial \theta}-\frac{\tau_{\theta\theta}}{r}+\frac{\partial \tau_{rz}}{\partial z}\right]+\rho g_r$$

$$\rho\left(\frac{\partial v_\theta}{\partial t}+v_r\frac{\partial v_\theta}{\partial r}+\frac{v_\theta}{r}\frac{\partial v_\theta}{\partial \theta}+\frac{v_\theta v_r}{r}+v_z\frac{\partial v_\theta}{\partial z}\right)=-\frac{1}{r}\frac{\partial p}{\partial \theta}-\left[\frac{1}{r^2}\frac{\partial(r^2\tau_{r\theta})}{\partial r}+\frac{1}{r}\frac{\partial \tau_{\theta\theta}}{\partial \theta}+\frac{\partial \tau_{\theta z}}{\partial z}\right]+\rho g_\theta$$

$$\rho\left(\frac{\partial v_z}{\partial t}+v_r\frac{\partial v_z}{\partial r}+\frac{v_\theta}{r}\frac{\partial v_z}{\partial \theta}+v_z\frac{\partial v_z}{\partial z}\right)=-\frac{\partial p}{\partial z}-\left[\frac{1}{r}\frac{\partial(r\tau_{rz})}{\partial r}+\frac{1}{r}\frac{\partial \tau_{\theta z}}{\partial \theta}-\frac{\tau_{zz}}{r}+\frac{\partial \tau_{zz}}{\partial z}\right]+\rho g_z$$

球坐标系

$$\rho\left(\frac{\partial v_r}{\partial t}+v_r\frac{\partial v_r}{\partial r}+\frac{v_\theta}{r}\frac{\partial v_r}{\partial \theta}+\frac{v_\phi}{r\sin\theta}\frac{\partial v_r}{\partial \phi}-\frac{v_\theta^2+v_\phi^2}{r}\right)$$
$$=-\frac{\partial p}{\partial r}-\left[\frac{1}{r^2}\frac{\partial(r^2\tau_{rr})}{\partial r}+\frac{1}{r\sin\theta}\frac{\partial(\tau_{r\theta}\sin\theta)}{\partial \theta}+\frac{1}{r\sin\theta}\frac{\partial \tau_{r\phi}}{\partial \phi}-\frac{\tau_{\theta\theta}+\tau_{\phi\phi}}{r}\right]+\rho g_r$$

$$\rho\left(\frac{\partial v_\theta}{\partial t}+v_r\frac{\partial v_\theta}{\partial r}+\frac{v_\theta}{r}\frac{\partial v_\theta}{\partial \theta}+\frac{v_\phi}{r\sin\theta}\frac{\partial v_\theta}{\partial \phi}+\frac{v_r v_\theta}{r}-\frac{v_\phi^2\cos\theta}{r}\right)$$
$$=-\frac{1}{r}\frac{\partial p}{\partial \theta}-\left[\frac{1}{r^2}\frac{\partial(r^2\tau_{r\theta})}{\partial r}+\frac{1}{r\sin\theta}\frac{\partial(\tau_{\theta\theta}\sin\theta)}{\partial \theta}+\frac{1}{r\sin\theta}\frac{\partial \tau_{\theta\phi}}{\partial \phi}+\frac{\tau_{r\theta}}{r}-\frac{(\cot\theta)\tau_{\phi\phi}}{r}\right]+\rho g_\theta$$

$$\rho\left(\frac{\partial v_\phi}{\partial t}+v_r\frac{\partial v_\phi}{\partial r}+\frac{v_\theta}{r}\frac{\partial v_\phi}{\partial \theta}+\frac{v_\phi}{r\sin\theta}\frac{\partial v_\phi}{\partial \phi}+\frac{v_r v_\phi}{r}-\frac{v_\theta v_\phi\cot\theta}{r}\right)$$
$$=-\frac{1}{r\sin\theta}\frac{\partial p}{\partial \phi}-\left[\frac{1}{r^2}\frac{\partial(r^2\tau_{r\phi})}{\partial r}+\frac{1}{r}\frac{\partial \tau_{\theta\phi}}{\partial \theta}+\frac{1}{r\sin\theta}\frac{\tau_{\phi\phi}}{\partial \phi}+\frac{\tau_{r\phi}}{r}-\frac{(2\cot\theta)\tau_{\theta\phi}}{r}\right]+\rho g_\phi$$

牛顿黏性定律
$$\tau_{21} = -\mu \frac{\mathrm{d}v_1}{\mathrm{d}x_2} \qquad (3\text{-}32)$$

这是标量方程，给出了特定流体的剪切应力和速度二者之间的关系（见图 3.4）。对于可压缩流体，牛顿本构方程为

牛顿本构方程（可压缩）
$$\underline{\underline{\tau}} = -\mu \left[\nabla \vec{v} + (\nabla \vec{v})^T \right] + \left(\frac{2}{3}\mu - \kappa \right)(\nabla \cdot \vec{v})\underline{\underline{I}} \qquad (3\text{-}33)$$

其中，μ 是牛顿剪切黏度，κ 是扩张黏度。剪切黏度描述的是阻碍流体滑动运动的性质，这是重要的材料参数。当流体密度改变时，扩张黏度 κ 描述各项同性作用对应力的贡献。由于密度变化源于流体流动，当流动停止时，该项应力就为零。扩张黏度是考虑悬浮液和多原子气体时的关心量。除文献中有些特殊流体外，多数已知流体产生的应力张量都是对称张量，所以总认为 $\underline{\underline{\tau}}$ 是对称张量。

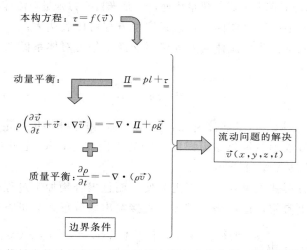

图 3.4　由推导出的动量方程、质量平衡方程与本构方程一起求解流动问题框图

对于密度 ρ 恒定的流体——不可压缩流体，即 ρ 不是空间和时间的函数，质量守恒方程变为

不可压缩流体连续性方程
$$\nabla \cdot \vec{v} = 0 \qquad (3\text{-}34)$$

由此简化牛顿本构方程(3-33)，得到不可压缩牛顿流体，
$$\underline{\underline{\tau}} = -\mu \left[\nabla \vec{v} + (\nabla \vec{v})^T \right] \qquad (3\text{-}35)$$

方括弧中的张量叫做应变速率张量，用符号 $\underline{\underline{\dot{\gamma}}}$ 表示

剪切应变张量
$$\underline{\underline{\dot{\gamma}}} = \nabla \vec{v} + (\nabla \vec{v})^T \qquad (3\text{-}36)$$

不可压缩牛顿流体流体本构方程
$$\underline{\underline{\tau}} = -\mu \underline{\underline{\dot{\gamma}}} \qquad (3\text{-}37)$$

将不可压缩牛顿流体本构方程代入运动方程(3-31)，可以导出
$$-\nabla \cdot \underline{\underline{\tau}} = \mu \nabla^2 \vec{v} + \mu \nabla \cdot (\nabla \vec{v})^T = \mu \nabla^2 \vec{v} \qquad (3\text{-}38)$$

把上式代回运动方程，

Navier-Stokes 方程
$$\rho \left(\frac{\partial \vec{v}}{\partial t} + \vec{v} \cdot \nabla \vec{v} \right) = -\nabla p - \mu \nabla^2 \vec{v} + \rho \vec{g} \qquad (3\text{-}39)$$

$$\rho \frac{\mathrm{D}\vec{v}}{\mathrm{D}t} = -\nabla p - \mu \nabla^2 \vec{v} + \rho \vec{g} \qquad (3\text{-}40)$$

这就是著名的 Navier-Stokes 方程。它是不可压缩牛顿流体的微观动量平衡（运动方程），这个方程受限为不可压缩流体。对于不可压缩非牛顿流体或可压缩流体的运动方程为式（3-30）。

我们已经推导二个物理定律，质量守恒（连续性方程）和动量守恒（运动方程）定律。在 3.3 能量方程小节后，学习运用以上二个定律处理牛顿流体连续介质典型流动问题，为后续处理非牛顿流体力学，即流变学，打好基础。

3.3 能量方程

能量方程是以热力学第一定律能量守恒原理为基础。任一封闭系统内，流体内能的变化率等于在变化过程中单位时间内自外部给予流体的热量与外力做功之和。也就是说，封闭系统的任何能量变化来自三个方面：一是来自外加热量，如燃烧、化学反应以及吸收辐射热等；二是来自热传导，这是由系统表面边界温差造成的热量传递；三是来自应力张量对流体系统所做的功。

继续应用前面小节中的闭合体模型，能量守恒方程可以表达为：

封闭体系能量变化＝流体与外界热量交换＋外力对体系做功＋外热源

用数学表达为

$$\frac{D}{Dt}\int_V \rho\left(e+\frac{1}{2}\vec{v}^2\right)dV = -\int_V \nabla\cdot q\,dV + \int_S (-p\underline{I}+\underline{\underline{\tau}})\cdot\vec{v}\cdot dS + A' \tag{3-41}$$

式中，e 为内能密度，J/kg；q 是热流密度，$J\cdot m^2/s$，傅立叶热传导定律 $q=-k\nabla T$，∇T 是温度梯度，式中负号表示热量总是沿温度下降的方向传导；A' 是外热源给予密闭体的热量，如不计外部辐射等热源，$A'=0$。

实际应用中，微分形式能量守恒方程更方便，而且聚合物加工过程热量传递分析中，以温度表达的能量方程更常用，这里略去推导，直接给出微分形式能量方程，

$$\rho C_v \frac{DT}{dt} = \nabla(k\nabla T) - T\left(\frac{\partial p}{\partial T}\right)_p (\nabla\cdot\vec{v}) + (\underline{\underline{\tau}}:\nabla\vec{v}) \tag{3-42}$$

式中，ρ 是密度；C_v 是流体的定容比热容；p 是流体内压力；T 是热力学温度。能量方程能各项都有明确的物理意义：$\rho C_v \frac{DT}{dt}$ 表示单位时间内某一点的温度变化。$\nabla(k\nabla T)$ 表示由于热传导引起的温度变化，即空间位置变化所引起的温度变化。$T\left(\frac{\partial p}{\partial T}\right)_p(\nabla\cdot\vec{v})$ 表示由于膨胀功引起的温度变化。对于不可压缩流体，比如聚合物熔体或溶液近似认为为不可压缩流体。这一项可以忽略。$(\underline{\underline{\tau}}:\nabla\vec{v})$ 是机械功转变为热能而引起的温度变化。对于黏度不太大的流体，这一项可以忽略。但聚合物熔体由于自身的高黏度，这一项在其热分析中必须考虑而且很重要的项。

能量方程是标量方程，只有一个方程。其在不同坐标下的表达式见表 3.3。

对于不可压缩流体，$\rho=$常数，$C_v=C_p$，即定容比热容与定压比热容相等，再考虑流体各项同性 $k=$常数，能量方程可以进一步简化

$$\rho C_v \frac{DT}{dt} = \nabla(k\nabla T) + (\underline{\underline{\tau}}:\nabla\vec{v}) \tag{3-43}$$

高分子熔体流动热分析时，常需求解流场中的温度分布，这种情况下必须运用能量方程求解。

表 3.3　三个坐标系下牛顿流体能量方程

笛卡尔坐标系

$$\rho C_v \left(\frac{\partial T}{\partial t} + v_x \frac{\partial T}{\partial x} + v_y \frac{\partial T}{\partial y} + v_z \frac{\partial T}{\partial z} \right)$$

$$= k \left(\frac{\partial^2 T}{\partial x^2} + \frac{\partial^2 T}{\partial y^2} + \frac{\partial^2 T}{\partial z^2} \right) + 2\mu \left\{ \left(\frac{\partial v_x}{\partial x} \right)^2 + \left(\frac{\partial v_y}{\partial y} \right)^2 + \left(\frac{\partial v_z}{\partial z} \right)^2 \right\} + \mu \left\{ \left(\frac{\partial v_x}{\partial y} + \frac{\partial v_y}{\partial x} \right)^2 + \left(\frac{\partial v_z}{\partial x} + \frac{\partial v_x}{\partial z} \right)^2 \right.$$

$$\left. + \left(\frac{\partial v_y}{\partial z} + \frac{\partial v_z}{\partial y} \right)^2 \right\}$$

圆柱坐标系

$$\rho v \left(\frac{\partial T}{\partial t} + v_r \frac{\partial T}{\partial r} + \frac{v_\theta}{r} \frac{\partial T}{\partial \theta} + v_z \frac{\partial T}{\partial z} \right)$$

$$= k \left\{ \frac{1}{r} \frac{\partial}{\partial r} \left(r \frac{\partial T}{\partial r} \right) + \frac{1}{r^2} \frac{\partial^2 T}{\partial \theta^2} + \frac{\partial^2 T}{\partial z^2} \right\} + 2\mu \left\{ \left(\frac{\partial v_r}{\partial r} \right)^2 + \left[\frac{1}{r} \left(\frac{\partial v_\theta}{\partial \theta} + v_r \right) \right]^2 + \left(\frac{\partial v_z}{\partial z} \right)^2 \right\} +$$

$$\mu \left\{ \left[r \frac{\partial}{\partial r} \left(\frac{v_\theta}{r} \right) + \frac{1}{r} \frac{\partial v_r}{\partial \theta} \right]^2 + \left(\frac{1}{r} \frac{\partial v_z}{\partial \theta} + \frac{\partial v_\theta}{\partial z} \right)^2 + \left(\frac{\partial v_r}{\partial z} + \frac{\partial v_z}{\partial r} \right)^2 \right\}$$

球坐标系

$$\rho C_v \left(\frac{\partial T}{\partial t} + v_r \frac{\partial T}{\partial r} + \frac{v_\theta}{r} \frac{\partial T}{\partial \theta} + \frac{v_\phi}{r\sin\theta} \frac{\partial T}{\partial \phi} \right)$$

$$= k \left[\frac{1}{r^2} \frac{\partial}{\partial r} \left(r^2 \frac{\partial T}{\partial r} \right) + \frac{1}{r^2 \sin\theta} \frac{\partial}{\partial \theta} \left(\sin\theta \frac{\partial T}{\partial \theta} \right) + \frac{1}{r^2 \sin^2\theta} \frac{\partial^2 T}{\partial \phi^2} \right]$$

$$+ 2\mu \left\{ \left(\frac{\partial v_r}{\partial r} \right)^2 + \left(\frac{1}{r} \frac{\partial v_\theta}{\partial \theta} + \frac{v_r}{r} \right)^2 + \left(\frac{1}{r\sin\theta} \frac{\partial v_\phi}{\partial \phi} + \frac{v_r}{r} + \frac{v_\theta \cot\theta}{r} \right)^2 \right\}$$

$$+ \mu \left\{ \left[r \frac{\partial}{\partial r} \left(\frac{v_\theta}{r} \right) + \frac{1}{r} \frac{\partial v_r}{\partial \theta} \right]^2 + \left[\frac{1}{r\sin\theta} \frac{\partial v_r}{\partial \phi} + r \frac{\partial}{\partial r} \left(\frac{v_\phi}{r} \right) \right]^2 + \left[\frac{\sin\theta}{r} \frac{\partial}{\partial \theta} \left(\frac{v_\phi}{\sin\theta} \right) + \frac{1}{r\sin\theta} \frac{\partial v_\theta}{\partial \phi} \right]^2 \right\}$$

注：ρ、μ 和 k 都为常数，$C_v = C_p$。

3.4　不可压缩牛顿流体流动问题

3.4.1　平行平板间拖动流

不可压缩流体限定在二个无限宽平行平板之间流动，间距为 H，上板沿 x_1 方向以速度 $\vec{V}$ 移动。假定流动是充分发展而且稳定态。计算速度分布曲线、单位宽度流率和应力张量 $\underline{\underline{\tau}}$。

这是经典拖动流问题。首先选择笛卡尔坐标系 $\hat{e}_1$，$\hat{e}_2$，$\hat{e}_3$，如图 3.5 所示。流动发生在 $\hat{e}_1$ 方向上，而且螺槽底部边界 $x_2 = 0$。为了求解不可压缩牛顿流体速度曲线，我们要运用二个守恒方程：连续性方程、动量方程。

首先用连续性方程

$$0 = \nabla \cdot \vec{v} \tag{3-44}$$

$$0 = \frac{\partial v_1}{\partial x_1} + \frac{\partial v_2}{\partial x_2} + \frac{\partial v_3}{\partial x_3} \tag{3-45}$$

由于流动仅在 $\hat{e}_1$ 方向，$\vec{v}$ 的 $\hat{e}_2$ 和 $\hat{e}_3$ 分量为零：

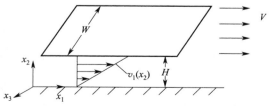

图 3.5　无限平行板间拖动流

$$\vec{v} = \begin{pmatrix} v_1 \\ 0 \\ 0 \end{pmatrix}_{123} \tag{3-46}$$

因此，连续性方程为

$$\frac{\partial v_1}{\partial x_1} = 0 \tag{3-47}$$

这意味着对于不可压缩流体，流动只发生在 $\hat{e}_1$ 方向上（$v_2 = v_3 = 0$），1 方向速度 v_1 不随流动方向的坐标 x_1 而变化。

运动方程给出动量守恒。不可压缩牛顿流体的动量守恒方程为

$$\rho \left(\frac{\partial \vec{v}}{\partial t} + \vec{v} \cdot \nabla \vec{v} \right) = -\nabla p - \mu \, \nabla^2 \, \vec{v} + \rho \, \vec{g} \tag{3-48}$$

为了更进一步求解，须写出 Niveri-stocks 方程在笛卡尔坐标下的分量形式（这里用 Einstein 加和约定符号表示）。

$$\rho \, \frac{\partial \vec{v}}{\partial t} = \begin{pmatrix} \rho \, \dfrac{\partial v_1}{\partial t} \\[2mm] \rho \, \dfrac{\partial v_2}{\partial t} \\[2mm] \rho \, \dfrac{\partial v_3}{\partial t} \end{pmatrix}_{123} \tag{3-49}$$

$$\rho \vec{v} \cdot \nabla \vec{v} = \rho \begin{pmatrix} v_1 \, \dfrac{\partial v_1}{\partial x_1} + v_2 \, \dfrac{\partial v_1}{\partial x_2} + v_3 \, \dfrac{\partial v_1}{\partial x_3} \\[2mm] v_1 \, \dfrac{\partial v_2}{\partial x_1} + v_2 \, \dfrac{\partial v_2}{\partial x_2} + v_3 \, \dfrac{\partial v_2}{\partial x_3} \\[2mm] v_1 \, \dfrac{\partial v_3}{\partial x_1} + v_2 \, \dfrac{\partial v_3}{\partial x_2} + v_3 \, \dfrac{\partial v_3}{\partial x_3} \end{pmatrix}_{123} \tag{3-50}$$

$$-\nabla p = \begin{pmatrix} -\dfrac{\partial p}{\partial x_1} \\[2mm] -\dfrac{\partial p}{\partial x_2} \\[2mm] -\dfrac{\partial p}{\partial x_3} \end{pmatrix}_{123} \tag{3-51}$$

$$\mu \, \nabla^2 \vec{v} = \begin{pmatrix} \mu \, \dfrac{\partial^2 v_1}{\partial x_1^2} + \mu \, \dfrac{\partial^2 v_1}{\partial x_2^2} + \mu \, \dfrac{\partial^2 v_1}{\partial x_3^2} \\[2mm] \mu \, \dfrac{\partial^2 v_2}{\partial x_1^2} + \mu \, \dfrac{\partial^2 v_2}{\partial x_2^2} + \mu \, \dfrac{\partial^2 v_2}{\partial x_3^2} \\[2mm] \mu \, \dfrac{\partial^2 v_3}{\partial x_1^2} + \mu \, \dfrac{\partial^2 v_3}{\partial x_2^2} + \mu \, \dfrac{\partial^2 v_3}{\partial x_3^2} \end{pmatrix}_{123} \tag{3-52}$$

$$\rho \, \vec{g} = \begin{pmatrix} \rho \, g_1 \\ \rho \, g_2 \\ \rho \, g_3 \end{pmatrix}_{123} \tag{3-53}$$

我们用已知简化上述各项。我们知道 $v_2 = v_3 = 0$，由连续性方程知道 $\dfrac{\partial v_1}{\partial x_1} = 0$，所以可以取消所有涉及 v_2、v_3 或 v_1 对 x_1 的空间导数的各项，简化后

$$\rho \frac{\partial \vec{v}}{\partial t} = \begin{pmatrix} \rho \dfrac{\partial v_1}{\partial t} \\ 0 \\ 0 \end{pmatrix}_{123} \tag{3-54}$$

$$\rho \vec{v} \cdot \nabla \vec{v} = \begin{pmatrix} 0 \\ 0 \\ 0 \end{pmatrix}_{123} \tag{3-55}$$

$$-\nabla p = \begin{pmatrix} -\dfrac{\partial p}{\partial x_1} \\ -\dfrac{\partial p}{\partial x_2} \\ -\dfrac{\partial p}{\partial x_3} \end{pmatrix}_{123} \tag{3-56}$$

$$\mu \nabla^2 \vec{v} = \begin{pmatrix} \mu \dfrac{\partial^2 v_1}{\partial x_2^2} + \mu \dfrac{\partial^2 v_1}{\partial x_3^2} \\ 0 \\ 0 \end{pmatrix}_{123} \tag{3-57}$$

$$\rho \vec{g} = \begin{pmatrix} 0 \\ -\rho g \\ 0 \end{pmatrix}_{123} \tag{3-58}$$

重力取 x_2 的负方向。

把上述这些项放在一起，得到这个流动问题的运动方程

$$\begin{pmatrix} \rho \dfrac{\partial v_1}{\partial t} \\ 0 \\ 0 \end{pmatrix}_{123} + \begin{pmatrix} 0 \\ 0 \\ 0 \end{pmatrix}_{123} = \begin{pmatrix} -\dfrac{\partial p}{\partial x_1} \\ -\dfrac{\partial p}{\partial x_2} \\ -\dfrac{\partial p}{\partial x_3} \end{pmatrix}_{123} + \begin{pmatrix} \mu \dfrac{\partial^2 v_1}{\partial x_2^2} + \mu \dfrac{\partial^2 v_1}{\partial x_3^2} \\ 0 \\ 0 \end{pmatrix}_{123} + \begin{pmatrix} 0 \\ -\rho g \\ 0 \end{pmatrix}_{123} \tag{3-59}$$

这种书写方式可以看出 Navier-Stokes 方程是一个矢量方程，有三个分量方程。$\hat{e}_1$ 的系数组成一个方程，$\hat{e}_2$ 和 $\hat{e}_3$ 的系数组成其他二个方程。由 $\hat{e}_3$ 系数组成的方程尤其简单：

$$-\frac{\partial p}{\partial x_3} = 0 \tag{3-60}$$

这表明 x_3 方向上压力不变。Navier-Stokes 方程的 $\hat{e}_2$ 分量为

$$\frac{\partial p}{\partial x_2} = -\rho g \tag{3-61}$$

这意味只有 $\hat{e}_2$ 方向的压力梯度是由于流体的重量引起的。
Navier-Stokes 方程的 $\hat{e}_1$ 分量为描述流体运动的方程

$$\rho \frac{\partial v_1}{\partial t} = -\frac{\partial p}{\partial x_1} + \mu\left(\frac{\partial^2 v_1}{\partial x_2^2} + \frac{\partial^2 v_1}{\partial x_3^2}\right) \tag{3-62}$$

我们还可以简化这个表达式。由于流动是稳定态，则左边对的时间的导数为零；还有，由于平板为无限宽，我们假设 $\hat{e}_3$ 方向没有任何性能变化；最后由于 1 方向没有施加压力梯度，因此 $\frac{\partial p_1}{\partial x_1} = 0$。所以我们得到简化后方程

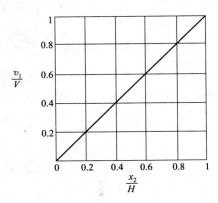

$$0 = \mu \frac{\partial^2 v_1}{\partial x_2^2} \tag{3-63}$$

解此方程
$$v_1 = C_1 x_2 + C_2 \tag{3-64}$$

其中 C_1 和 C_2 为积分常量。为了求 C_1 和 C_2，需要借助边界条件。假定边界处固体壁面的速度和流体一致——壁面无滑移边界条件。写出上下平板二个壁面的速度边界条件：

$$x_2 = 0 \quad v_1 = 0 \tag{3-65}$$

$$x_2 = H \quad v_1 = V \tag{3-66}$$

图 3.6 二无限平行平板滑动拖动流的计算速度曲线

解得速度 v_1 为（图 3.6）

$$v_1 = \frac{V x_2}{H} \tag{3-67}$$

为了求得流率 Q，我们在横断面上对速度表达式进行积分

$$dQ = v_1 dA \tag{3-68}$$

$$Q = \int_A v_1 dA \tag{3-69}$$

取狭缝宽度 W，x_2 处垂直于速度的微分面积 $dA = W dX_2$，

$$Q = W \int_0^H v_1(x_2) dx_2 = \frac{WVH}{2} \tag{3-70}$$

单位宽度的流率为：

拖动流流率
$$\frac{Q}{W} = \frac{WVH}{2} \tag{3-71}$$

流率除以横断面面积得到平均速度：

$$v_{av} = \frac{Q}{A} = \frac{\int_A v_1 dA}{\int_A dA} \tag{3-72}$$

现在来研究流动的应力张量。由于考虑不可压缩牛顿流体，$\underline{\underline{\tau}} = -\mu \underline{\underline{\dot{\gamma}}}$，

$$\underline{\underline{\tau}} = -\mu \underline{\underline{\dot{\gamma}}} = -\mu[\nabla \vec{v} + (\nabla \vec{v})^T] \tag{3-73}$$

前面已经求得了 $\vec{v}$，接下来可以求 $\underline{\underline{\tau}}$：

$$\vec{v} = \begin{pmatrix} v_1 \\ 0 \\ 0 \end{pmatrix}_{123} = \begin{pmatrix} \dfrac{V x_2}{H} \\ 0 \\ 0 \end{pmatrix}_{123} \tag{3-74}$$

$$\nabla\vec{v}=\begin{pmatrix}\dfrac{\partial v_1}{\partial x_1}&\dfrac{\partial v_2}{\partial x_1}&\dfrac{\partial v_3}{\partial x_1}\\[2mm]\dfrac{\partial v_1}{\partial x_2}&\dfrac{\partial v_2}{\partial x_2}&\dfrac{\partial v_3}{\partial x_2}\\[2mm]\dfrac{\partial v_1}{\partial x_3}&\dfrac{\partial v_2}{\partial x_3}&\dfrac{\partial v_3}{\partial x_3}\end{pmatrix}_{123}=\begin{pmatrix}0&0&0\\[2mm]\dfrac{\partial v_1}{\partial x_2}&0&0\\[2mm]0&0&0\end{pmatrix}_{123}=\begin{pmatrix}0&0&0\\[2mm]\dfrac{V}{H}&0&0\\[2mm]0&0&0\end{pmatrix}_{123}\tag{3-75}$$

$$\dot{\underline{\underline{\gamma}}}=\nabla\vec{v}+(\nabla\vec{v})^T=\begin{pmatrix}0&\dfrac{dv_1}{dx_2}&0\\[2mm]\dfrac{dv_1}{dx_2}&0&0\\[2mm]0&0&0\end{pmatrix}_{123}=\begin{pmatrix}0&\dfrac{V}{H}&0\\[2mm]\dfrac{V}{H}&0&0\\[2mm]0&0&0\end{pmatrix}_{123}\tag{3-76}$$

$$\underline{\underline{\tau}}=\begin{pmatrix}0&-\mu\dfrac{dv_1}{dx_2}&0\\[2mm]-\mu\dfrac{dv_1}{dx_2}&0&0\\[2mm]0&0&0\end{pmatrix}_{123}=\begin{pmatrix}0&-\mu\dfrac{V}{H}&0\\[2mm]-\mu\dfrac{V}{H}&0&0\\[2mm]0&0&0\end{pmatrix}_{123}\tag{3-77}$$

注意 $\underline{\underline{\tau}}$ 方程中只有两项非零分量，$\tau_{12}=\tau_{21}=-\mu dv_1/dv_2$。这就是牛顿黏性定律形式。从这个例子中我们可以看出对于不可压缩牛顿流体，一个简单的标量方程（牛顿黏性定律）足以描述简单剪切流动中的应力，如拖动流。本构方程明确地显示可预测到相等的一对剪切应力 τ_{21} 和 τ_{12}（$\tau_{13}=\tau_{31}=\tau_{23}=\tau_{32}=0$），无法预测到法向应力（$\tau_{11}=\tau_{22}=\tau_{33}=0$），实际上许多非牛顿流体剪切法向应力不为零。

本例中，我们按照通用的步骤求解了牛顿流体速度场，我们把这些步骤概述如下。

求解流动问题的步骤：

① 描述流动问题，并且确定流动区域。

② 选择坐标系。坐标系的选择应使速度矢量和边界条件的表达比较简单，方便表示流动区域内流体的位置和方向。

③ 在所选的坐标系内列出连续性方程（标量方程），简化方程。

④ 列出动量方程（矢量方程）（求解非等温问题，须列出能量方程），简化方程。

⑤ 求解所列的微分方程。

⑥ 写出流动边界条件，求解未知的积分常量。

⑦ 求解速度场、压力场（或温度场）。

⑧ 计算 $\underline{\underline{\tau}}$，$v_{av}$ 或 Q（如果需要）。

上述步骤中，一个重要步骤就是写出边界条件，用于流体力学和流变学的边界条件数目相对较少，我们这里列出了几种常见的边界条件。

流体力学中常见边界条件：

① 壁面无滑移　这个边界条件表示当流体与壁面接触时，流体将与壁面具有同样的速度。壁面通常不运动，所以这时壁面流体速度为零。如前面例子的拖曳流，一个壁面以某一有限速度移动，这种情况下，壁面处流体速度等于壁面速度：

$$v_p\big|_{边界处}=V_{壁面}\tag{3-78}$$

② 对称　某些流动存在一个对称平面，由于速度场在对称平面的两侧相同，对称面处

速度必经历最小值或最大值。因此其边界条件是对称面处速度的一阶导数为零。

$$\frac{\partial v_p}{\partial x_m}\bigg|_{\text{边界处}} = 0 \tag{3-79}$$

③ 应力连续性　当一种流体形成流动边界之一时，一种流体与另一种流体的接触界面处剪切应力连续。这意味黏性流体与无黏流体接触（零或很低黏性流体）边界处，黏性流体的剪切应力与无黏流体的剪切应力相等。由于无黏流体可以为零剪切应力（零黏度），这意味着接触界面处的剪切应力为零。例如，如聚合物流体和空气之间形成的边界，聚合物流体界面处的剪切应力为零：

$$\tau_{jk}\big|_{\text{边界处}} = 0 \tag{3-80}$$

如果两种黏性流体相遇形成流动边界，如复合挤出，应力相同的边界条件则使一种流体的剪切应力等另一流体边界处剪切应力：

$$\tau_{jk}(\text{流体1})\big|_{\text{边界处}} = \tau_{jk}\big|_{\text{边界处}}(\text{流体2}) \tag{3-81}$$

④ 速度连续性　当一种流体形成流动边界时，一种流体与另一种流体接触处速度连续。

$$v_p(\text{流体1})\big|_{\text{边界处}} = v_p\big|_{\text{边界处}}(\text{流体2}) \tag{3-82}$$

⑤ 有限的速度和应力　个别情况会导出一点处表达式的速度或应力无限大，例如含有$1/r$项的一个方程，$r=0$属于该流动区域，这种情况下可能用到边界条件要求整个流动区域内速度或应力为有限值。圆柱对称流动中个别情况会出现这种边界条件。

其他流动边界条件可以参考流体力学文献书籍。下一节将了解对称边界条件的使用。

3.4.2　无限平行板间泊肃叶流动

不可压缩牛顿流体在无限宽的二平行平板间压力流动，两板间距为$2H$。计算速度曲线，流率和应力张量$\underline{\underline{\tau}}$。上游一点的压力为$p_0$，与该点距离$L$的下游点压力为$p_L$。假定这

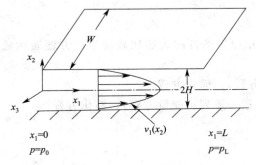

图 3.7　无限平板缝间的泊肃叶流动

两点间流动充分发展且为稳态流动。

这是经典的泊肃叶流动问题。首先选择笛卡尔坐标系$\hat{e}_1$，$\hat{e}_2$，$\hat{e}_3$，如图 3.7 所示，流体在$\hat{e}_1$方向流动，流道中心处$x_2=0$。选取x_1轴上起点（零点）位置：$x_1=0$，$p=p_0$，且$x_1=L$，$p=p_L$。为了求不可压缩牛顿流体速度曲线，运用二个守恒（质量守恒，动量守恒）方程。

首先是质量守恒：

$$0 = \nabla \cdot \vec{v} \tag{3-83}$$

$$0 = \frac{\partial v_1}{\partial x_1} + \frac{\partial v_2}{\partial x_2} + \frac{\partial v_3}{\partial x_3} \tag{3-84}$$

由于流动仅在$\hat{e}_1$方向，$\vec{v}$的$\hat{e}_2$和$\hat{e}_3$分量为零：

$$\vec{v} = \begin{bmatrix} v_1 \\ 0 \\ 0 \end{bmatrix}_{123} \tag{3-85}$$

因此，连续性方程与拖动流的连续性相同

$$\frac{\partial v_1}{\partial x_1} = 0 \tag{3-86}$$

不可压缩牛顿流体的动量守恒方程——运动方程为 Navier-Stokes 方程：

$$\rho\left(\frac{\partial\vec{v}}{\partial t}+\vec{v}\cdot\nabla\vec{v}\right)=-\nabla p-\mu\,\nabla^2\vec{v}+\rho\,\vec{g}\tag{3-87}$$

为了更进一步简化方程，写出在笛卡尔坐标系下各分量形式。

$$\rho\,\frac{\partial\vec{v}}{\partial t}=\begin{pmatrix}\rho\,\dfrac{\partial v_1}{\partial t}\\[2mm]\rho\,\dfrac{\partial v_2}{\partial t}\\[2mm]\rho\,\dfrac{\partial v_3}{\partial t}\end{pmatrix}_{123}\tag{3-88}$$

$$\rho\,\vec{v}\cdot\nabla\vec{v}=\rho\begin{pmatrix}v_1\dfrac{\partial v_1}{\partial x_1}+v_2\dfrac{\partial v_1}{\partial x_2}+v_3\dfrac{\partial v_1}{\partial x_3}\\[2mm]v_1\dfrac{\partial v_2}{\partial x_1}+v_2\dfrac{\partial v_2}{\partial x_2}+v_3\dfrac{\partial v_2}{\partial x_3}\\[2mm]v_1\dfrac{\partial v_3}{\partial x_1}+v_2\dfrac{\partial v_3}{\partial x_2}+v_3\dfrac{\partial v_3}{\partial x_3}\end{pmatrix}_{123}\tag{3-89}$$

$$-\nabla p=\begin{pmatrix}-\dfrac{\partial p}{\partial x_1}\\[2mm]-\dfrac{\partial p}{\partial x_2}\\[2mm]-\dfrac{\partial p}{\partial x_3}\end{pmatrix}_{123}\tag{3-90}$$

$$\mu\,\nabla^2\vec{v}=\begin{pmatrix}\mu\,\dfrac{\partial^2 v_1}{\partial x_1^2}+\mu\,\dfrac{\partial^2 v_1}{\partial x_2^2}+\mu\,\dfrac{\partial^2 v_1}{\partial x_3^2}\\[2mm]\mu\,\dfrac{\partial^2 v_2}{\partial x_1^2}+\mu\,\dfrac{\partial^2 v_2}{\partial x_2^2}+\mu\,\dfrac{\partial^2 v_2}{\partial x_3^2}\\[2mm]\mu\,\dfrac{\partial^2 v_3}{\partial x_1^2}+\mu\,\dfrac{\partial^2 v_3}{\partial x_2^2}+\mu\,\dfrac{\partial^2 v_3}{\partial x_3^2}\end{pmatrix}_{123}\tag{3-91}$$

$$\rho\,\vec{g}=\begin{pmatrix}\rho g_1\\\rho g_2\\\rho g_3\end{pmatrix}_{123}\tag{3-92}$$

由于流体流动只发生在 $\hat{e}_1$ 方向，故 $\vec{v}$ 的 $\hat{e}_2$ 和 $\hat{e}_3$ 分量都为零，v_1 对 x_1 的空间导数也为零。把其余各项放在一起，得到

$$\begin{pmatrix}\rho\,\dfrac{\partial v_1}{\partial t}\\[2mm]0\\0\end{pmatrix}_{123}+\begin{pmatrix}0\\0\\0\end{pmatrix}_{123}=\begin{pmatrix}-\dfrac{\partial p}{\partial x_1}\\[2mm]-\dfrac{\partial p}{\partial x_2}\\[2mm]-\dfrac{\partial p}{\partial x_3}\end{pmatrix}_{123}+\begin{pmatrix}\mu\,\dfrac{\partial^2 v_1}{\partial x_2^2}+\mu\,\dfrac{\partial^2 v_1}{\partial x_3^2}\\[2mm]0\\0\end{pmatrix}_{123}+\begin{pmatrix}0\\-\rho g\\0\end{pmatrix}_{123}\tag{3-93}$$

$\hat{e}_3$ 方向的系数构成方程：

$$-\frac{\partial p}{\partial x_3} = 0 \qquad (3\text{-}94)$$

上式表明压力在 x_3 方向不变。Navier-Stokes 方程的 $\hat{e}_2$ 分量为

$$-\frac{\partial p}{\partial x_2} = -\rho g \qquad (3\text{-}95)$$

可以看出结果同前例的拖动流，由于流体重力产生 $\hat{e}_2$ 方向的压力梯度。

Navier-Stokes 方程的 $\hat{e}_1$ 分量为

$$\rho \frac{\partial v_1}{\partial t} = -\frac{\partial p}{\partial x_1} + \mu \left(\frac{\partial^2 v_1}{\partial x_2^2} + \frac{\partial^2 v_1}{\partial x_3^2} \right) \qquad (3\text{-}96)$$

由于流动是稳态，方程左边对时间的导数为零；边界板是无限宽板，假定在 $\hat{e}_3$ 方向上没有性能变化。据此简化上述方程(3-96)，得到

$$0 = -\frac{\partial p(x_1, x_2)}{\partial x_1} + \mu \left(\frac{\partial^2 v_1}{\partial x_2^2} \right) \qquad (3\text{-}97)$$

由于压力场 $p(x_1, x_2)$ 是二维函数，上式很难求解。然而重力引起的 x_2 方向的压力非常小，加上二板间距 $2H$ 也很小，所以如果忽略重力，即忽略压力在 x_2 方向的变化，压力 p 就只是 x_1 的函数，利用分离变量法，就可以求解方程(3-97)。

现在来简化 Navier-Stokes 方程的 x_1 分量，

$$\mu \left(\frac{\partial^2 v_1(x_2)}{\partial x_2^2} \right) = \frac{\mathrm{d}p(x_1)}{\mathrm{d}x_1} \qquad (3\text{-}98)$$

可以看出方程左边只是 x_2 的函数，右边只是 x_1 的函数，然而对于所有的这些独立变化的变量，方程两边相等，这只有在每边都等于一独立常数时才会成立，设这个独立常数为 λ：

$$\frac{\mathrm{d}p}{\mathrm{d}x_1} = \lambda \qquad (3\text{-}99)$$

$$\mu \left(\frac{\mathrm{d}^2 v_1}{\mathrm{d}x_2^2} \right) = \lambda \qquad (3\text{-}100)$$

注意速度只是一维函数 $v_1 = v_1(x_2)$，速度表达式的偏微分变换为常规微分。现在可以用适当的压力边界条件求解上述二个微分方程，

$$x_1 = 0 \qquad p = P_0 \qquad (3\text{-}101)$$

$$x_1 = L \qquad p = P_L \qquad (3\text{-}102)$$

关于速度边界条件，可以假定边界处流体速度与边界速度相等，这是壁面无滑移条件；还有，二板之间的中平面是对称面，即速度 v_1 在该平面处达到最大或最小值，则该平面处 v_1 对 x_2 的导数一定为零。我们可以任选上述边界条件中的二个条件求解方程(3-100) 积分中出现的积分常数。

$$x_2 = 0 \qquad \frac{\mathrm{d}v_1}{\mathrm{d}x_2} = 0 \qquad (3\text{-}103)$$

$$x_2 = \pm H \qquad v_1 = 0 \qquad (3\text{-}104)$$

上述对称边界条件在求解积分常数时非常有用。选择的坐标系使流道对称面 $x_2 = 0$，有利于边界条件表达。最后求解的结果为（图 3.8）

$$p = -\frac{P_0 - P_L}{L} x_1 + P_0 \qquad (3\text{-}105)$$

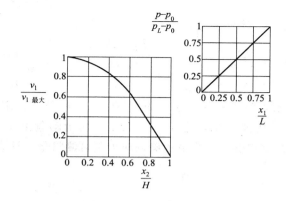

图 3.8　牛顿流体在平行缝间的泊肃叶流动速度和压力曲线

$$v_1 = \frac{H^2(P_0 - P_L)}{2\mu L}\left[1 - \left(\frac{x_2}{H}\right)^2\right] \tag{3-106}$$

要求得体积流率 Q，须对速度表达式积分，取流道缝宽度 W，有

$$Q = W\int_{-H}^{H} v_1(x_2)\mathrm{d}x_2 = 2W\int_0^H v_1(x_2)\mathrm{d}x_2 \tag{3-107}$$

把式(3-106) 的 $v_1(x_2)$ 代入，得到的单宽体积流率为：

平板间泊肃叶流流率

$$\frac{Q}{W} = \frac{2H^3(P_0 - P_L)}{3\mu L} \tag{3-108}$$

知道了速度 $v_1(x_2)$，就可以由本构方程计算应力 $\underline{\underline{\tau}}$：

$$\vec{v} = \begin{pmatrix} v_1 \\ 0 \\ 0 \end{pmatrix}_{123} = \begin{pmatrix} \dfrac{H^2(P_0 - P_L)}{2\mu L}\left[1 - \left(\dfrac{x_2}{H}\right)^2\right] \\ 0 \\ 0 \end{pmatrix}_{123} \tag{3-109}$$

$$\nabla\vec{v} = \begin{pmatrix} \dfrac{\partial v_1}{\partial x_1} & \dfrac{\partial v_2}{\partial x_1} & \dfrac{\partial v_3}{\partial x_1} \\ \dfrac{\partial v_1}{\partial x_2} & \dfrac{\partial v_2}{\partial x_2} & \dfrac{\partial v_3}{\partial x_2} \\ \dfrac{\partial v_1}{\partial x_3} & \dfrac{\partial v_2}{\partial x_3} & \dfrac{\partial v_3}{\partial x_3} \end{pmatrix}_{123} = \begin{pmatrix} 0 & 0 & 0 \\ \dfrac{\partial v_1}{\partial x_2} & 0 & 0 \\ 0 & 0 & 0 \end{pmatrix}_{123} = \begin{pmatrix} 0 & 0 & 0 \\ -\dfrac{(P_0 - P_L)x_2}{\mu L} & 0 & 0 \\ 0 & 0 & 0 \end{pmatrix}_{123} \tag{3-110}$$

$$\underline{\underline{\dot{\gamma}}} = \nabla\vec{v} + (\nabla\vec{v})^T = \begin{pmatrix} 0 & \dfrac{\mathrm{d}v_1}{\mathrm{d}x_2} & 0 \\ \dfrac{\mathrm{d}v_1}{\mathrm{d}x_2} & 0 & 0 \\ 0 & 0 & 0 \end{pmatrix}_{123} = \begin{pmatrix} 0 & -\dfrac{(P_0 - P_L)x_2}{\mu L} & 0 \\ -\dfrac{(P_0 - P_L)x_2}{\mu L} & 0 & 0 \\ 0 & 0 & 0 \end{pmatrix}_{123}$$

$$\tag{3-111}$$

$$\underline{\underline{\tau}} = \begin{bmatrix} 0 & -\mu\,\dfrac{\mathrm{d}v_1}{\mathrm{d}x_2} & 0 \\[2mm] -\mu\,\dfrac{\mathrm{d}v_1}{\mathrm{d}x_2} & 0 & 0 \\[2mm] 0 & 0 & 0 \end{bmatrix}_{123} = \begin{vmatrix} 0 & \dfrac{(P_0-P_L)x_2}{L} & 0 \\[2mm] \dfrac{(P_0-P_L)x_2}{L} & 0 & 0 \\[2mm] 0 & 0 & 0 \end{vmatrix}_{123} \qquad (3\text{-}112)$$

从这个流动可以看出，除了 $\tau_{21}=\tau_{12}=(P_0-P_L)x_2/L$ 外，大多数的 $\underline{\underline{\tau}}$ 的系数都为零，而且得到的剪切应力随 x_2 线性变化。还有，τ_{21} 为正，表示动量沿 x_2 方向（速度梯度）流动，这是符合应力符号约定惯例。壁面处的剪切应力是可测量量，计算得到，

$$\tau_{21}(H) = \frac{(P_0-P_L)H}{L} \qquad (3\text{-}113)$$

下面关心的是同类压力流，但边界几何不同——圆管。

3.4.3　圆管中泊肃叶流动

不可压缩牛顿流体在圆管中压力流动，如图 3.9 所示，圆管竖直向下。计算速度曲线，流率和应力张量 $\underline{\underline{\tau}}$。上游一点的压力为 P_0，与该点距离 L 的下游点压力为 P_L。假定这二点间流动充分发展且为稳态流动。

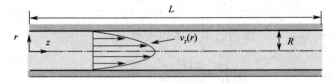

图 3.9　圆管中泊肃叶流动

由于流动在截面为圆的圆管中进行，故选择圆柱坐标，采用圆柱坐标下的控制方程。质量守恒方程为，

$$0 = \nabla \cdot \vec{v}$$
$$= \frac{1}{r}\frac{\partial(rv_r)}{\partial r} + \frac{1}{r}\frac{\partial v_\theta}{\partial x_\theta} + \frac{\partial v_z}{\partial x_z} \qquad (3\text{-}114)$$

因为仅在 z 方向存在流动，$\vec{v}$ 的 r-和 θ-分量为零：

$$\vec{v} = \begin{Bmatrix} v_r \\ v_\theta \\ v_z \end{Bmatrix}_{r\theta z} = \begin{Bmatrix} 0 \\ 0 \\ v_z \end{Bmatrix}_{r\theta z} \qquad (3\text{-}115)$$

因此连续性方程为

$$\frac{\partial v_z}{\partial x_z} = 0 \qquad (3\text{-}116)$$

不可压缩牛顿流体运动方程是 Navier-Stokes 方程，

$$\rho\left(\frac{\partial \vec{v}}{\partial t} + \vec{v}\cdot\nabla\vec{v}\right) = -\nabla p - \mu\,\nabla^2\vec{v} + \rho\,\vec{g} \qquad (3\text{-}117)$$

圆柱坐标下，以上方程中各项为

$$\rho\,\frac{\partial\vec{v}}{\partial t}=\begin{pmatrix}\rho\,\dfrac{\partial v_r}{\partial t}\\[2mm]\rho\,\dfrac{\partial v_\theta}{\partial t}\\[2mm]\rho\,\dfrac{\partial v_z}{\partial t}\end{pmatrix}_{r\theta z} \tag{3-118}$$

$$\rho\vec{v}\cdot\nabla\vec{v}=\rho\begin{pmatrix}v_r\dfrac{\partial v_r}{\partial x_r}+v_\theta\left(\dfrac{1}{r}\dfrac{\partial v_r}{\partial x_\theta}-\dfrac{v_\theta}{r}\right)+v_z\dfrac{\partial v_r}{\partial x_z}\\[3mm]v_r\dfrac{\partial v_\theta}{\partial x_r}+v_\theta\left(\dfrac{1}{r}\dfrac{\partial v_\theta}{\partial\theta}+\dfrac{v_r}{r}\right)+v_z\dfrac{\partial v_\theta}{\partial z}\\[3mm]v_r\dfrac{\partial v_z}{\partial r}+v_\theta\left(\dfrac{1}{r}\dfrac{\partial v_z}{\partial\theta}\right)+v_z\dfrac{\partial v_z}{\partial z}\end{pmatrix}_{r\theta z} \tag{3-119}$$

$$-\nabla p=\begin{pmatrix}-\dfrac{\partial p}{\partial r}\\[2mm]-\dfrac{1}{r}\dfrac{\partial p}{\partial\theta}\\[2mm]-\dfrac{\partial p}{\partial z}\end{pmatrix}_{r\theta z} \tag{3-120}$$

$$\mu\,\nabla^2\vec{v}=\begin{pmatrix}\mu\dfrac{\partial}{\partial r}\left[\dfrac{1}{r}\dfrac{\partial}{\partial r}(r\,v_r)\right]+\mu\dfrac{1}{r^2}\dfrac{\partial^2 v_r}{\partial\theta^2}+\mu\dfrac{\partial^2 v_r}{\partial z^2}-\dfrac{2\mu}{r^2}\dfrac{\partial v_\theta}{\partial\theta}\\[3mm]\mu\dfrac{\partial}{\partial r}\left[\dfrac{1}{r}\dfrac{\partial}{\partial r}(r\,v_\theta)\right]+\mu\dfrac{1}{r^2}\dfrac{\partial^2 v_\theta}{\partial\theta^2}+\mu\dfrac{\partial^2 v_\theta}{\partial z^2}+\dfrac{2\mu}{r^2}\dfrac{\partial v_r}{\partial\theta}\\[3mm]\mu\dfrac{1}{r}\dfrac{\partial}{\partial r}\left(r\dfrac{\partial v_z}{\partial r}\right)+\mu\dfrac{1}{r^2}\dfrac{\partial^2 v_z}{\partial\theta^2}+\mu\dfrac{\partial^2 v_z}{\partial z^2}\end{pmatrix}_{r\theta z} \tag{3-121}$$

$$\rho\vec{g}=\begin{pmatrix}\rho g_r\\[1mm]\rho g_\theta\\[1mm]\rho g_z\end{pmatrix}_{r\theta z} \tag{3-122}$$

代入已知速度场得到，

$$\rho\,\frac{\partial\vec{v}}{\partial t}=\begin{pmatrix}0\\[1mm]0\\[1mm]\rho\,\dfrac{\partial v_z}{\partial t}\end{pmatrix}_{r\theta z} \tag{3-123}$$

$$\rho\vec{v}\cdot\nabla\vec{v}=\begin{pmatrix}0\\0\\0\end{pmatrix}_{r\theta z} \tag{3-124}$$

$$-\nabla p = \begin{bmatrix} -\dfrac{\partial p}{\partial r} \\[2mm] -\dfrac{1}{r}\dfrac{\partial p}{\partial \theta} \\[2mm] -\dfrac{\partial p}{\partial z} \end{bmatrix}_{r\theta z} \tag{3-125}$$

$$\mu\,\nabla^2 \vec{v} = \begin{bmatrix} 0 \\ 0 \\ \mu\,\dfrac{1}{r}\dfrac{\partial}{\partial r}\left(r\,\dfrac{\partial v_z}{\partial r}\right) + \mu\,\dfrac{1}{r^2}\dfrac{\partial^2 v_z}{\partial \theta^2} \end{bmatrix}_{r\theta z} \tag{3-126}$$

$$\rho\vec{g} = \begin{bmatrix} 0 \\ 0 \\ \rho g_z \end{bmatrix}_{r\theta z} \tag{3-127}$$

重力方向和流动方向一致。组合以上各项得到，

$$\begin{bmatrix} 0 \\ 0 \\ \rho\,\dfrac{\partial v_z}{\partial t} \end{bmatrix}_{r\theta z} + \begin{bmatrix} 0 \\ 0 \\ 0 \end{bmatrix}_{r\theta z} = \begin{bmatrix} -\dfrac{\partial p}{\partial r} \\[2mm] -\dfrac{1}{r}\dfrac{\partial p}{\partial \theta} \\[2mm] -\dfrac{\partial p}{\partial z} \end{bmatrix}_{r\theta z} + \begin{bmatrix} 0 \\ 0 \\ \mu\,\dfrac{1}{r}\dfrac{\partial}{\partial r}\left(r\,\dfrac{\partial v_z}{\partial r}\right) + \mu\,\dfrac{1}{r^2}\dfrac{\partial^2 v_z}{\partial \theta^2} \end{bmatrix}_{r\theta z} + \begin{bmatrix} 0 \\ 0 \\ \rho g \end{bmatrix}_{r\theta z}$$

$$\tag{3-128}$$

此外，由于稳态流动，则$\partial v_z / \partial t = 0$。

Navier-Stokes 方程的 r-和 θ-分量，

$$\frac{\partial p}{\partial r} = 0 \tag{3-129}$$

$$\frac{\partial p}{\partial \theta} = 0 \tag{3-130}$$

从上述两个分量方程可以看出，压力只是 z 的函数。Navier-Stokes 方程的 z-分量方程为

$$\frac{\mathrm{d}p}{\mathrm{d}z} = \mu\,\frac{1}{r}\frac{\partial}{\partial r}\left(r\,\frac{\partial v_z}{\partial r}\right) + \mu\,\frac{1}{r^2}\frac{\partial^2 v_z}{\partial \theta^2} + \rho g \tag{3-131}$$

这个方程含有 v_z 对 θ 和 r 的导数，v_z 的确随 r 变化，在 $r=R$ 处，$v_z=0$；而在 $r=0$ 处，v_z 不为零。现在看一下 v_z 随 θ 的变化情况，由方程（3-130）看出压力不随 θ 变化，尽管 v_z 没有随 θ 变化的限定，但是在 θ 方向没有流动存在，没有压力变化，所以假定 v_z 在 θ 方向没有变化应是一个合理的假设，也就是流动关于 θ 对称。综合以上流动物理情况，取 $\partial v_z/\partial \theta = 0$，方程（3-131）也就简化为

$$\frac{\mathrm{d}p}{\mathrm{d}z} - \rho g = \frac{\mu}{r}\frac{\partial}{\partial r}\left(r\,\frac{\partial v_z(r)}{\partial r}\right) \tag{3-132}$$

根据连续性方程以及前面的假设，v_z 不是 z 和 θ 的函数，v_z 只是 r 的函数。由 Navier-Stokes 方程的 r-和 θ-分量方程可以判定 $p=p(z)$。因此，方程（3-132）左边仅是 z 的函数，而右边只是 r 的函数，这个方程可以分离，所以可以用 3.4.2 节的求解方法求解方程（3-132）。为了简化，这里合并压力和重力项：

$$\frac{\mathrm{d}P}{\mathrm{d}z} = \frac{\mu}{r}\frac{\mathrm{d}}{\mathrm{d}r}\left(r\frac{\mathrm{d}v_z(r)}{\mathrm{d}r}\right) \qquad (3\text{-}133)$$

其中 $P \equiv p - \rho g z$。P 被称为等效压力。

这个问题的边界条件与前面平行板问题类似：

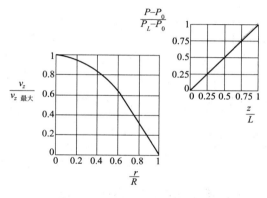

$$z=0 \qquad\qquad p = P_0 \qquad (3\text{-}134)$$

$$z=L \qquad\qquad p = P_L \qquad (3\text{-}135)$$

$$r=0 \qquad\qquad \frac{\mathrm{d}v_z}{\mathrm{d}r}=0 \qquad (3\text{-}136)$$

$$r=R \qquad\qquad v_z = 0 \qquad (3\text{-}137)$$

图 3.10　牛顿流体圆管中泊肃叶
压力流速度和压力计算值曲线

最后得到的速度分布与压力为（图 3.10）

$$P = -\frac{P_0 - P_L}{z} + P_0 \qquad (3\text{-}138)$$

$$v_z = \frac{(P_0 - P_L)R^2}{4\mu L}\left[1 - \left(\frac{r}{R}\right)^2\right] \qquad (3\text{-}139)$$

如果以无量纲形式表示，该问题的压力和速度曲线与前面的泊肃叶平行板间流动的压力和速度曲线（参见图 3.8）的形状相同。

由速度得到的流率 Q 解就是哈根-泊肃叶定律（Hagen-Poiseuille law）：

$$Q = \int_A v_z\,\mathrm{d}A = \int_0^R\int_0^{2\pi} v_z(r)r\,\mathrm{d}\theta\,\mathrm{d}r \qquad (3\text{-}140)$$

哈根-泊肃叶定律
$$Q = \frac{\pi(P_0 - P_L)R^4}{8\mu L} \qquad (3\text{-}141)$$

现在由已求出的 $\vec{v}$，计算应力 $\underline{\underline{\tau}} = -\mu\,\underline{\underline{\dot{\gamma}}}$：

$$\vec{v} = \begin{bmatrix} v_r \\ v_\theta \\ v_z \end{bmatrix}_{r\theta z} = \begin{bmatrix} 0 \\ 0 \\ v_z \end{bmatrix}_{r\theta z} = \begin{bmatrix} 0 \\ 0 \\ \dfrac{(P_0 - P_L)R^2}{4\mu L}\left[1 - \left(\dfrac{r}{R}\right)^2\right] \end{bmatrix}_{r\theta z} \qquad (3\text{-}142)$$

$$\nabla\vec{v} = \begin{pmatrix} \dfrac{\partial v_r}{\partial r} & \dfrac{\partial v_\theta}{\partial r} & \dfrac{\partial v_z}{\partial r} \\[2mm] \dfrac{1}{r}\dfrac{\partial v_r}{\partial \theta} - \dfrac{v_\theta}{r} & \dfrac{1}{r}\dfrac{\partial v_\theta}{\partial \theta} + \dfrac{v_r}{r} & \dfrac{1}{r}\dfrac{\partial v_z}{\partial \theta} \\[2mm] \dfrac{\partial v_r}{\partial z} & \dfrac{\partial v_\theta}{\partial z} & \dfrac{\partial v_z}{\partial z} \end{pmatrix}_{r\theta z} = \begin{pmatrix} 0 & 0 & \dfrac{\partial v_z}{\partial r} \\ 0 & 0 & 0 \\ 0 & 0 & 0 \end{pmatrix}_{r\theta z} = \begin{pmatrix} 0 & 0 & -\dfrac{(P_0 - P_L)r}{2\mu L} \\ 0 & 0 & 0 \\ 0 & 0 & 0 \end{pmatrix}_{r\theta z}$$

$$(3\text{-}143)$$

$$\underline{\underline{\dot{\gamma}}} = \nabla\vec{v} + (\nabla\vec{v})^T = \begin{pmatrix} 0 & 0 & \dfrac{\partial v_z}{\partial r} \\ 0 & 0 & 0 \\ \dfrac{\partial v_z}{\partial r} & 0 & 0 \end{pmatrix}_{r\theta z} = \begin{pmatrix} 0 & 0 & -\dfrac{(P_0 - P_L)r}{2\mu L} \\ 0 & 0 & 0 \\ -\dfrac{(P_0 - P_L)r}{2\mu L} & 0 & 0 \end{pmatrix}_{r\theta z} \qquad (3\text{-}144)$$

$$\underline{\underline{\tau}} = \begin{bmatrix} 0 & 0 & -\mu\dfrac{\partial v_z}{\partial r} \\ 0 & 0 & 0 \\ -\mu\dfrac{\partial v_z}{\partial r} & 0 & 0 \end{bmatrix}_{r\theta z} = \begin{bmatrix} 0 & 0 & \dfrac{(P_0-P_L)r}{2L} \\ 0 & 0 & 0 \\ \dfrac{(P_0-P_L)r}{2L} & 0 & 0 \end{bmatrix}_{r\theta z} \tag{3-145}$$

非零应力还是剪切应力，$\tau_{rz}=\tau_{zr}$，而且它们为负，表明动量通量沿 r 方向正向。这里可测量的量是壁面处的剪切应力。

$$\tau_{rz}(R) = \frac{(P_0-P_L)r}{2L} \tag{3-146}$$

尽管圆管内泊肃叶压力流求解选择圆柱坐标而不是笛卡尔坐标，但是剪切应力的表达式与圆柱坐标下牛顿黏性定律的形式相同：

$$\tau_{rz} = -\mu\frac{\partial v_z}{\partial r} \tag{3-147}$$

到现在为止所讨论的三个实例中，$\vec{v}\cdot\nabla\vec{v}$ 为零，它对于单向流动总成立。对于旋转流动，速度方向发生变化，$\vec{v}\cdot\nabla\vec{v}$ 就不为零。

3.4.4　平行盘间扭转流动

扭转平行盘黏度计（图 3.11），流体位于二圆盘之间，一个圆盘转动。计算不可压缩牛顿流体的速度场，应力张量 $\underline{\underline{\tau}}$ 和旋转圆盘所需扭矩，圆盘以角速度 Ω 稳定转动。为了简化问题，假设 $v_\theta(r,\theta,z)=zf(r)$，其中 $f(r)$ 是 r 的函数。

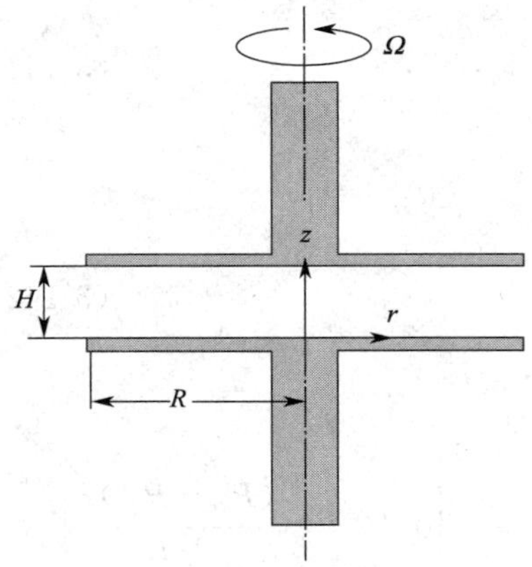

一些测量黏度的流变计内部流动就是平行盘间的扭转流动。这里求解牛顿流体在其间的流动。选择圆柱坐标，计算连续性方程和动量方程的各项。

连续性方程是：

$$0 = \nabla\cdot\vec{v} \tag{3-148}$$

$$= \frac{1}{r}\frac{\partial(rv_r)}{\partial r} + \frac{1}{r}\frac{\partial v_\theta}{\partial x_\theta} + \frac{\partial v_z}{\partial x_z} \tag{3-149}$$

仅在 θ-方向存在流动，$\vec{v}$ 的 r- 和 z-分量为零：

$$\vec{v} = \begin{bmatrix} v_r \\ v_\theta \\ v_z \end{bmatrix}_{r\theta z} = \begin{bmatrix} 0 \\ v_\theta \\ 0 \end{bmatrix}_{r\theta z} \tag{3-150}$$

平行盘断面图

图 3.11　平行盘间扭转流动

因此连续方程为

$$\frac{1}{r}\frac{\partial v_\theta}{\partial x_\theta} = 0 \tag{3-151}$$

不可压缩牛顿流体运动方程是 Navier-Stokes 方程，

$$\rho\left(\frac{\partial\vec{v}}{\partial t} + \vec{v}\cdot\nabla\vec{v}\right) = -\nabla p - \mu\,\nabla^2\vec{v} + \rho\,\vec{g} \tag{3-152}$$

代入已知速度 $\vec{v}$

$$\rho \, \frac{\partial \vec{v}}{\partial t} = \begin{pmatrix} 0 \\ \rho \, \dfrac{\partial v_\theta}{\partial t} \\ 0 \end{pmatrix}_{r\theta z} \tag{3-153}$$

$$\rho \vec{v} \cdot \nabla \vec{v} = \rho \begin{pmatrix} -\dfrac{v_\theta^2}{r} \\ 0 \\ 0 \end{pmatrix}_{r\theta z} \tag{3-154}$$

$$-\nabla p = \begin{pmatrix} -\dfrac{\partial p}{\partial r} \\ -\dfrac{1}{r}\dfrac{\partial p}{\partial \theta} \\ -\dfrac{\partial p}{\partial z} \end{pmatrix}_{r\theta z} \tag{3-155}$$

$$\mu \, \nabla^2 \vec{v} = \begin{pmatrix} 0 \\ \mu \dfrac{\partial}{\partial r}\left[\dfrac{1}{r}\dfrac{\partial}{\partial r}(r\, v_\theta)\right] + \mu \dfrac{\partial^2 v_\theta}{\partial z^2} \\ 0 \end{pmatrix}_{r\theta z} \tag{3-156}$$

$$\rho \vec{g} = \begin{pmatrix} 0 \\ 0 \\ -\rho g \end{pmatrix}_{r\theta z} \tag{3-157}$$

注意重力方向是 z-向的负方向。流动关于 θ 对称，因此各项对 θ 的导数为零。基于这样假定，把运动方程各项放在一起得到

$$\begin{pmatrix} 0 \\ \rho \, \dfrac{\partial v_\theta}{\partial t} \\ 0 \end{pmatrix}_{r\theta z} + \begin{pmatrix} -\dfrac{\rho v_\theta^2}{r} \\ 0 \\ 0 \end{pmatrix}_{r\theta z} = \begin{pmatrix} -\dfrac{\partial p}{\partial r} \\ 0 \\ -\dfrac{\partial p}{\partial z} \end{pmatrix}_{r\theta z} + \begin{pmatrix} 0 \\ \mu \dfrac{\partial}{\partial r}\left[\dfrac{1}{r}\dfrac{\partial}{\partial r}(r\, v_\theta)\right] + \mu \dfrac{\partial^2 v_\theta}{\partial z^2} \\ 0 \end{pmatrix}_{r\theta z} + \begin{pmatrix} 0 \\ 0 \\ -\rho g \end{pmatrix}_{r\theta z}$$

$$\tag{3-158}$$

由于问题要求稳态解，所以 $\partial v_\theta / \partial t = 0$。注意该流动中 $\vec{v} \cdot \nabla \vec{v}$ 不为零，因为流动不是单方向流动。

Navier-Stokes 方程的 z-向分量表示 z-向的压力梯度由重力引起：

$$\frac{\partial p}{\partial z} = -\rho g \tag{3-159}$$

运动方程的 r-向分量表示由于离心力产生了径向压力梯度：

$$\frac{\partial p}{\partial r} = \frac{\rho v_\theta^2}{r} \tag{3-160}$$

Navier-Stokes 方程的 θ-向分量表示扭转流动：

$$\mu \frac{\partial}{\partial r}\left[\frac{1}{r}\frac{\partial}{\partial r}(r v_\theta)\right]+\mu \frac{\partial^2 v_\theta}{\partial z^2}=0 \tag{3-161}$$

本例中v_θ是r和z的函数，从平行盘间各位置的速度值就可以看出这一点：底盘和顶盘（$z=0,H$）的速度为零和非零，因此速度v_θ是z的函数；径向中心和边缘处（$r=0,R$），速度为零和非零，同样得出速度v_θ是r的函数。由于速度$v_\theta=v_\theta(r,z)$，无法用前面实例中采用的分离变量法求解方程(3-161)。而问题提出中假设$v_\theta=zf(r)$，据此我们简化方程(3-161)：

$$\frac{\mathrm{d}}{\mathrm{d}r}\left[\frac{1}{r}\frac{\mathrm{d}(rf)}{\partial r}\right]=0 \tag{3-162}$$

由此可以解得

$$f(r)=\frac{C_1 r}{2}+\frac{C_2}{r} \tag{3-163}$$

其中C_1和C_2是积分常数。

该问题的边界条件是盘面无滑移和各处有限定的速度：

$$z=0 \qquad v_\theta=0 \tag{3-164}$$

$$z=H \qquad v_\theta=r\Omega \tag{3-165}$$

对于区域内z $\qquad r=0 \qquad v_\theta=0 \tag{3-166}$

对于区域内r $\qquad v_\theta=$限定值 $\tag{3-167}$

对于要求解的微分方程，这些边界条件过多，不过这些条件可用于推导公式$v_\theta=zf(r)$，这些边界条件和所求解没有矛盾。根据$v_\theta=zf(r)$，方程(3-163)和边界条件，得到速度场：

$$f(r)=\frac{r\Omega}{H} \tag{3-168}$$

$$v_\theta=\frac{zr\Omega}{H} \tag{3-169}$$

根据扭矩定义，计算转动圆盘的扭矩，

$$T=\int_0^R r\left[-\tau_{r\theta}(r)\right](2\pi r\mathrm{d}r) \tag{3-170}$$

由本构方程计算上式中的应力。

$$\underline{\underline{\tau}}=-\mu \underline{\underline{\dot{\gamma}}}=-\mu\left[\nabla\vec{v}+(\nabla\vec{v})^T\right] \tag{3-171}$$

$$\nabla\vec{v}=\begin{Bmatrix} \dfrac{\partial v_r}{\partial r} & \dfrac{\partial v_\theta}{\partial r} & \dfrac{\partial v_z}{\partial r} \\[2mm] \dfrac{1}{r}\dfrac{\partial v_r}{\partial \theta}-\dfrac{v_\theta}{r} & \dfrac{1}{r}\dfrac{\partial v_\theta}{\partial \theta}+\dfrac{v_r}{r} & \dfrac{1}{r}\dfrac{\partial v_z}{\partial \theta} \\[2mm] \dfrac{\partial v_r}{\partial z} & \dfrac{\partial v_\theta}{\partial z} & \dfrac{\partial v_z}{\partial z} \end{Bmatrix}_{r\theta z} = \begin{Bmatrix} 0 & \dfrac{\partial v_\theta}{\partial r} & 0 \\[2mm] -\dfrac{v_\theta}{r} & 0 & 0 \\[2mm] 0 & \dfrac{\partial v_\theta}{\partial z} & 0 \end{Bmatrix}_{r\theta z} \tag{3-172}$$

$$\underline{\underline{\dot{\gamma}}}=\begin{Bmatrix} 0 & \dfrac{\partial v_\theta}{\partial r}-\dfrac{v_\theta}{r} & 0 \\[2mm] \dfrac{\partial v_\theta}{\partial r}-\dfrac{v_\theta}{r} & 0 & \dfrac{\partial v_\theta}{\partial z} \\[2mm] 0 & \dfrac{\partial v_\theta}{\partial z} & 0 \end{Bmatrix}_{r\theta z} \tag{3-173}$$

$$\underline{\underline{\tau}} = \begin{bmatrix} 0 & -\mu\left(\dfrac{\partial v_\theta}{\partial r} - \dfrac{v_\theta}{r}\right) & 0 \\[3mm] -\mu\left(\dfrac{\partial v_\theta}{\partial r} - \dfrac{v_\theta}{r}\right) & 0 & -\mu\,\dfrac{\partial v_\theta}{\partial z} \\[3mm] -\mu\,\dfrac{\partial v_z}{\partial r} & -\mu\,\dfrac{\partial v_\theta}{\partial z} & 0 \end{bmatrix}_{r\theta z} \tag{3-174}$$

由前面的求解和 $v_\theta(r,z)$ ［式(3-169)］可以得出

$$\underline{\underline{\tau}} = \begin{bmatrix} 0 & 0 & 0 \\[3mm] 0 & 0 & -\dfrac{\mu r \Omega}{H} \\[3mm] 0 & -\dfrac{\mu r \Omega}{H} & 0 \end{bmatrix}_{r\theta z} \tag{3-175}$$

把应力 $\tau_{r\theta}$ 代入式(3-170) 积分得到

$$T = \frac{\pi R^4 \mu \Omega}{2H} \tag{3-176}$$

从上述几个实例学习了如何应用质量和动量守恒求解牛顿流体流动问题。以上求解过程需要二个材料标量参数，密度 ρ 和黏度 μ，非牛顿行为求解要考虑得更复杂，这在后面章节会讨论。

第 4 章　流变学的标准流动和材料函数

　　一般来讲，材料行为不遵循牛顿本构方程的流体就是非牛顿流体。这种归类方法仅能告诉我们流体属于哪类流体，若要深入了解流体的流变性质，还必须用各种方法探究、观测材料如何流动、响应以及产生的应力。一种实验方法是对流体施加一定变形，然后测量流动流体产生的应力。例如在某一拉伸速率下拉伸聚合物样品，然后测量所需的力；或快速把样品拉伸到某一长度，使形变样品保持这一形变，然后测量所需力随时间的变化。另一种实验方法是对流体施加应力，然后测量产生的速度场和形变。例如在聚合物样品下悬挂一重物，测量样品随时间的伸长变化；或在某一转矩下旋转搅动棒搅动杯中流体，然后计量和转矩有关的旋转棒每分钟转速。上述任何一种实验方法都可以获得流体流动行为的信息。然而非牛顿流动行为多种多样，不可能对众多种结果都进行对照比较研究，因此在流变学领域选定了少量流动作为标准流动来进行研究。实际中常用的拉伸流动和剪切流动都属于标准流动。面对多种标准流动，在研究中如何选择？一般标准流动的选择主要考虑以下两点：一、流动足够简单，而且可以忽略流体组分，用本构方程能较容易地计算出该流动的速度场或应力场；二、这种标准流动的实验可行。然而实际中这二点考虑之间经常出现矛盾。一种测试可能比较容易进行实验，但是描述其行为的数学表达却非常复杂。例如，拉伸聚合物薄膜，拉伸实验容易进行，但由于夹持样品处的末端效应，模型很难能准确描述薄膜的实验行为。反之，模型的微分本构方程可能容易计算求解，而实验几乎无法进行。例如实验上很难实现的稳定伸长流动就属于这种情况。剪切和拉伸这两类流动是流变测量中的经典流动。当然标准流动不是仅此二种，流变学领域会不断推荐一些新的标准流动，是否能成为新的标准流动，取决于广大流变学研究者在计算或实验中的应用情况。

　　本章将介绍非牛顿流体两类常见标准流动：剪切流动和拉伸流动。此外，还将介绍流变计算和实验共同涉及的材料函数，这些材料函数是根据流体经历的标准流动来定义的，可以通过实验测量或本构方程来预测。

4.1　简单剪切流动

　　剪切流动是流变学中最常见的流动。简单剪切流动中，粒子流线相互平行，各流体层间相互滑移而不混合，流线为直线流，速度仅在一个方向（如 x_2）变化，剪切流的速度曲线二维示意图如图 4.1 所示。两平行平板中一个平板以恒定速度沿某一方向运动，会引起两板间流体流动，这种流动就是简单剪切流动，即拖动流是简单剪切流动。许多流变仪，限制在窄缝、小角度和相对缓慢流动条件下都可获得近似简单剪切流动；简单剪流动还发生在实际加工设备的壁面附近；产生剪切流动的方法很多，能产生剪切流动或近似剪切流动的实验设备示意图如图 4.2 所示。

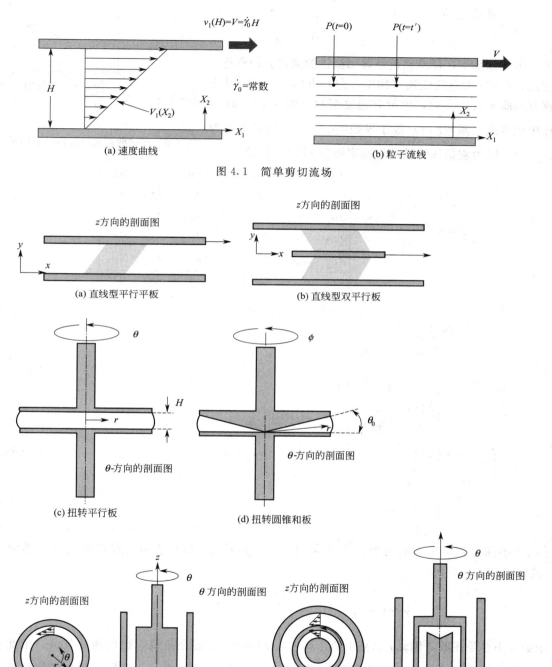

图 4.1　简单剪切流场

图 4.2　工业和研究用剪切流动流变仪

笛卡尔坐标系下，简单剪切流动的速度如下：

$$\text{剪切流动}\quad \vec{v} = \begin{Bmatrix} v_1 \\ v_2 \\ v_3 \end{Bmatrix}_{123} = \begin{Bmatrix} \dot{\zeta}(t)x_2 \\ 0 \\ 0 \end{Bmatrix}_{123} \qquad (4\text{-}1)$$

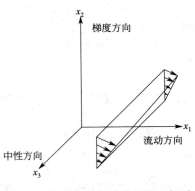

笛卡尔坐标系下，标准惯例是剪切流体的流动方向称作 1 方向，2 方向为速度变换（梯度方向）方向，3 方向因为该方向既不发生流动，也没有速度变化（图 4.3），故称作中性方向。函数 $\dot{\zeta}(t)$ 等于导数 $\partial v_1/\partial x_2$，经常表示为 $\dot{\gamma}_{21}(t)$，因为它是该流动剪切速率张量 $\underline{\underline{\dot{\gamma}}}$ 的 21 分量。

图 4.3 描述剪切流动的标准坐标系

$$\underline{\underline{\dot{\gamma}}} \equiv \nabla\vec{v} + (\nabla\vec{v})^T = \begin{Bmatrix} \dfrac{\partial v_1}{\partial x_1} & \dfrac{\partial v_2}{\partial x_1} & \dfrac{\partial v_3}{\partial x_1} \\[2mm] \dfrac{\partial v_1}{\partial x_2} & \dfrac{\partial v_2}{\partial x_2} & \dfrac{\partial v_3}{\partial x_2} \\[2mm] \dfrac{\partial v_1}{\partial x_3} & \dfrac{\partial v_3}{\partial x_3} & \dfrac{\partial v_3}{\partial x_3} \end{Bmatrix}_{123} + \begin{Bmatrix} \dfrac{\partial v_1}{\partial x_1} & \dfrac{\partial v_1}{\partial x_2} & \dfrac{\partial v_1}{\partial x_3} \\[2mm] \dfrac{\partial v_2}{\partial x_1} & \dfrac{\partial v_2}{\partial x_2} & \dfrac{\partial v_2}{\partial x_3} \\[2mm] \dfrac{\partial v_3}{\partial x_1} & \dfrac{\partial v_3}{\partial x_2} & \dfrac{\partial v_3}{\partial x_3} \end{Bmatrix}_{123}$$

$$= \begin{Bmatrix} 0 & 0 & 0 \\ \dot{\zeta}(t) & 0 & 0 \\ 0 & 0 & 0 \end{Bmatrix}_{123} + \begin{Bmatrix} 0 & \dot{\zeta}(t) & 0 \\ 0 & 0 & 0 \\ 0 & 0 & 0 \end{Bmatrix}_{123}$$

$$= \begin{Bmatrix} 0 & \dot{\zeta}(t) & 0 \\ \dot{\zeta}(t) & 0 & 0 \\ 0 & 0 & 0 \end{Bmatrix}_{123} \qquad (4\text{-}2)$$

$$\dot{\gamma}_{21}(t) = \dot{\zeta}(t) \qquad (4\text{-}3)$$

$$\vec{v} = \begin{Bmatrix} \dot{\gamma}_{21}x_2 \\ 0 \\ 0 \end{Bmatrix}_{123} \qquad (4\text{-}4)$$

$\underline{\underline{\dot{\gamma}}}$ 的大小称为剪切流动的剪切速率或应变速率，用符号 $\dot{\gamma}(t)$ 表示。根据张量大小的定义 [式(2-78)]，得到

$$\dot{\gamma}(t) = |\underline{\underline{\dot{\gamma}}}(t)| = \frac{+\sqrt{\underline{\underline{\dot{\gamma}}}:\underline{\underline{\dot{\gamma}}}}}{2} = |\dot{\zeta}(t)| = \pm\dot{\zeta}(t) \qquad (4\text{-}5)$$

张量大小总是正数，因此 $\dot{\gamma}$ 总是正值，其中 $\dot{\zeta}(t) = \dot{\gamma}_{21}$ 可能是正值，也可能是负值。由此看出，笛卡尔坐标系下，剪切流动的应变速率 $\dot{\gamma}$ 和 $\dot{\gamma}_{21}$ 相等或仅差一个符号。而在其他坐标系下或非简单剪切流动，形变速率 $\dot{\gamma} = |\underline{\underline{\dot{\gamma}}}|$ 和 $\underline{\underline{\dot{\gamma}}}$ 的 21 分量 $\dot{\gamma}_{21}$ 可能不等。还注意到对于简单剪切流动，剪切速率 $[\dot{\gamma} = \dot{\zeta}(t)]$ 不依赖位置，即不是 x_1，x_2 或 x_3 的函数。这种形变速率不依赖于位置的流动被称为均质流动，均质流动可以是时间的函数 $[\dot{\gamma} = \dot{\gamma}(t)]$。

剪切流动之所以成为标准流动，是因为剪切流动的 $\dot{\underline{\underline{\gamma}}}$ 简单，

$$\dot{\underline{\underline{\gamma}}}=\begin{bmatrix} 0 & \dot{\gamma}_{21}(t) & 0 \\ \dot{\gamma}_{21}(t) & 0 & 0 \\ 0 & 0 & 0 \end{bmatrix}_{123} \tag{4-6}$$

对于剪切流动，用牛顿流体本构方程预测的应力张量形式也简单：

$$\underline{\underline{\tau}}=\begin{bmatrix} \tau_{11} & \tau_{12} & \tau_{13} \\ \tau_{21} & \tau_{22} & \tau_{23} \\ \tau_{31} & \tau_{32} & \tau_{33} \end{bmatrix}_{123}=-\mu\dot{\underline{\underline{\gamma}}}=\begin{bmatrix} 0 & -\mu\dot{\gamma}_{21} & 0 \\ -\mu\dot{\gamma}_{21} & 0 & 0 \\ 0 & 0 & 0 \end{bmatrix}_{123} \tag{4-7}$$

对于牛顿不可压缩流体剪切流动，笛卡尔坐标系下应力张量 9 个分量中只有 2 个分量不为零，而且这 2 个分量也相等，因此不可压缩牛顿流体的剪切流动可以导出一个简单的标量方程：

$$\tau_{12}=\tau_{21}=-\mu\dot{\gamma}_{21}=-\mu\dot{\zeta}(t)=-\mu\frac{\partial v_1}{\partial x_2} \tag{4-8}$$

这个方程就是熟悉的牛顿黏度定律，现在由此看出牛顿黏性定律是牛顿本构方程张量形式的简化形式，牛顿黏性定律只描述了材料对剪切流动的响应。

剪切流动之所以成为流变学标准流动的另外一个理由，它是滑移流动的简单情况。因为平板沿流动方向移动，各流体层之间相互滑移，但永远不会混合，也就是说剪切只在一个方向，发生变化的方向只有 2 方向，见图 4.4，$\hat{e}_2$ 平面（法线方向为 $\hat{e}_2$）

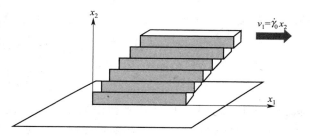

图 4.4　稳定剪切流动中，剪切平面相互滑移
$$\dot{\zeta}(t)=\dot{\gamma}_{21}(t)=\dot{\gamma}_0$$

内的二个流体粒子相距为 r，而且总保持这种相距距离 r，二个流体粒子位于 x_2 方向上不同位置，发生稳定剪切时，二粒子在 x_2 方向的距离将越来越远。聚合物加工流动中，多数边界附近都会发生这种剪切流动。

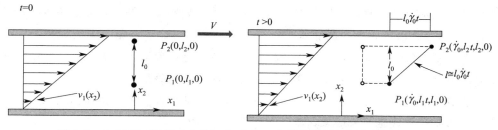

图 4.5　$\hat{e}_3$ 平面（法线方向为 $\hat{e}_3$）内的二个流体粒子经历剪切后相互分离

为了说明剪切的本质，以经历稳定剪切流动的二个流体粒子为例，点 P_1 和点 P_2 初始相距 l_0，参见图 4.5，为简化起见，选择这二个粒子都位于相同平面 $\hat{e}_3$ 内，而且二者初始 x_1 值相同。初始时刻 $t=0$，二粒子都位于 x_2 轴上，粒子坐标分别为 $P_1(0,l_1,0)$ 和 $P_2(0,l_2,0)$，$l_2-l_1=l_0$。经历一段时间剪切后，二个流体粒子会出现分离，因为 x_2 坐标值较大的粒子比

另一粒子移动得更快。根据 $\hat{e}_1$ 方向速度分量就可计算二者分离后的新距离 l。$\hat{e}_1$ 方向速度是粒子位置 x_1 随时间的变化速率，

$$v_1 = \frac{\mathrm{d}x_1}{\mathrm{d}t} = \dot{\zeta}(t)x_2 \tag{4-9}$$

对于稳定剪切流动，$\dot{\zeta}(t) = $ 常量 $\equiv \dot{\gamma}_0$，用式(4-9) 容易求解每个粒子位置。P_1 粒子有

$$\frac{\mathrm{d}x_1}{\mathrm{d}t} = \dot{\gamma}_0 l_1 \tag{4-10}$$

$$x_1 = \dot{\gamma}_0 l_1 t + C_1 = \dot{\gamma}_0 l_1 t \tag{4-11}$$

C_1 是积分常数，式(4-11) 中我们应用了初始条件，$t=0$，$x_1=0$。同样可以求出第二个粒子 $x_1 = \dot{\gamma}_0 l_2 t$。

二粒子的最终分离距离为（参见图 4.5），

$$l = \sqrt{l_0^2 + (\dot{\gamma}_0 l_0 t)^2} = l_0 \sqrt{1 + (\dot{\gamma}_0 t)^2} \tag{4-12}$$

随着流体流动，分离距离 l 会变大。取计算时间无限长时，分离距离为，

$$l = \left[\lim_{t \to \infty} l_0 \sqrt{1 + (\dot{\gamma}_0 t)^2} \right] \approx l_0 \dot{\gamma}_0 t \tag{4-13}$$

$$\frac{l}{l_0} = \dot{\gamma}_0 t \tag{4-14}$$

因此，剪切流动中不同剪切平面内的二个流体粒子的相对距离会随时间线性增加。换句话说，剪切时间越长，粒子分离距离随剪切时间呈正比例增加。尽管这一结果是从相同坐标平面内的二个粒子推导出来的，但是对于不在同一剪切平面的任意一对粒子，这一结果依然有效。粒子分离距离随时间增加而增加这一特性，表明在粒子分离方面，剪切流动是一种温和流动。下面讨论简单拉伸流动，它在产生粒子分离方面，比剪切流动要剧烈。

4.2 简单拉伸流动

我们把标准流动分为剪切和拉伸流动。一般来讲，剪切流动包括上节讨论的简单剪切，其应变速率张量 $\dot{\underline{\underline{\gamma}}}$ 和应力张量 $\underline{\underline{\tau}}$ 的非对角线分量不为零。拉伸流动属于无剪切流动，应力和应变表达式的非对角线分量为零。应力张量 $\underline{\underline{\tau}}$ 的对角线分量称为法线应力，这些应力方向垂直于应力作用面。应力张量 $\underline{\underline{\tau}}$ 的非对角线分量称为剪切应力分量。

流变学中通常讨论三类无剪切流动：单轴拉伸、双轴拉伸和平面拉伸。这三类流动都可以如剪切流动那样按其速度来定义。

4.2.1 单轴拉伸流动

单轴拉伸之所以被选为流变学的标准流动，是这种流动在聚合物加工操作中很重要，例如纤维纺丝和注射成型加工。纤维纺丝中心线附近的流动如图 4.6，流体粒子被均匀拉伸，这种理想的拉伸流动被称作单轴拉伸流动或单轴伸长流动，其速度场如下：

$$\text{单轴拉伸流动}\quad \vec{v}=\begin{bmatrix} v_1 \\ v_2 \\ v_3 \end{bmatrix}_{123}=\begin{bmatrix} -\dfrac{\dot{\epsilon}(t)}{2}x_1 \\ -\dfrac{\dot{\epsilon}(t)}{2}x_2 \\ \dot{\epsilon}(t)x_3 \end{bmatrix}_{123}\quad,\ \dot{\epsilon}(t)>0$$

(4-15)

函数 $\dot{\epsilon}(t)$，称为拉伸速率，单轴拉伸流动的 $\dot{\epsilon}(t)$ 为正。拉伸流动是三维流动，x_3 方向发生强烈拉伸，x_1 和 x_2 方向发生等量收缩。表示单轴拉伸流动速度场比表示剪切流动速度场困难，见图 4.7，单轴拉伸的粒子轨迹线见图 4.8。单轴拉伸流动比剪切流动复杂是因为多数点在三个方向上的速度分量均不为零，粒子不移动点（0，0，0），该点称为驻点。而剪切流动只在一个方向发生，所有点的 $v_2=v_3=0$，而且 $x_2=0$ 的点都不运动。实验室中产生近似拉伸流动的实验设备如图 4.9(a)～(c)，这类重要流动很难实现，实际上研究者正致力于设计更好的仪器产生拉伸流动。

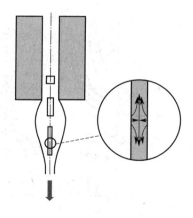

图 4.6　纤维纺丝中心线附近的流动

纤维纺丝，聚合物熔体被强制通过环形流道挤出。牵引轮拉动熔体纤维使纤维中的流体元被拉长，随着流体的挤出，看到粒子在单轴方向被拉长

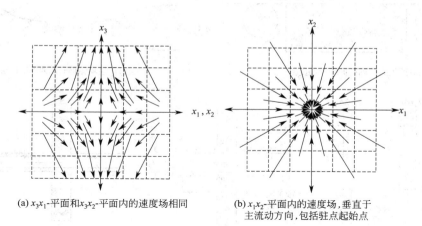

(a) x_3x_1-平面和 x_3x_2-平面内的速度场相同　　(b) x_1x_2-平面内的速度场，垂直于主流动方向，包括驻点起始点

图 4.7　单轴拉伸流动的二维速度场

各点矢量指向表示该处流体流动方向，矢量长度与该点速度成正比

通过单轴拉伸定义，我们仔细研究一下这种流动的特点。拉伸流动速度的三个分量都是位置的函数，具体讲，速度 v_1、v_2 和 v_3 分别是 x_1、x_2 和 x_3 的函数。可以看出，起始位置在 x_{l_0} 的流体粒子以速度 $v_1(x_{l_0})$ 沿 x_1 方向运动到新位置 x_{l_1}，在新位置处流体速度将会变为 $v_1(x_{l_1})$，即拉伸流动中流体粒子的速度随着流体流动连续变化。这一点与剪切流动速度不同。剪切流动中 $(\vec{v}=\dot{\zeta}(t)x_2\hat{e}_1)$，只有 x_1 方向的速度不为零，而且它不随 x_1 变化，只在 x_2 方向变化，流体粒子只在 $x_2=$ 常数的平面内运动，因此当 $\dot{\zeta}(t)=\dot{\gamma}_{21}(t)$ 是常量时，流体粒子速度不随时间发生变化。拉伸流动，即使 $\dot{\epsilon}(t)=\dot{\epsilon}_0$ 是常量，流体粒子的速度也不是常量，因为 $v_1=-(\dot{\epsilon}_0/2)x_1$，$v_2=-(\dot{\epsilon}_0/2)x_2$，$v_3=-(\dot{\epsilon}_0/2)x_3$，流体粒子的坐标位置 x_1，x_2 和 x_3 随流体流动连续变化。

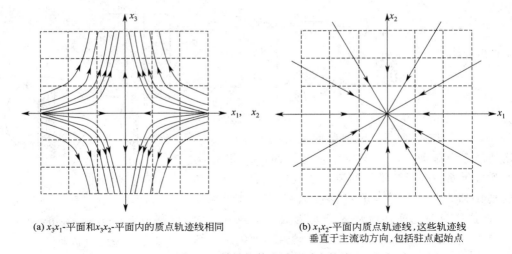

(a) x_3x_1-平面和 x_3x_2-平面内的质点轨迹线相同

(b) x_1x_2-平面内质点轨迹线,这些轨迹线
垂直于主流动方向,包括驻点起始点

图 4.8　单轴拉伸流动的质点轨迹

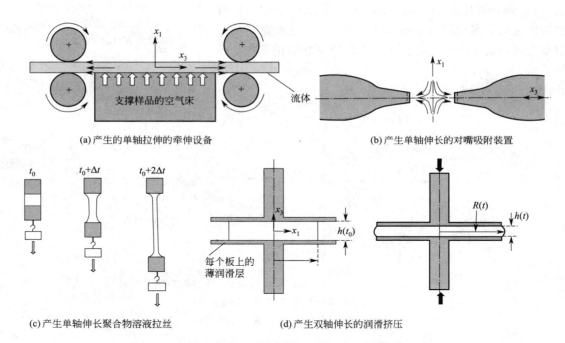

(a)产生的单轴拉伸的牵伸设备

(b)产生单轴伸长的对嘴吸附装置

(c)产生单轴伸长聚合物溶液拉丝

(d)产生双轴伸长的润滑挤压

图 4.9　工业和研究用流变仪产生无剪切流动的几何示意图

拉伸和剪切的应变速率张量的形式也不同,拉伸流动的 $\dot{\underline{\gamma}}$:

$$\dot{\underline{\gamma}} = \nabla\vec{v} + (\nabla\vec{v})^T$$

$$= \begin{pmatrix} -\dfrac{\dot{\epsilon}(t)}{2} & 0 & 0 \\ 0 & -\dfrac{\dot{\epsilon}(t)}{2} & 0 \\ 0 & 0 & \dot{\epsilon}(t) \end{pmatrix}_{123} + \begin{pmatrix} -\dfrac{\dot{\epsilon}(t)}{2} & 0 & 0 \\ 0 & -\dfrac{\dot{\epsilon}(t)}{2} & 0 \\ 0 & 0 & \dot{\epsilon}(t) \end{pmatrix}_{123}$$

$$= \begin{bmatrix} -\dot{\epsilon}(t) & 0 & 0 \\ 0 & -\dot{\epsilon}(t) & 0 \\ 0 & 0 & 2\dot{\epsilon}(t) \end{bmatrix}_{123} \tag{4-16}$$

在笛卡尔坐标系下，单轴拉伸流动的应变速率张量只有对角线分量，不存在剪切分量。$\dot{\underline{\underline{\gamma}}}$ 的大小可以直接计算：

$$\dot{\underline{\underline{\gamma}}} = |\dot{\underline{\underline{\gamma}}}|$$

$$= + \sqrt{\frac{1}{2} \begin{bmatrix} -\dfrac{\dot{\epsilon}(t)}{2} & 0 & 0 \\ 0 & -\dfrac{\dot{\epsilon}(t)}{2} & 0 \\ 0 & 0 & \dot{\epsilon}(t) \end{bmatrix}_{123} : \begin{bmatrix} -\dfrac{\dot{\epsilon}(t)}{2} & 0 & 0 \\ 0 & -\dfrac{\dot{\epsilon}(t)}{2} & 0 \\ 0 & 0 & \dot{\epsilon}(t) \end{bmatrix}_{123}} = |\dot{\epsilon}(t)|\sqrt{3}$$

$$\tag{4-17}$$

前面我们用牛顿本构方程计算稳定剪切流动中牛顿流体的应力张量，计算结果表明牛顿本构方程可以预测简单剪切流动中牛顿黏性定律。现在我们再检验一下牛顿本构方程可以预测稳定单轴拉伸流动的哪些应力张量。

稳定拉伸流动，$\epsilon(t) = \dot{\epsilon}_0 = $ 常量，把该式代入拉伸流动的 $\dot{\underline{\underline{\gamma}}}$ 和牛顿流体本构方程，得到牛顿流体稳定拉伸流动的应力张量，

$$\underline{\underline{\tau}} = -\mu \begin{bmatrix} -\dot{\epsilon}(t) & 0 & 0 \\ 0 & -\dot{\epsilon}(t) & 0 \\ 0 & 0 & 2\dot{\epsilon}(t) \end{bmatrix}_{123}$$

$$= \begin{bmatrix} \mu\dot{\epsilon}(t) & 0 & 0 \\ 0 & \mu\dot{\epsilon}(t) & 0 \\ 0 & 0 & -2\mu\dot{\epsilon}(t) \end{bmatrix}_{123} \tag{4-18}$$

式 (4-18) 的形式不会让我们考虑剪切流动，应力张量的 9 项中有三项不为零，其中二个非零项相等，而且这些量都位于矩阵的对角线上，因此该流动中牛顿粘性定律 $\tau_{21} = -\mu \partial v_1 / \partial x_2$ 与之不关联。

如果让牛顿流体经历稳定单轴拉伸流动，式 (4-18) 可以预测这种拉伸流动产生的应力，如 $\tau_{11} = \tau_{22} = -\dfrac{1}{2}\tau_{33} = = \mu\dot{\epsilon}_0$。要研究这种流动的材料响应，我们可以定义新的类"黏性定律"，从而定义一个新的材料函数——拉伸黏度。本章后面章节会给出剪切和无剪切流动中的各种类型材料函数的定义。

拉伸流动与剪切流动不仅在牛顿本构方程预测的材料性能上不同，而且拉伸流动过程中的流体单元经历的运动分离也不同于剪切流动。剪切流动中，不同剪切平面内的二个流体粒子随时间线性分离。现在计算二材料粒子在拉伸流动中的运动分离。

选取 x_3 轴上的二个粒子元，二者分离距离为 l_0，见图 4.10，笛卡尔坐标系原点在二流体元的中间，因此二流体单元的坐标为 $(0, 0, l_0/2)$ 和 $(0, 0, -l_0/2)$。因为粒子在 x_3 轴上运动，这二流体元速度为

$$\vec{v} = \begin{pmatrix} -\dfrac{\dot{\epsilon}_0}{2}x_1 \\[2mm] -\dfrac{\dot{\epsilon}_0}{2}x_2 \\[2mm] \dot{\epsilon}_0 x_3 \end{pmatrix} = \begin{pmatrix} 0 \\ 0 \\ \dot{\epsilon}_0 x_3 \end{pmatrix}_{123} \tag{4-19}$$

根据 $v_3 = \mathrm{d}x_3/\mathrm{d}t$，可以求解在某一时刻 t 粒子的位置。

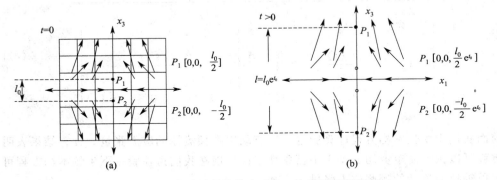

图 4.10　简单单轴拉伸流动中二流体粒子的分离

$$v_3 = \frac{\mathrm{d}x_3}{\mathrm{d}t} = \dot{\epsilon}_0 x_3 \tag{4-20}$$

$$\frac{\mathrm{d}x_3}{x_3} = \dot{\epsilon}_0 \mathrm{d}t \tag{4-21}$$

$$\ln x_3 = \dot{\epsilon}\,\mathrm{d}t + C_1 \tag{4-22}$$

把粒子初始条件代入，求解 C_1 得到：

$$x_3(粒子\,1) = \frac{l_0}{2}e^{\dot{\epsilon}_0 t} \tag{4-23}$$

$$x_3(粒子\,2) = -\frac{l_0}{2}e^{\dot{\epsilon}_0 t} \tag{4-24}$$

二粒子分离距离 l，

$$\frac{l}{l_0} = e^{\dot{\epsilon}_0 t} \tag{4-25}$$

因此，正如剪切流动的情形，随着时间的增加，二粒子的分离也在增加，但是与稳定剪切流动不同的是，这种分离不是随时间呈线性增加而是指数增加。它比稳定剪切流动增加得快，这种差异显示拉伸流动产生的应力上升更快。这一结果来自 x_3 轴上的粒子沿 x_3 方向加速运动。稳定拉伸流动的加速度 $\vec{a}$，

$$\vec{a}_{稳定拉伸} = \begin{pmatrix} -\dfrac{1}{2}\dot{\epsilon}_0\dfrac{\partial x_1}{\partial t} \\[3mm] -\dfrac{1}{2}\dot{\epsilon}_0\dfrac{\partial x_2}{\partial t} \\[3mm] \dot{\epsilon}_0\dfrac{\partial x_3}{\partial t} \end{pmatrix}_{123} = \begin{pmatrix} -\dfrac{1}{2}\dot{\epsilon}_0 v_1 \\[3mm] -\dfrac{1}{2}\dot{\epsilon}_0 v_2 \\[3mm] \dot{\epsilon}_0 v_3 \end{pmatrix}_{123} = \begin{pmatrix} \dfrac{1}{4}\dot{\epsilon}_0^2 x_1 \\[3mm] \dfrac{1}{4}\dot{\epsilon}_0^2 x_2 \\[3mm] \dot{\epsilon}_0^2 x_3 \end{pmatrix}_{123} \tag{4-26}$$

因此看出拉伸流动中粒子加速度以线性方式增加，同理可以计算剪切流动加速度的三个分量都为零。正是由于拉伸流动的线性加速度，导致粒子分离是随时间按指数增加。从形变程度来讲，拉伸流动是一种强流动。

4.2.2　双轴拉伸流动

我们讨论的第二类无剪切流动是双轴拉伸流动。它的速度分布与单轴拉伸流动形式相同，但是这类流动中 $\dot{\epsilon}(t)$ 总是负值。两个润滑表面间的样品受到挤压 ［图 4.9(d)］或膜内充气加压（图 4.11）可产生双轴拉伸流动。

双轴拉伸流动

$$\vec{v}=\begin{bmatrix}v_1\\v_2\\v_3\end{bmatrix}_{123}=\begin{bmatrix}-\dfrac{\dot{\epsilon}(t)}{2}x_1\\-\dfrac{\dot{\epsilon}(t)}{2}x_2\\\dot{\epsilon}(t)x_3\end{bmatrix}_{123},\quad \dot{\epsilon}(t)<0 \tag{4-27}$$

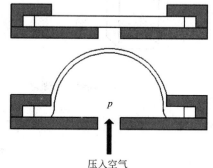

图 4.11　产生双轴拉伸的实验装备

夹紧待测膜片并覆盖住气孔，然后向气孔送气吹胀薄膜。薄膜所受的应力与气体压力相关。现用格线标记静止的薄膜，然后记录薄膜吹胀状态下格线的形状变化来测量薄膜的形变。

压入空气

由于除流动方向外，其他都与单轴拉伸相同，所以前面对单轴变形的认识也适用于双轴拉伸。实际上，双轴流动经历的伸长形变比单轴拉伸流动要小。双轴拉伸和单轴拉伸概念上的差异可以用流体元经历二种流动产生的变形来说明。单轴拉伸流动，流体元在一个方向（$\hat{e}_3$，主流动方向）伸长，其他两个方向发生收缩。因此如果一个不可压缩立方体形状流体经历简单单轴拉伸流动一段时间后，立方比会变形为长方体，例如一边长度是初始长度的2倍，而其他二边则被压缩为原来的 $1/\sqrt{2}$ ［图 4.12 (a)］。对于不可压缩流体单轴拉伸有，

变形前体积 $=a^3=$ 变形后体积

$$a^3=(2a)\left(\frac{a}{\sqrt{2}}\right)\left(\frac{a}{\sqrt{2}}\right) \tag{4-28}$$

与单轴拉伸不同，双轴拉伸（或有时称双轴伸长）流动在 1-和 2-方向的变形速率相等，3-方向发生收缩。因此前述立方形流体经双轴拉伸后，长度伸长为原来的 2 倍，在 3 方向上收缩 4 倍，变形情形如图 4.12(b)。

变形前体积 $=a^3=$ 变形后体积

$$a^3=(2a)(2a)\left(\frac{a}{4}\right) \tag{4-29}$$

生产塑料袋的薄膜吹塑过程，塑料瓶的吹制过程和其他中空部件的生产过程都是双轴拉伸的流动。

4.2.3　平面拉伸流动

我们讨论的最后一类无剪切流动是平面拉伸流动，其速度场为：

平面拉伸流动

$$\vec{v}=\begin{bmatrix}-\dot{\epsilon}(t)x_1\\0\\\dot{\epsilon}(t)x_3\end{bmatrix}_{123},\quad \dot{\epsilon}(t)>0 \tag{4-30}$$

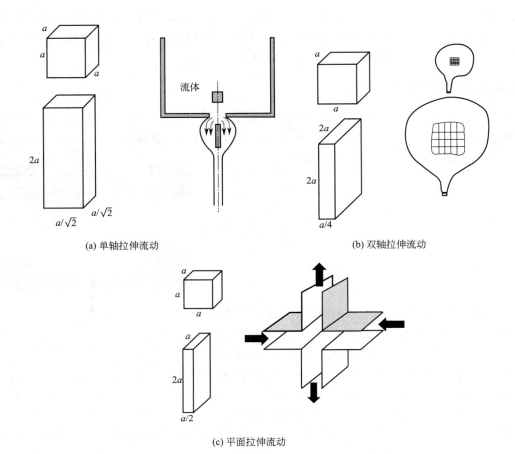

(a) 单轴拉伸流动　　　　　　　　　　　　(b) 双轴拉伸流动

(c) 平面拉伸流动

图 4.12　流动产生形变示意图

平面拉伸流动在 2-方向不允许发生形变（$v_2 = 0$）。不可压缩立方体状流体经历平面拉伸流动后形变见图 4.12(c)，根据质量守恒，在流动方向上（3-方向），如果立方体的一边被拉伸至其原长的 2 倍则立方体在 1-方向上收缩 2 倍：

$$体积 = a^3 = (2a)(2a)\left(\frac{a}{2}\right)$$

这种流动由于限制了一个方向的流动，实验上容易实现，这一点倍受实验科学家的关注。实际中，十字流道口模内的流动就是平面拉伸流动，见图 4.12(c)。

这里一共讨论了三类无剪切流动，都可以用速度表达式来定义，从这些流动的速度表达式可以看出，不同类拉伸流动可以由二个参数 $\dot{\epsilon}(t)$ 和 b 的不同值来表达。笛卡尔坐标系下，这些无剪切流动可以写作如下：

$$\vec{v} = \begin{Bmatrix} v_1 \\ v_2 \\ v_3 \end{Bmatrix}_{123} = \begin{Bmatrix} -\dfrac{1}{2}\dot{\epsilon}(t)(1+b)x_1 \\ -\dfrac{1}{2}\dot{\epsilon}(t)(1-b)x_2 \\ \dot{\epsilon}(t)x_3 \end{Bmatrix}_{123} \tag{4-31}$$

前面讨论过的拉伸流动，其参数 $\dot{\epsilon}(t)$ 和 b 的值列在表 4.1 中。

表 4.1　定义标准无剪切流动的参数

拉伸流动	$b=0, \dot{\epsilon}(t)>0$
双轴拉伸流动	$b=0, \dot{\epsilon}(t)<0$
平面拉伸流动	$b=1, \dot{\epsilon}(t)>0$

4.3　标准流动的应力张量

多数流变学研究的目的是确定应力张量 $\underset{=}{\tau}$。应力张量取决于速度场，速度场对称就意味着 $\underset{=}{\tau}$ 具有某些特性，一般对称应力张量有 6 个独立分量。剪切流动和拉伸流动作为标准流动都是高度对称流动，由于速度场对称，就会简化应力张量。

（1）简单剪切流动

对于简单剪切流动，应力张量形式为

$$\text{剪切流动的总应力张量（广义流体）} \underset{=}{\Pi} = p \underset{=}{I} + \underset{=}{\tau} = \begin{pmatrix} p+\tau_{11} & \tau_{12} & 0 \\ \tau_{21} & p+\tau_{22} & 0 \\ 0 & 0 & p+\tau_{33} \end{pmatrix}_{123} \tag{4-32}$$

剪切流动的应力张量有 5 个非零分量，其中有两个分量相等（$\tau_{12}=\tau_{21}$），所以有 4 个未知量。前面提到对称的总应力张量有 6 个未知量，剪切流动的应力张量形式是其简化形式。

关于剪切流动对称性，可以将原坐标系绕 $\hat{e}_3$ 转动 180° 得到的新笛卡尔坐标系，可以得到处在新坐标系下原流动的速度场不变，即二个坐标系下的速度场相等，以此来验证剪切流动是高度对称流动。

（2）拉伸流动

对于拉伸流动的对称性，如果坐标绕三个笛卡尔坐标轴中任一个轴转 180°，可以验证速度场不变。拉伸流动这种高度对称性可表现在简单拉伸广义流体的应力张量中，

$$\text{拉伸流动总应力张量（广义流体）} \underset{=}{\Pi} = p \underset{=}{I} + \underset{=}{\tau} = \begin{pmatrix} p+\tau_{11} & 0 & 0 \\ 0 & p+\tau_{22} & 0 \\ 0 & 0 & p+\tau_{33} \end{pmatrix}_{123} \tag{4-33}$$

可以看出拉伸流动应力 $\underset{=}{\tau}$ 只有三个非零应力分量，所以拉伸流动比剪切流动的应力要简单。

4.4　标准流动的应力测量

标准流动中，我们关心压力 p 和附加法向应力 τ_{ii} 对总应力的贡献。总应力张量，$\underset{=}{\Pi} = p \underset{=}{I} + \underset{=}{\tau}$：

$$\underset{=}{\Pi} = \begin{pmatrix} p+\tau_{11} & \tau_{12} & \tau_{13} \\ \tau_{21} & p+\tau_{22} & \tau_{23} \\ \tau_{31} & \tau_{32} & p+\tau_{33} \end{pmatrix}_{123} \tag{4-34}$$

上式可以看出每个法向应力 Π_{ii} 由二个部分组成：压力和附加应力。应力测量仪可以测量表面应力，即总应力。若要得知压力和附加应力，可压缩流体与不可压缩流体处理方法不同。对可压缩气体，通过状态方程可以建立压力与其它热力学变量的关联。例如应用理想气体状

态方程

$$p\hat{V}=RT \tag{4-35}$$

其中，$\hat{V}$ 是气体比容（体积/摩尔）；T 是温度；R 是理想气体常数。压力与气体密度的关系，

$$p=\frac{\rho RT}{M} \tag{4-36}$$

其中，M 是流体的分子量（摩尔质量），如果是混合物，M 就是平均分子量。因此对于气体，先测量温度和密度，根据状态方程计算出压力 p；然后测量 Π_{ii}，根据 $\tau_{ii}=\Pi_{ii}-p$ 计算附加法向应力。上述测量和计算步骤适用于已知状态方程的可压缩流体。

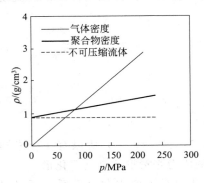

图 4.13 理想气体、不可压缩流体和典型聚合物熔体的密度和压力关系

对于不可压缩流体和近不可压缩流体，测量或计算压力 p 会遇到困难。从理想气体和不可压缩流体的密度 ρ 对 p 的关系图（图 4.13）可以看出，理想气体密度是压力的线性函数，符合理想气体定律；对于不可压缩流体，密度是常量，压力对流体密度没有影响。对于聚合物，尽管密度是压力的函数，但是一个弱函数，在较宽的压力范围内，密度变化非常小。后两种流体无法通过测量密度计算压力。因此剪切流动中，不可压缩（或近不可压缩）非牛顿流体无法把 Π_{ii} 分成 τ_{ii} 和 p 来测量。而对于剪切流动中的牛顿流体（例如管道中的水）就不会遇到这样问题，因为其法向应力 τ_{11}，τ_{22} 和 τ_{33} 为零，通过管道上安装的压力传感器就可只测量压力 p。

对于广义不可压缩流体，由于独立测量压力 p 的困难，也就不能把 p 与法向应力测量分开，测量应力张量时表现为无法测量剪切流动中所有的五个非零分量，也无法测量拉伸流动中所有三个非零分量。

为解决这一问题，流变学家用法向应力差代替法向应力。例如简单剪切流动中，五个非零应力分量是一对剪切应力 $\tau_{21}=\tau_{12}$ 和三个法向应力 τ_{11}，τ_{22} 和 τ_{33}。剪切应力可以直接测量，而法向应力可以测量二个法向应力差：

$$第一法向应力差\ N_1\equiv\Pi_{11}-\Pi_{22}=\tau_{11}-\tau_{22} \tag{4-37}$$
$$第二法向应力差\ N_2\equiv\Pi_{22}-\Pi_{33}=\tau_{22}-\tau_{33} \tag{4-38}$$

考虑法向应力差而不是法向应力，就可以避免测量不可压缩流体的压力。同样思想也可应用于拉伸流动的测量。

总之，剪切流动有三个非零应力测量量，剪切应力，第一法向应力差和第二法向应力差。拉伸流动不可压缩流体有两个要测量的应力量，$\tau_{33}-\tau_{11}$ 和 $\tau_{22}-\tau_{11}$。

4.5　材料函数

对于不可压缩牛顿流体，流动性能是由连续性方程（质量守恒定律）、动量方程（动量守恒定律）和牛顿本构方程来控制：

$$\nabla\cdot\vec{v}=0 \tag{4-39}$$

$$\rho\left(\frac{\partial \vec{v}}{\partial t}+\vec{v}\cdot\nabla\vec{v}\right)=-\nabla p-\nabla\cdot\underline{\underline{\tau}}+\rho g \tag{4-40}$$

$$\underline{\underline{\tau}}=-\mu\left[\nabla\vec{v}+(\nabla\vec{v})^{T}\right] \tag{4-41}$$

这些方程中有两个材料参数，密度 ρ 和黏度 μ。要预测不可压缩牛顿流体的行为，这两个材料常数值包含了材料的信息。

对于非牛顿流体，连续性方程和动量方程与牛顿流体的形式相同，但是本构方程不同，$\underline{\underline{\tau}}=f(\nabla\vec{v},\vec{v}$，材料信息等)。这种情况下，材料信息包含在材料 ρ、未知本构方程的材料信息中。对于聚合物和其他非牛顿流体，$\underline{\underline{\tau}}$ 是更复杂材料性能的函数。在流变学领域内，找到恰当描述非牛顿流体行为的本构方程是一项重要的挑战。

为了找到这样方程，研究者进行了很多标准流动的实验。通过剪切和拉伸这二种标准流动构建大量各种标准流动，只要改变函数 $\dot{\zeta}(t)$ 和 $\dot{\epsilon}(t)$ 和无剪切流动参数 b 就可以建立感兴趣的流体流场，测量与应力相关的三个剪切量：τ_{21}，$\tau_{11}-\tau_{22}=N_1$，和 $\tau_{22}-\tau_{33}=N_2$，以及两个拉伸流动应力差：$\tau_{33}-\tau_{11}$ 和 $\tau_{22}-\tau_{11}$。观察到的应力响应依赖于所研究的材料和对材料施加的流动。一般来讲，这些响应是时间、应变或应变速率的函数，取决于材料的化学性质。

由此看出描述非牛顿流体要比牛顿流体复杂。对于牛顿流体，例如施加剪切流动，测量唯一非零 $\underline{\underline{\tau}}$ 分量，应力 τ_{21}，由形变速率 $\dot{\zeta}=\mathrm{d}v_1/\mathrm{d}x_2$ 可以计算黏度 $\mu=-\tau_{21}/(\mathrm{d}v_1/\mathrm{d}x_2)$，黏度是指定本构方程需要的全部信息。对于非牛顿流体就有更多的考虑。首先不知道本构方程形式，不知道要做哪些实验。如果按照牛顿流体情形施加剪切流动，测量三个非零应力量 τ_{21}，N_1 和 N_2，通常会发现 $-\tau_{21}/(\mathrm{d}v_1/\mathrm{d}x_2)$ 是 $\mathrm{d}v_1/\mathrm{d}x_2$ 的函数，因此发现非牛顿流体材料的性能是运动参数，比如 $\dot{\gamma}=|\mathrm{d}v_1/\mathrm{d}x_2|$ 的函数，而不是常量的函数。像这样由描述流体流变行为运动学参数组成的函数被称为材料流变函数。本节将定义标准材料函数，为非牛顿流体流变行为的预测和测量之间的联系提供共同术语与框架。

我们将给出非牛顿流体研究中最常用的材料函数。各种流动下材料函数的定义包括三个部分：

① 流动类型，例如剪切或拉伸。我们只考虑基于这两类流动的材料函数。

② 具体流动中，按流动定义给出函数 $\dot{\zeta}(t)$ 和 $\dot{\epsilon}(t)$ 以及参数 b 的实际函数形式。

剪切流动速度场

$$\vec{v}=\begin{bmatrix}\dot{\zeta}(t)x_2\\0\\0\end{bmatrix}_{123} \tag{4-42}$$

拉伸流动速度场

$$\vec{v}=\begin{bmatrix}-\dfrac{1}{2}\dot{\epsilon}(t)(1+b)x_1\\-\dfrac{1}{2}\dot{\epsilon}(t)(1-b)x_2\\\dot{\epsilon}(t)x_3\end{bmatrix}_{123} \tag{4-43}$$

稳定流动中，这些函数可能是常量；非稳定流动中，这些函数也可能随时间变化。

③ 材料函数定义。材料函数以测量量为基础。剪切流动测量量 τ_{21}，N_1 和 N_2，拉伸流动测量量 $\tau_{33}-\tau_{11}$ 或 $\tau_{22}-\tau_{11}$。

材料函数可以预测或测量。如果要预测材料函数，需用运动学〔流动类型和具体函数 $\dot{\zeta}(t)$ 和 $\dot{\varepsilon}(t)$ 形式〕和本构方程来各预测应力分量，然后计算材料函数。如果要测量材料函数，对流动单元内材料施加运动，测量应力分量。当我们需要选择描述材料流动的本构方程时，可以测量所讨论流体的材料函数，并用各种本构方程预测的材料函数，如果一个本构方程预测的材料函数和实际测量结果很接近，那么这个本构方程就是要选择最适合的本构方程。此外，定性流变分析中也用到材料函数，如质量控制以及评价新材料，见图 4.14。讨论非牛顿流体的流变性能时必用到材料函数。

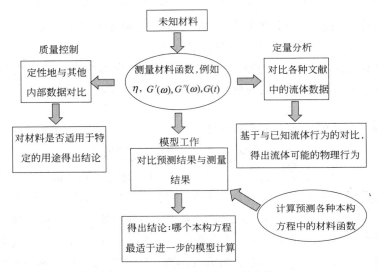

图 4.14 流变分析中材料函数的作用

4.5.1 剪切流动的材料函数

定义简单剪切流动材料函数，用到速度场：

$$
\vec{v}=\begin{bmatrix} \dot{\zeta}(t)x_2 \\ 0 \\ 0 \end{bmatrix}_{123}
\tag{4-44}
$$

剪切速率函数 $\dot{\zeta}(t)$ 不同，材料函数类型就不同。这里要注意 $\dot{\gamma}=|\underline{\dot{\gamma}}|$ 和 $\dot{\zeta}(t)=\dot{\gamma}_{21}(t)$ 之间的差异。对于剪切流动，$\dot{\gamma}$ 与 $\dot{\zeta}(t)=\dot{\gamma}_{21}(t)$ 的大小相同，但符号不一定相同，因为 $\dot{\gamma}$ 表示张量的大小，所以 $\dot{\gamma}$ 总为正值。而 $\dot{\zeta}(t)=\dot{\gamma}_{21}(t)$ 的符号依赖于流动方向和所选用的坐标系，故 $\dot{\zeta}(t)$ 可以为正值或为负值。下面各种流动材料函数定义中会给出 $\dot{\zeta}(t)$ 形式。材料函数是形变速率的函数，我们用 $|\dot{\zeta}|=\dot{\gamma}$ 作为独立变量绘制材料函数图，这样画出的图是正的材料函数对应图。

我们把剪切流动分为稳定剪切流动和非稳定剪切流动，分别定义材料函数。

4.5.1.1　稳定剪切流动

稳定剪切流动，流动状态为稳态，$\dot{\zeta}(t)=\dot{\gamma}_0$是个常量：

稳定剪切运动学量
$$\dot{\zeta}(t)=\dot{\gamma}_0 \tag{4-45}$$

这种流动代表流变仪内典型流动。毛细管流变仪内流体以恒定速率强制通过毛细管，测量时压力要保持稳定。还有锥板流变仪，芯锥和平板或平板和平板间流体流动，芯锥或平板以恒定角速度转动，测量流体产生的扭矩，有关测量内容将在后面的流变测量章节介绍。

稳态流动的应力张量为常量，测量三个恒定的应力τ_{21}，N_1和N_2。用这三个应力量定义三个材料函数，

黏度
$$\eta(\dot{\gamma})\equiv\frac{-\tau_{21}}{\dot{\gamma}_0} \tag{4-46}$$

第一法向应力差系数
$$\Psi_1(\dot{\gamma})\equiv\frac{-N_1}{\dot{\gamma}_0^2}=\frac{-(\tau_{11}-\tau_{22})}{\dot{\gamma}_0^2} \tag{4-47}$$

第二法向应力差系数
$$\Psi_2(\dot{\gamma})\equiv\frac{-N_2}{\dot{\gamma}_0^2}=\frac{-(\tau_{22}-\tau_{33})}{\dot{\gamma}_0^2} \tag{4-48}$$

其中$\dot{\gamma}_0$可以为正或负，取决于流动方向和坐标系的选择。

稳定剪切流动的材料函数，流体黏度η是稳态剪切应力与恒定剪切速率之比。对于牛顿流体，流体黏度与牛顿黏度定律中的黏度含义相同，$\eta=\mu$，不依赖于剪切速率$\dot{\gamma}=|\dot{\gamma}_0|$。对于非牛顿流体，$-\tau_{21}/\dot{\gamma}_0=\eta$，黏度是剪切速率的函数$\eta=\eta(\dot{\gamma})$。零剪切黏度$\eta_0$定义为
$$\lim_{\dot{\gamma}\to 0}\eta(\dot{\gamma})\equiv\eta_0 \tag{4-49}$$

一般来讲，材料函数Ψ_1和Ψ_2也是$\dot{\gamma}$的函数；牛顿流体的这两个函数都为零。大多数聚合物的Ψ_1为正，Ψ_2比较小而且为负（$\Psi_2\approx-0.1\Psi_1$）。

关于聚合物流体稳态剪切黏度，除了高分子化学结构方面的影响之外，工艺条件方面，温度、压力、剪切速率和剪切应力对其都有影响。大多数聚合物熔体的黏度对温度变化都很敏感，这类材料宜采用升温办法降低黏度来改善加工性能。对于温度敏感性小的材料，如橡胶，不宜采用升温的办法降低黏度，工业上多通过强剪切（塑炼）作用，降低分子量来降低黏度，这类材料由于对温度敏感小，加工时易于控制操作，质量比较稳定。在聚合物加工条件下，聚合物熔体的压缩性很小，一般认为聚合物熔体这时为不可压缩流体。此外，聚合物加工时使用的配合剂，无论是填充补强，还是软化增塑对体系的流动性能都有显著影响。碳酸钙、赤泥、陶土、炭黑和短纤维等增强材料的填加会使体系黏度上升，弹性下降，硬度和模量增大，同时流动性变差；而各种矿物油、低聚物类软化增塑剂的填入，会减弱体系大分子链间的相互牵制作用，体系黏度下降，流动性得以改善。在一定范围内，软化增塑剂用量越大，体系黏度越低。

4.5.1.2　非稳定剪切流动

大多数聚合物不仅稳态剪切流动响应不同，而且非稳态剪切响应也不同。非稳态剪切测量与稳态剪切测量仪器相同，即毛细管流变仪、转矩锥-板流变仪等。非稳态流动条件下，测得的压力和扭矩都是时间的函数。

有多种类型的剪切流动依赖于时间，接下来讨论其中几种。图4.15是剪切流动材料函数的比对和总结。

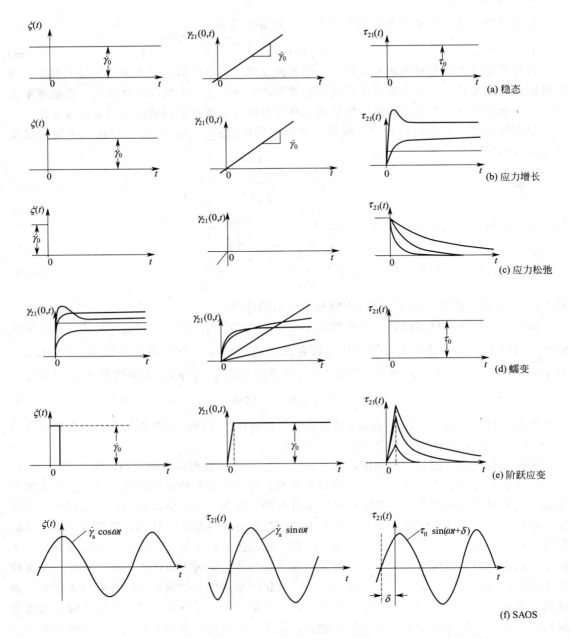

图 4.15   各种剪切流动材料函数中，规定的剪切速率、应变和剪切应力概要

（1）剪切应力增长

黏度测量是最常见的流变测量，它是稳态下的测量，但在流动达到稳态之前，实验从起始点静止零应力值增长到稳态值这一启动过程实验，易于实现而且依赖于时间，这就是剪切应力增长实验。

这里讨论的非稳态流动由 $\bar{v}$ 定义中的函数 $\dot{\zeta}(t)$ 来定义。稳态流动在时间范围内，$\dot{\zeta}(t)=\dot{\gamma}_0=$ 常量 ［图 4.15(a)］。用于应力增长实验的函数 $\dot{\zeta}(t)$ 为

应力增长运动学量　　　　$\dot{\zeta}(t)=\begin{cases} 0 & t<0 \\ \dot{\gamma}_0 & t\geqslant 0 \end{cases}$　　　　　　　　(4-50)

式中 $\dot{\gamma}_0$ 可以为正或为负。这个函数表明在时间 $t=0$ 之前没有流动，在 $t=0$ 时对流体施加一恒定的剪切速率。

可测一般流体对该流动响应的三个应力 $\tau_{21}(t,\dot{\gamma})$，$N_1(t,\dot{\gamma})$ 和 $N_2(t,\dot{\gamma})$，它们都依赖于时间。三个材料函数定义如下

剪切应力增长系数　　　　　$\eta^+(t,\dot{\gamma})\equiv\dfrac{-\tau_{21}}{\dot{\gamma}_0}$　　　　　　　　(4-51)

第一法向应力增长系数　　　$\Psi_1^+(t,\dot{\gamma})\equiv\dfrac{-(\tau_{11}-\tau_{22})}{\dot{\gamma}_0^2}$　　　　　　(4-52)

第二法向应力增长系数　　　$\Psi_2^+(t,\dot{\gamma})\equiv\dfrac{-(\tau_{22}-\tau_{33})}{\dot{\gamma}_0^2}$　　　　　　(4-53)

总之，这些材料函数依赖于时间和剪切速率的大小 $\dot{\gamma}$。注意除了应力依赖于时间之外，这些材料函数与稳定剪切流动的材料函数形式类似，达到稳定状态后这些材料函数就变为稳态材料函数：

$$\lim_{t\to\infty}\eta^+(t,\dot{\gamma})=\eta(\dot{\gamma})\tag{4-54}$$
$$\lim_{t\to\infty}\Psi_1^+(t,\dot{\gamma})=\Psi_1(\dot{\gamma})\tag{4-55}$$
$$\lim_{t\to\infty}\Psi_2^+(t,\dot{\gamma})=\Psi_2(\dot{\gamma})\tag{4-56}$$

（2）剪切应力衰减

剪切流动停止后，稳态应力如何松弛反映出非牛顿流体的松弛特性。用于中止稳态剪切流动实验的 $\dot{\zeta}(t)$ 函数如下：

剪切应力衰减运动学量　　　$\dot{\zeta}(t)=\begin{cases} \dot{\gamma}_0 & t<0 \\ 0 & t\geqslant 0 \end{cases}$　　　　　　　(4-57)

依赖于时间的剪切应力衰减材料函数与应力增长材料函数相类似，它们通常也随 $\dot{\gamma}$ 变化。

剪切应力衰减系数　　　　　$\eta^-(t,\dot{\gamma})\equiv\dfrac{-\tau_{21}}{\dot{\gamma}_0}$　　　　　　　　(4-58)

第一法向应力衰减系数　　　$\Psi_1^-(t,\dot{\gamma})\equiv\dfrac{-(\tau_{11}-\tau_{22})}{\dot{\gamma}_0^2}$　　　　　　(4-59)

第二法向应力衰减系数　　　$\Psi_2^-(t,\dot{\gamma})\equiv\dfrac{-(\tau_{22}-\tau_{33})}{\dot{\gamma}_0^2}$　　　　　　(4-60)

牛顿流体的材料函数 η^-，Ψ_1^- 和 Ψ_2^- 可以直接计算。

流动中止（应力与形变速率成正比）后，牛顿流体即刻松弛，许多非牛顿流体的松弛则需要花费一定时间。描述材料形变后应力松弛的时间被称为松弛时间 λ。流动分析中用无量纲数 Deborah 数 De 表达松弛时间的重要性，它等于松弛时间与所研究流动的时间之比：

$$De\equiv\dfrac{材料松弛时间}{流动时间}=\dfrac{\lambda}{t_{流动}}\tag{4-61}$$

Deborah 数可以帮助系统预测特定形变的响应。例如如果 De 值较大，则材料松弛决定材料

的响应；如果 De 值较小或为零，则流动时间作为标尺来确定材料的响应。因此在确定材料松弛是否为主要影响因素时，De 数的判定非常重要。

（3）剪切蠕变

恒定剪切应力 τ_0 可以代替恒定剪切速率 $\dot{\gamma}_0$ 产生稳定剪切流动。流变仪可以产生这种流动，如在毛细管流动中施加恒压力，或锥-板流变仪中恒扭矩马达驱动平板，或滑轮系上重物产生恒驱动力驱动流动，后面这种方法在早期流变学测试中广泛使用。因为稳态剪切应力和剪切速率都是常数，无论是恒应力还是恒剪切速率驱动流动，稳态结果相同。

对于剪切流动施加恒应力与施加恒应变速率，非稳态响应必然不同。施加恒应变速率启动实验，测量不断增加的应力；而施加恒应力瞬态流动实验，测量样品随时间的形变。应力保持恒定的非稳态实验被称作蠕变。蠕变实验不是规定剪切速率函数 $\zeta(t)$ [除蠕变外的所有材料函数都是规定剪切速率函数 $\zeta(t)$] 而是规定剪切应力 [图 4.15(d)]：

$$\text{蠕变规定应力函数} \qquad \tau_{21}(t)=\begin{cases} 0 & t<0 \\ \tau_0=\text{常量} & t\geqslant 0 \end{cases} \qquad (4\text{-}62)$$

蠕变中测量量是样品的形变，即施加应力 τ_0 一段时间后测量样品的形状变化。为了理解形变测量，需要详细讨论应变概念。

采用剪切应变测量剪切形变。应变是流体粒子形状变化的一种度量，即流体经历的伸长或压缩有多少。应变用 $\gamma_{21}(t_{ref},t)$ 表示，其中下标 21 表示在 $\hat{e}_2$ 平面（平面的单位法向为 $\hat{e}_2$）1 方向上产生相互滑移的剪切流动应变。γ_{21} 有两个参数，应变测量流体粒子在特定时间相对于其他某一时刻的形状变化。表达式 $\gamma_{21}(t_{ref},t)$ 指的是相对参考时刻 t_{ref} 流体构型，t 时刻流体形状的变化。讨论中，参考时间 t_{ref} 取 $t_{ref}=0$，剪切应变可以缩写为 $\gamma_{21}(t)$ 或简化为 $\gamma(t)$。

尽管应变是流动流体粒子变形的度量，重要的是它可以用作所有流动形变的度量。现在只讨论剪切流动中的应变。对于短时间隔，剪切应变定义为

$$\text{剪切应变（小形变）} \qquad \gamma_{21}(t_{ref},t)\equiv\frac{\partial u_1}{\partial x_2} \qquad (4\text{-}63)$$

其中 $u_1=u_1(t_{ref},t)$ 被称为 x_1 方向上的位移函数（图 4.16）。位移函数给出了相对于 $t=t_{ref}$ 时刻粒子位置，粒子在 t 时刻的位移。$\vec{r}(t_{ref})$ 是矢量，表示流体粒子在时间 t_{ref} 的位置，$\vec{r}(t)$ 是流体粒子在时间 t 的位置矢量。位移函数为

$$\vec{r}(t_{ref})=\begin{bmatrix} x_1(t_{ref}) \\ x_2(t_{ref}) \\ x_3(t_{ref}) \end{bmatrix}_{123} \qquad (4\text{-}64)$$

$$\vec{r}(t)=\begin{bmatrix} x_1(t) \\ x_2(t) \\ x_3(t) \end{bmatrix}_{123} \qquad (4\text{-}65)$$

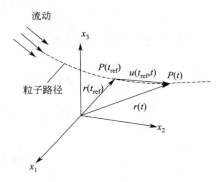

图 4.16　位移函数 $\vec{u}(t_{ref},t)$ 的定义
它给出粒子 P 在 t 时刻相对于 t_{ref} 时刻的相对位置。位移函数是矢量，在坐标系 (x_1,x_2,x_3) 下有三个分量 u_1，u_2 和 u_3。剪切流动的 $u_2=u_3=0$

和位移函数 $$\vec{u}(t_{ref},t)\equiv\vec{r}(t)-\vec{r}(t_{ref}) \qquad (4\text{-}66)$$

x_1 方向的位移函数分量：$u_1(t_{\text{ref}},t)=x_1(t)-x_1(t_{\text{ref}})$。

剪切应变定义的物理理解见图 4.17。剪切流动中两点 P_1 和 P_2 在时刻 t_{ref} 位于 x_2 轴上，位移函数 $\vec{u}(t_{\text{ref}},t)$ 平行 x_1 轴，$\vec{u}=u_1\hat{e}_1$。因点 P_2 位于较高流动速度部分，时间间隔 $t-t_{\text{ref}}$ 后，点 P_2 的 u_1 大于点 P_1 的 u_1。从图 4.17 可以看出剪切应变 $\gamma_{21}(t_{\text{ref}},t)=\partial u/\partial x_2\approx\Delta u_1/\Delta x_2$，因此应变与邻近点（$P_1$ 和 P_2）流体粒子形状变化有关，剪切形变可以定性理解为流体粒子流动形变的一种度量。

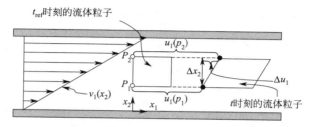

图 4.17　剪切应变的物理解释

由应变定义，建立 $\gamma_{21}(0,t)$ 和 $\dot{\gamma}_0$（稳定剪切流动的剪切速率）的关联。对于经历短时间隔的稳定剪切流动，粒子位置 $\vec{r}(t)$ 为

$$\vec{r}=\begin{bmatrix}x_1(t)\\x_2(t)\\x_3(t)\end{bmatrix}_{123}=\begin{bmatrix}x_1(t_{\text{ref}})+(t-t_{\text{ref}})\dot{\gamma}_0x_2\\x_2(t_{\text{ref}})\\x_3(t_{\text{ref}})\end{bmatrix}_{123}\tag{4-67}$$

其中 $\vec{r}(t_{\text{ref}})$ 是粒子初始位置，速度为 $\vec{v}=\dot{\gamma}_0x_2\hat{e}_1$。利用式（4-63）计算流动应变，稳态剪切流动经历从 0 到 t 的短时流动，位移函数和应变为，

和

$$u_1(t_{\text{ref}},t)=(t-t_{\text{ref}})\dot{\gamma}_0x_2\tag{4-68}$$

短时间隔稳态剪切应变

$$\gamma_{21}(0,t)=\frac{\partial u_1}{\partial x_2}=\dot{\gamma}_0t\tag{4-69}$$

蠕变实验经历较长时间后才会发生形变，因此描述短时间隔形变的式（4-63）不足以计算这种流动形变，但是我们可以把大形变分成一系列 N 个较小的应变：

$$\gamma_{21}(0,t)=\gamma(0,t_1)+\gamma(t_1,t_2)+\cdots+\gamma(t_p,t_{p+1})+\cdots+\gamma[(N-1)\Delta t,t]\tag{4-70}$$

其中 $t_p=p\Delta t$ 和 $\Delta t=t/N$。从 0 到 t 时刻的总形变是所有较小应变之和。每个小应变可以运用式（4-63）和位移函数式（4-68）。首先再进行稳态流动计算。按照定义，稳态剪切流动的位移函数 $u_1(t_p,t_{p+1})$ 经历非常短时间 Δt 后变为，

$$u_1(t_p,t_{p+1})=\Delta t\dot{\gamma}_0x_2\tag{4-71}$$

因此，对于每个小应变，

$$\gamma(t_p,t_{p+1})=\frac{\partial u_1}{\partial x_2}=\Delta t\dot{\gamma}_0\tag{4-72}$$

它依赖于时间。从 0 到 t 时刻间隔后，总应变为

$$\gamma_{21}(0,t)=\sum_{p=0}^{N-1}\gamma_{21}(t_p,t_{p+1})=N\Delta t\dot{\gamma}_0=t\dot{\gamma}_0\tag{4-73}$$

这与我们得到的较短时间间隔的结果相同，而且它对稳态剪切流动也有效。

对于非稳定剪切流动，包括蠕变，由于 $\dot{\gamma}_{21}$ 随时间变化，$\gamma_{21}(0,t)$ 和测量的剪切速率

聚合物加工流变学基础

$\dot{\gamma}_{21}(t)$ 之间的关系比较复杂。除了用剪切速率函数 $\dot{\gamma}_{21}(t)$ 替代恒定的剪切速率 $\dot{\gamma}_0$ 外，位移函数与稳态流动相同 [式(4-71)]。现在考虑从时间 t_1 到 t_2 间隔内的应变一般形式。首先把这段时间分割成 N 个小间隔 Δt，

$$t_p = t_1 + p\Delta t, \quad p = 0,1,2,\cdots,N-1 \tag{4-74}$$

$$u_1(t_p, t_{p+1}) = \Delta t\,\dot{\gamma}_{21}(t_{p+1})x_2 \tag{4-75}$$

用式(4-63)计算每个时间小间隔的应变：

$$\gamma_{21}(t_p, t_{p+1}) = \frac{\partial u_1}{\partial x_2} = \Delta t\,\dot{\gamma}_{21}(t_{p+1}) \tag{4-76}$$

由于 $\dot{\gamma}_{21}(t_{p+1})$ 依赖时间，γ_{21} 也随时间而变化。因此对于非稳定剪切流动，时间 t_1 到 t_2 间隔内大形变为

$$\gamma_{21}(t_1, t_2) = \sum_{p=0}^{N-1} \gamma_{21}(t_p, t_{p+1}) = \sum_{p=0}^{N-1} \Delta t\,\dot{\gamma}_{21}(t_{p+1}) \tag{4-77}$$

当 Δt 趋近于零时，式(4-76)就变为 t_1 和 t_2 间隔内 $\dot{\gamma}_{21}(t')$ 的积分：

$$\gamma_{21}(t_1, t_2) = \lim_{\Delta t \to 0} \sum_{p=0}^{N-1} \Delta t\,\dot{\gamma}_{21}(t_{p+1}) \tag{4-78}$$

和非稳态剪切流动中 $t_1 \sim t_2$ 时刻流体构形相对应变

$$\gamma_{21}(t_1, t_2) = \int_{t_1}^{t_2} \dot{\gamma}_{21}(t')\,\mathrm{d}t' \tag{4-79}$$

这一表达式对非稳态剪切流动有效，例如蠕变。

从式(4-79)可以看出，测量出蠕变实验中依赖时间的瞬态剪切速率 $\dot{\gamma}_{21}(t)$，然后进行积分就可以得剪切应变。转矩锥-板或平行平板实验，记录依赖时间的椎或板的角速度，可直接测量出 $\dot{\gamma}_{21}(t)$。

既然已经有了剪切流动形变度量，接下来将给出剪切蠕变材料函数。蠕变实验规定应力而不是测量应力，材料函数需关联测量的形变与规定的恒应力 τ_0。蠕变材料函数被称为蠕变柔量 $J(t,\tau_0)$：

剪切蠕变柔量 $$J(t,\tau_0) \equiv \frac{\gamma_{21}(0,t)}{-\tau_0} \tag{4-80}$$

测量 $\dot{\gamma}_{21}$ 并用式(4-79)计算就可得到 $\gamma(0,t)$。蠕变柔量曲线 $J(t,\tau_0)$ 有许多特性而且与其他几个与 $J(t,\tau_0)$ 有关的材料函数相关，见图4.18，经过足够长时间后，应变转为随时间线性变化曲线，即流动达到了稳定态。$J(t,\tau_0)$ 的斜率是稳态剪切速率，$\mathrm{d}\gamma_{21}/\mathrm{d}t = \dot{\gamma}_\infty = $ 常量，除以施加的应力 $-\tau_0$，这个比是稳态剪切黏度的倒数。稳态剪切柔量定义为：稳态下特定时刻的柔量函数与 t/η 之差，也就是该时刻稳态流动对柔量函数的贡献，

稳态柔量 $$J_s(\tau_0) = J(t,\tau_0)|_{稳态} - \frac{t}{\eta(\dot{\gamma}_\infty)} \tag{4-81}$$

可以线性外推 $J(t,\tau_0)$ 到 $t=0$ 时刻来计算 $J_s(\tau_0)$，见图4.18。

另外，蠕变实验还经常测量蠕变恢复，它是蠕变形变达到稳态后，在时刻 $t'=0$（设定）时突然去除剪切应力，去除驱动应力后，弹性和黏弹性材料就会弹向初始流动相反的方向，恢复的应变量被称为稳态可恢复剪切应变或回弹应变 $\gamma_r(t')$。注意剪切恢复实验中，由于约束，流动样品在 x_2 方向没有弹性恢复。

$$\Gamma_r(t) \equiv \gamma_{21}(0,t_2) - \gamma_{21}(0,t)$$

$$=\int_0^{t_2}\dot{\gamma}(t'')\,\mathrm{d}t''-\int_0^t\dot{\gamma}(t'')\,\mathrm{d}t''$$

$$=\int_0^{t_2}\dot{\gamma}(t'')\,\mathrm{d}t''-\left[\int_0^{t_2}\dot{\gamma}(t'')\,\mathrm{d}t''-\int_{t_2}^t\dot{\gamma}(t'')\,\mathrm{d}t''\right]$$

$$=-\int_{t_2}^t\dot{\gamma}(t'')\,\mathrm{d}t'' \tag{4-82}$$

按照 t'，即实验开始恢复时刻

$$\gamma_r(t')=-\int_0^{t'}\dot{\gamma}(t'')\,\mathrm{d}t''=-\gamma_{21}(0,t') \tag{4-83}$$

根据回弹应变定义材料函数可恢复柔量$J_r(t',\tau_0)$，可恢复柔量也被称为回弹函数 $R(t',\tau_0)$（见图 4.18）：

可恢复蠕变柔量 $\quad J_r(t',\tau_0)\equiv\dfrac{\gamma_r(t')}{-\tau_0} \qquad (4\text{-}84)$

回弹函数 $\qquad\qquad R(t',\tau_0)=J_r(t',\tau_0) \quad (4\text{-}85)$

可恢复剪切γ_∞是回弹样品达到静止时可恢复的最大应变，由此定义极限回弹函数$R_\infty(\tau_0)$：

可恢复剪切 $\quad \gamma_\infty\equiv\lim_{n\to\infty}\gamma_r(t') \qquad (4\text{-}86)$

极限回弹函数

$$R_\infty(\tau_0)\equiv\lim_{t'\to\infty}R(t',\tau_0)=\frac{\gamma_\infty}{-\tau_0} \quad (4\text{-}87)$$

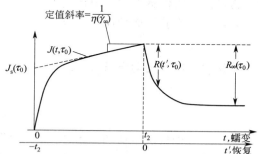

图 4.18 剪切蠕变实验中各种材料
函数之间的关联
所有性能一般都与施加的剪切应力τ_0有关

对于不太大的τ_0，在时间范围内应变$\gamma(t)$ 是可恢复应变γ_r和不可恢复的应变之和，

稳定剪切流动不可恢复剪切应变 $\qquad\qquad \dot{\gamma}_\infty t \tag{4-88}$

其中$\dot{\gamma}_\infty$是蠕变实验中稳态剪切速率。因此线性黏弹性极限，

$$\gamma(t)=\gamma_r(t')+\dot{\gamma}_\infty t \tag{4-89}$$

除以$-\tau_0$得到

$$J(t)=R(t)+\frac{t}{\eta_0} \tag{4-90}$$

式(4-90)可计算实验中的$R(t)$，线性黏弹性柔量$J(t)$和非零剪切黏度η_0可以从实验获得。我们先前定义了稳态柔量$J_s(\tau_0)$，线性黏弹性极限可以写作J_s^0：

$$J(t)\big|_{稳态}=J_s^0+\frac{t}{\eta_0} \tag{4-91}$$

对比上式与式(4-90)可以看出，线性黏弹性极限（用上标 0 表示）、极限回弹都与稳态柔量相等：

$$R(t)\big|_{稳态}=R_\infty^0 \tag{4-92}$$

$$R_\infty^0=J_s^0 \tag{4-93}$$

与控制剪切速率流动相比，蠕变流动有一些重要的优势，更快达到稳态。此外，蠕变恢复实验更深入地研究了黏弹性记忆效应。蠕变的另一个优势是复杂材料往往对施加的应力水平比较敏感而对施加的剪切速率不敏感。蠕变实验中应力保持恒定，这样可以直接确定任何临界应力，而在控制速率的剪切实验中［控制$\dot{\zeta}(t)=\dot{\gamma}_{21}(t)$］，临界应力效应经常被淹没在复杂的瞬态应力和很难解释的速率响应中。

（4）阶梯剪切应变

前面介绍了启动、中止和蠕变三组非稳态剪切材料函数，它们在基本稳态剪切流动中形式都有变化，另外还定义了重要的剪切变形材料函数，这个函数与剪切流动关系不密切。本节讨论阶梯应变实验。

聚合物和其他一些黏弹性材料有一种有趣的性能，就是它们具有部分记忆效应，即黏弹性材料产生的应力并不立即松弛，而是随时间衰减。衰减时间就是流体的记忆时间或松弛时间。为了研究松弛时间，最常见进行剪切流动的阶梯应变实验。在锥板或平行板内，快速转动平板一角度，平行板间静止样品突然受到短时 ε 较大恒定的剪切速率作用［见图 4.15（e）］，记录转动平板产生的依赖时间应力。快速移动滑板流变仪平板一段距离，也会产生这种流动，通过嵌装的传感器测量剪切应力。

阶梯应变实验的剪切速率函数为

阶梯剪切应变运动学量

$$\dot{\zeta}(t)=\lim_{\varepsilon \to 0}\begin{cases} 0 & t<0 \\ \dot{\gamma}_0 & 0 \leqslant t<\varepsilon \\ 0 & t \geqslant \varepsilon \end{cases} \qquad (4\text{-}94)$$

$$\dot{\gamma}_0 \varepsilon = 常量$$

极限表示尽可能快发生剪切。条件 $\dot{\gamma}_0 \varepsilon =$ 常量与剪切应变大小相关。

前面的蠕变讨论中定义了剪切应变。一般剪切流动（稳态或非稳态）：

$$\gamma_{21}(t_{\text{ref}},t)=\int_{t_{\text{ref}}}^{t} \dot{\gamma}_{21}(t') \, \mathrm{d}t' \qquad (4\text{-}95)$$

如果我们对上式两边取时间导数，应用莱布尼茨法则，得到

剪切应变和应变速率之间关系

$$\frac{\mathrm{d}\gamma(t_{\text{ref}},t)}{\mathrm{d}t}=\dot{\gamma}_{21}(t) \qquad (4\text{-}96)$$

因此，剪切速率分量 $\dot{\gamma}_{21}(t)$ 是应变 $\gamma_{21}(t_{\text{ref}},t)$ 对时间的导数，这是剪切速率 $\dot{\gamma}_{21}(t)$ 中加点的原因，它也是微分方程教程中表示时间导数常用符号。

阶梯应变实验应变计算［式（4-95）］非常简单。参考时间取 $t_{\text{ref}}=-\infty$，时间小于零没有流动发生，所以应变为零，应变的积分也就为零。时间大于零，应变的积分不为零：

$$\gamma_{21}(t)=\int_{-\infty}^{t} \dot{\gamma}_{21}(t') \, \mathrm{d}t' = \int_{-\infty}^{0} 0\mathrm{d}t' + \int_{0}^{\varepsilon} \dot{\gamma}_0 \mathrm{d}t' + \int_{\varepsilon}^{t} 0\mathrm{d}t' = \dot{\gamma}_0 \varepsilon \equiv \gamma_0 \qquad (4\text{-}97)$$

从中可以看出阶梯实验的阶梯：流动与 $t=0$ 时刻快速施加的固定应变 $\gamma_0 \equiv \dot{\gamma}_0 \varepsilon$ 有关。

根据 γ_0，规定的剪切速率函数 $\dot{\zeta}(t)$ 变为：

$$\dot{\zeta}(t)=\lim_{\varepsilon \to 0}\begin{cases} 0 & t<0 \\ \dot{\gamma}_0 & 0 \leqslant t<\varepsilon \\ 0 & t \geqslant \varepsilon \end{cases}$$

$$=\gamma_0 \lim_{\varepsilon \to 0}\begin{cases} 0 & t<0 \\ \dfrac{1}{\varepsilon} & 0 \leqslant t<\varepsilon \\ 0 & t \geqslant \varepsilon \end{cases} \qquad (4\text{-}98)$$

与 γ_0 相乘的部分是标准数学函数，不对称脉冲或 delta 函数 $\delta_+(t)$：

不对称 delta 函数
$$\delta_+(t) \equiv \lim_{\varepsilon \to 0} \begin{cases} 0 & t<0 \\ \dfrac{1}{\varepsilon} & 0 \leqslant t < \varepsilon \\ 0 & t \geqslant \varepsilon \end{cases} \tag{4-99}$$

和
$$\int_{-\infty}^{+\infty} \delta_+(t)\,\mathrm{d}t = 1 \tag{4-100}$$

因此有
$$\dot{\zeta}(t) = \gamma_0 \delta_+(t) \tag{4-101}$$

应变函数 $\gamma_{21}(-\infty,t)$ 也可以按标准数学函数表示，单位阶跃函数，海维赛德函数 $H(t)$：

$$\gamma_{21}(-\infty,t) = \int_{-\infty}^{t} \gamma_0 \delta_+(t')\,\mathrm{d}t' = \begin{cases} 0 & t<0 \\ \gamma_0 & t \geqslant 0 \end{cases} = \gamma_0 H(t) \tag{4-102}$$

和　单位阶跃函数
$$H(t) \equiv \begin{cases} 0 & t<0 \\ 1 & t \geqslant 0 \end{cases} \tag{4-103}$$

对非牛顿流体施加阶梯应变，剪切和法向应力应力松弛之后快速增加。阶跃应变实验材料函数基于模量概念而不是黏度。模量是应力与应变的比值，对弹性材料非常有用的一个概念。

下面给出阶梯剪切应变函数实验的材料函数。一般 γ_0 可以为正或负，取决于所选的坐标系。我们选择使 γ_0 为正的坐标系。

松弛模量
$$G(t,\gamma_0) \equiv \frac{-\tau_{21}(t,\gamma_0)}{\gamma_0} \tag{4-104}$$

第一法向应力阶跃剪切松弛模量
$$G_{\Psi_1}(t,\gamma_0) \equiv \frac{-(\tau_{11}-\tau_{22})}{\gamma_0^2} \tag{4-105}$$

第二法向应力阶跃剪切松弛模量
$$G_{\Psi_2}(t,\gamma_0) \equiv \frac{-(\tau_{22}-\tau_{33})}{\gamma_0^2} \tag{4-106}$$

因为 $G_{\Psi_2}(t,\gamma_0)$ 数值很小而且需要专门仪器测量，故很少测量 $G_{\Psi_2}(t,\gamma_0)$。注意阶跃剪切实验的材料函数是时间函数，阶跃应变幅值为 γ_0。对于小应变，或称作线性黏弹性范围，$G(t,\gamma_0)$ 和 $G_{\Psi_1}(t,\gamma_0)$ 是独立应变，$G(t,\gamma_0)$ 写作 $G(t)$。有研究表明，通过衰减函数 $h(\gamma_0)$，高应变数据与 $G(t)$ 有关：

$$h(\gamma_0) \equiv \frac{G(t,\gamma_0)}{G(t)} \tag{4-107}$$

它是唯一不依赖时间的函数 $h(\gamma_0)$。

（5）小幅振荡剪切

这里要介绍的最后一组非稳态材料函数是广泛使用的复杂流体材料函数，它的剪切速率函数 $\dot{\zeta}(t)$ 是周期性余弦函数［见图 4.15(f)］，不依赖于时间，这种流动被称作小幅振荡剪切（SAOS）：

SAOS 运动学特性量
$$\vec{v} = \begin{bmatrix} \dot{\zeta}(t)x_2 \\ 0 \\ 0 \end{bmatrix}_{123} \tag{4-108}$$

$$\dot{\zeta}(t) = \dot{\gamma}_0 \cos\omega t$$

ω 为余弦函数的频率，rad/s；$\dot{\gamma}_0$ 是恒定剪切速率函数。锥板或平行板转矩流变仪中可实现这种流动，见图 4.2。在剪切蠕变中，小剪切应变可以写成

$$\gamma_{21} = \frac{\Delta u_1}{\Delta x_2} \tag{4-109}$$

如果 $b(t)$ 为上板位移，依赖于时间，h 为板间距，那么小应变为

$$\gamma_{21}(0,t) = \frac{b(t)}{h} \tag{4-110}$$

因此 $b(t)$ 与应变有关，利用式(4-95)，由应变速率计算出应变值：

$$\gamma_{21}(0,t) = \int_0^t \dot{\gamma}_{21}(t')\,\mathrm{d}t' = \int_0^t \dot{\gamma}_0 \cos\omega t'\,\mathrm{d}t' = \frac{\dot{\gamma}_0}{\omega}\sin\omega t = \gamma_0\sin\omega t \tag{4-111}$$

其中 $\gamma_0 = \dot{\gamma}_0/\omega$ 是应变的幅度。注意积分下限选为零，即取 $t=0$ 时应变状态为参考状态。因此板壁面运动是正弦函数，$b(t) = h\gamma_0\sin\omega t$，（见图 4.19），板壁面以正弦曲线方式运动虽不能保证产生式(4-108)那样的剪切流速度场，但可以证明足够低的频率或高粘度会产生线性速度场。

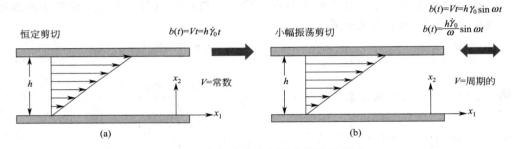

图 4.19 如何产生小幅振荡剪切示意图

一个样品小幅度应变时，应力将产生与输入应变波同样的正弦波，但是通常与输入的应变不同相：

$$-\tau_{21}(t) = \tau_0 \sin(\omega t + \delta) \tag{4-112}$$

其中量 δ〔不要与非对称脉冲函数 $\delta_+(t)$ 混淆〕是应变波和应力响应之间的相位差。

SAOS 材料函数输出的正弦剪切应力，利用三角恒等式展开前述表达式。

$$\begin{aligned}
-\tau_{21}(t) &= \tau_0 \sin(\omega t + \delta) \\
&= \tau_0(\sin\omega t \cos\delta + \sin\delta\cos\omega t) \\
&= (\tau_0\cos\delta)\sin\omega t + (\tau_0\sin\delta)\cos\omega t
\end{aligned} \tag{4-113}$$

以这种方式分离剪切应力，我们看到部分应力波与应变同相（即正比于 $\sin\omega t$），部分应力波与应变速率同相（即正比于 $\cos\omega t$）。

式(4-113) 所描述的 SAOS 应力响应包括两个部分，类牛顿（正比于 $\dot{\gamma}_{21}$）部分和弹性（正比于 γ_{21}）部分。因此 SAOS 实验是探索黏弹材料的理想实验。

SAOS 材料函数包括储能模量 $G'(\omega)$ 和损耗模量 $G''(\omega)$，二者定义如下：

SAOS 材料函数 $$\frac{-\tau_{21}}{\gamma_0} = G'\sin\omega t + G''\cos\omega t \tag{4-114}$$

储能模量
$$G'(\omega) \equiv \frac{\tau_0}{\gamma_0}\cos\delta \qquad (4\text{-}115)$$

损耗模量
$$G''(\omega) \equiv \frac{\tau_0}{\gamma_0}\sin\delta \qquad (4\text{-}116)$$

G' 等于与应变波同相的应力波除以应变。与 G' 类似，G'' 定义为与应变波不同相的应力除以应变。

SAOS 中，牛顿流体响应与应变速率完全同步，$G'=0$ 和 $\eta'=G''/\omega=\mu$，胡克弹性固体的剪切应力响应与应变完全同步，$G'=G$ 和 $G''=0$。对于黏弹性材料，$G'(\omega)$ 和 $G''(\omega)$ 不为零，一般是频率的函数。

还有与 G' 和 G'' 相关的其他几个函数，尽管在前面的两个动力学模量中没有出现，但在流变学领域也使用，这些函数的概括见表 4.2 中。由于与材料弹性储能有关，G' 和 J' 分别被称为储能模量和储能柔量。由于与流体黏性响应有关，G'' 和 J'' 分别称为黏性损耗模量和黏滞损失柔量。

表 4.2　按储能模量 G' 和损耗模量 G'' 定义的小振幅剪切材料函数

复数模量大小	$\lvert G^* \rvert = \sqrt{G'^2 + G''^2}$
损耗因子	$\tan\delta = \dfrac{G''}{G'}$
动态黏度	$\eta' = \dfrac{G''}{\omega}$
η^* 异相位分量	$\eta'' = \dfrac{G'}{\omega}$
复数黏度大小	$\lvert \eta^* \rvert = \sqrt{\eta'^2 + \eta''^2}$
复数柔量大小	$\lvert J^* \rvert = \dfrac{1}{\lvert G^* \rvert}$
储能柔量	$\lvert J' \rvert = \dfrac{1/G'}{1 + \tan^2\delta}$
损耗柔量	$\lvert J'' \rvert = \dfrac{1/G''}{1 + (\tan^2\delta)^{-1}}$

4.5.2　拉伸流动的材料函数

所有拉伸流动材料函数的定义都是以其速度场为基础：

$$\vec{v} = \begin{Bmatrix} -\dfrac{1}{2}\dot{\epsilon}(t)(1+b)x_1 \\[2mm] -\dfrac{1}{2}\dot{\epsilon}(t)(1-b)x_2 \\[2mm] \dot{\epsilon}(t)x_3 \end{Bmatrix}_{123} \qquad (4\text{-}117)$$

改变函数 $\dot{\epsilon}(t)$ 和参数 b 可以表示不同流动。

正如前面所述，拉伸流动可测量不可压缩流体两个与应力相关的量：$\tau_{33}-\tau_{11}$ 和 $\tau_{22}-\tau_{11}$。产生拉伸流动很难，而且拉伸流场内测量应力也非常具有挑战性。一些拉伸几何内可以直接测量驱动应力，例如伸长样品末端的作用力；许多拉伸测量中使用流动双折射，流动双折射是与应力成正比的光学性质，许多聚合物都显示具有这种性质；有时用录像标记流动粒子，然后利用计算机软件分析图像，测量拉伸应变。

4.5.2.1 稳定拉伸

稳定拉伸流动［单轴，双轴，平面］的运动学描述：

稳定拉伸运动学量

$$\dot\epsilon(t)=\dot\epsilon_0=常量 \tag{4-118}$$

这样拉伸流动定义的两个材料函数——两个拉伸黏度都是以测量的恒定法向应力差为基础。所有流体的单轴和双轴拉伸，基于 $\tau_{22}-\tau_{11}$ 的拉伸黏度都为零，平面拉伸流动有两个非零拉伸黏度。

单轴拉伸（$b=0$，$\dot\epsilon_0>0$）

$$\vec v=\begin{bmatrix}-\dfrac{1}{2}\dot\epsilon_0 x_1\\[2mm]-\dfrac{1}{2}\dot\epsilon_0 x_2\\[2mm]\dot\epsilon_0 x_3\end{bmatrix}_{123}\quad \dot\epsilon_0>0 \tag{4-119}$$

单轴拉伸黏度

$$\dot\eta(\dot\epsilon_0)\equiv\frac{-(\tau_{33}-\tau_{11})}{\dot\epsilon_0} \tag{4-120}$$

双轴拉伸（$b=0$，$\dot\epsilon_0<0$）：

$$\vec v=\begin{bmatrix}-\dfrac{1}{2}\dot\epsilon_0 x_1\\[2mm]-\dfrac{1}{2}\dot\epsilon_0 x_2\\[2mm]\dot\epsilon_0 x_3\end{bmatrix}_{123}\quad \dot\epsilon_0<0 \tag{4-121}$$

双轴拉伸黏度

$$\dot\eta_B(\dot\epsilon_0)\equiv\frac{-(\tau_{33}-\tau_{11})}{\dot\epsilon_0} \tag{4-122}$$

平面拉伸（$b=1$，$\dot\epsilon_0>0$）：

$$\vec v=\begin{bmatrix}-\dot\epsilon_0 x_1\\[2mm]0\\[2mm]\dot\epsilon_0 x_3\end{bmatrix}_{123}\quad \dot\epsilon_0>0 \tag{4-123}$$

第一平面拉伸黏度

$$\dot\eta_{P_1}(\dot\epsilon_0)\equiv\frac{-(\tau_{33}-\tau_{11})}{\dot\epsilon_0}=\dot\eta_P(\dot\epsilon_0) \tag{4-124}$$

第二平面拉伸黏度

$$\dot\eta_{P_2}(\dot\epsilon_0)\equiv\frac{-(\tau_{22}-\tau_{11})}{\dot\epsilon_0} \tag{4-125}$$

因为需要粒子变形速率非常快，取得稳定拉伸流动很困难，所以很少能得到这种重要流动的可靠数据。

与剪切应变定义相类似，拉伸流动的应变 ϵ 定义如下：

拉伸应变

$$\epsilon(t_{ref},t)\equiv\int_{t_{ref}}^{t}\dot\epsilon(t')\mathrm{d}t' \tag{4-126}$$

稳定拉伸流动，$\dot\epsilon(t')=\dot\epsilon_0$，拉伸应变积分限为从 $t_{ref}=0$ 到当前时刻 t，得到

Hencky 应变

$$\epsilon=\dot\epsilon_0 t=\ln\frac{l}{l_0} \tag{4-127}$$

上式中应用了式（4-25）。这里的 Hencky 应变不同于与拉伸比 l/l_0，后者用于测量金属和其他固体材料应变。

4.5.2.2 非稳定拉伸

拉伸应力增长实验与稳态拉伸流动具有同样的实验难度。稳态拉伸启动流动运动学定义为，

稳态单轴拉伸启动运动学量 $\quad \vec{v} = \begin{Bmatrix} -\dfrac{1}{2}\dot{\epsilon}(t)(1+b)x_1 \\[2mm] -\dfrac{1}{2}\dot{\epsilon}(t)(1-b)x_2 \\[2mm] \dot{\epsilon}(t)x_3 \end{Bmatrix}_{123}$

$$\dot{\epsilon}(t) = \begin{cases} 0 & t<0 \\ \dot{\epsilon}_0 & t\geq 0 \end{cases} \tag{4-128}$$

稳态拉伸启动材料函数定义与稳态剪切启动类似，定义见表 4.3。

据稳态拉伸定义可以定义许多应力衰减函数，但是实际上，从没有实现过稳态拉伸实验，所以定义这样的材料函数也无用。

表 4.3　启动稳定拉伸的材料函数定义

单轴拉伸应力增长系数　（$b=0,\dot{\epsilon}_0>0$）	$\tilde{\eta}^+(t,\dot{\epsilon}_0) \equiv \dfrac{-(\tau_{33}-\tau_{11})}{\dot{\epsilon}_0}$
双轴拉伸应力增长系数　（$b=0,\dot{\epsilon}_0<0$）	$\tilde{\eta}_B^+(t,\dot{\epsilon}_0) \equiv \dfrac{-(\tau_{33}-\tau_{11})}{\dot{\epsilon}_0}$
平面拉伸应力增长系数　（$b=1,\dot{\epsilon}_0>0$）	$\tilde{\eta}_{P_1}^+(t,\dot{\epsilon}_0)=\tilde{\eta}_P^+(t,\dot{\epsilon}_0) \equiv \dfrac{-(\tau_{33}-\tau_{11})}{\dot{\epsilon}_0}$ $\tilde{\eta}_{P_2}^+(t,\dot{\epsilon}_0) \equiv \dfrac{-(\tau_{22}-\tau_{11})}{\dot{\epsilon}_0}$

4.5.2.3 拉伸蠕变

如果以恒定的拉伸应力 σ_0 代替恒定的拉伸速率 $\dot{\epsilon}_0$ 驱动流动，这种流动就被称为拉伸蠕变。在圆柱状样品上悬挂重物可以产生拉伸蠕变，像剪切蠕变那样，用应变表示测量样品的形变，如长度变化。拉伸蠕变运动学定义为

拉伸蠕变运动学量 $\quad \tau_{33}-\tau_{11} = \begin{cases} 0 & t<0 \\ \sigma_0=常量 & t\geq 0 \end{cases}$　$\qquad(4\text{-}129)$

材料函数拉伸柔量 $D(t,\sigma_0)$ 定义：

拉伸蠕变柔量 $\qquad\qquad D(t,\sigma_0) \equiv \dfrac{\epsilon(0,t)}{-\sigma_0}$　$\qquad\qquad(4\text{-}130)$

其中拉伸应变 ϵ，根据测量的长度变化和其定义［见式（4-126）］计算，长度变化是时间函数。

自由回弹实验可以得到拉伸形变后一些松弛信息，材料可以在三个方向松弛，收缩量可以用回弹应变表示，这是材料弹性的象征，也是材料弹性大小的一个指标：

可恢复拉伸应变极限 $\qquad\qquad \epsilon_r = \ln\left[\dfrac{l(t_\infty)}{l(0)}\right]$　$\qquad\qquad(4\text{-}131)$

其中 $l(0)$ 是样品在时刻 $(t=0)$ 的长度，$l(t_\infty)$ 是样品完全松弛后的长度。

4.5.2.4 阶梯拉伸应变

可以在拉伸流动下进行阶梯应变实验，特别是润滑挤压实验可以合理测量阶梯双轴拉伸。阶梯伸长运动学量与阶梯剪切实验的运动学量相类似：

阶梯拉伸应变运动学量
$$\vec{v}=\begin{pmatrix}-\dfrac{1}{2}\dot{\epsilon}(t)(1+b)x_1\\-\dfrac{1}{2}\dot{\epsilon}(t)(1-b)x_2\\\dot{\epsilon}(t)x_3\end{pmatrix}_{123}\tag{4-132}$$

$$\dot{\epsilon}(t)=\lim_{\epsilon\to0}\begin{cases}0&t<0\\\dot{\epsilon}_0&0\leq t<\epsilon\\0&t\geq\epsilon\end{cases}$$

$$\dot{\epsilon}_0\epsilon=\epsilon_0=常量$$

ϵ_0 是施给流体的拉伸应变。

这些流动的材料函数是拉伸松弛模量 $E(t,\epsilon_0)$。单轴或双轴拉伸有一个非零阶梯拉伸模量，而平面拉伸流动有两个这样模量。和阶梯剪切一样，阶梯拉伸松弛模量被定义为应力与应变测量量之比。按照惯例，应变不是测量简单的拉伸应变 ϵ_0，而是应变张量两个分量之差，这个应变张量被称为 Finger 应变张量 $\underline{C}^{-1}$。Finger 应变张量将在后面章节中定义和介绍。阶梯拉伸流动中，Finger 张量的相关分量为

单轴阶梯拉伸松弛模量
$$E(t,\epsilon_0)=\frac{-(\tau_{33}-\tau_{11})}{C_{33}^{-1}-C_{11}^{-1}}=\frac{-(\tau_{33}-\tau_{11})}{e^{2\epsilon_0}-e^{-\epsilon_0}}\tag{4-133}$$

双轴阶梯拉伸松弛模量
$$E_B(t,\epsilon_0)=\frac{-(\tau_{33}-\tau_{11})}{C_{33}^{-1}-C_{11}^{-1}}=\frac{-(\tau_{33}-\tau_{11})}{e^{2\epsilon_0}-e^{-\epsilon_0}}\tag{4-134}$$

平面阶梯拉伸松弛模量
$$E_{P_1}(t,\epsilon_0)=\frac{-(\tau_{33}-\tau_{11})}{C_{33}^{-1}-C_{11}^{-1}}=\frac{-(\tau_{33}-\tau_{11})}{e^{2\epsilon_0}-e^{-\epsilon_0}}\tag{4-135}$$

$$E_{P_2}(t,\epsilon_0)=\frac{-(\tau_{22}-\tau_{11})}{C_{22}^{-1}-C_{11}^{-1}}=\frac{-(\tau_{22}-\tau_{11})}{1-e^{2\epsilon_0}}$$

对于双轴拉伸的研究，有时用双轴伸长应变 $\epsilon_B=-\epsilon_0/2$ 替代 ϵ_0。

4.5.2.5 小幅振荡拉伸

以振荡模式挤压两小平板间的样品就可以对拉伸流动施加小幅振荡形变，如微分机械分析仪（DMA）就具有这种几何形状。像小幅振荡剪切（SAOS）一样，如果小幅振荡拉伸（SAOE）的振幅足够小，输出的应力与输入的形变就具有相同的振荡频率。由于振荡和不断改变方向，SAOE 流动具有单轴和双轴拉伸。

这种流动运动学量为

SAOE 运动学量
$$\vec{v}(t)=\begin{pmatrix}-\dfrac{1}{2}\dot{\epsilon}(t)x_1\\-\dfrac{1}{2}\dot{\epsilon}(t)x_2\\\dot{\epsilon}(t)x_3\end{pmatrix}_{123}\tag{4-136}$$

$$\dot{\epsilon}_0(t) = \epsilon_0 \cos\omega t$$

因此这种流动的形变张量速率为

$$\underline{\dot{\gamma}}(t) = \begin{bmatrix} -\dot{\epsilon}_0 \cos\omega t & 0 & 0 \\ 0 & -\dot{\epsilon}_0 \cos\omega t & 0 \\ 0 & 0 & 2\dot{\epsilon}_0 \cos\omega t \end{bmatrix}_{123} \tag{4-137}$$

积分形变速率 $\dot{\epsilon}(t)$，可以计算 $t_{\mathrm{ref}} = 0$ 和当前时刻 t 之间的应变：

$$\dot{\epsilon}(t) = \dot{\epsilon}_0 \cos\omega t \tag{4-138}$$

$$\epsilon(0,t) = \int_0^t \dot{\epsilon}_0 \cos\omega t' \mathrm{d}t' = \frac{\dot{\epsilon}_0}{\omega}\cos\omega t = \epsilon_0 \sin\omega t \tag{4-139}$$

其中 $\epsilon_0 = \dot{\epsilon}_0/\omega$。

为了分析这种流动，假定该流动的应力张量三个非零分量以同样方式相互关联，形变速率张量的三个非零分量也相互关联。假定 $\underline{\tau}$ 形式

$$\underline{\tau} = \begin{bmatrix} \tau_{11} & 0 & 0 \\ 0 & \tau_{11} & 0 \\ 0 & 0 & -2\tau_{11} \end{bmatrix}_{123} \tag{4-140}$$

SAOE 实验知，材料形变速率很小时，这个假设合理。

对于小形变和小形变速率，SAOE 流动中产生的应力是时间的振荡函数，与输入形变波频率相同，通常，该应力与形变速率 $\dot{\epsilon}(t) = \dot{\epsilon}_0 \cos\omega t$ 和形变 $\epsilon(0, t) = \epsilon_0 \sin\omega t$ 异相。如果我们指定应力和应变之间的相位差为 δ，应力的 11 分量可以表达为

$$\tau_{11}(t) = \tau_0 \sin(\omega t + \delta) \tag{4-141}$$

其中 τ_0 是 τ_{11} 的大小，δ 是 τ_{11} 和应变波 $\epsilon(0,t)$ 之间的相差。所有 SAOE 材料函数应力差都是基于 $\tau_{33} - \tau_{11}$：

$$\tau_{33} - \tau_{11} = -2\tau_{11} - \tau_{11} = -3\tau_{11} \tag{4-142}$$

按照 SAOS 的方法定义这种流动的材料函数。用三角恒等式展开 $\tau_{33} - \tau_{11}$ 得到

$$-(\tau_{33} - \tau_{11}) = 3\tau_0 \sin(\omega t + \delta) = 3\tau_0(\sin\omega t \cos\delta + \cos\omega t \sin\delta) \tag{4-143}$$

SAOE 材料函数定义为

SAOE 材料函数

$$\frac{-(\tau_{33} - \tau_{11})}{\epsilon_0} = E'\sin\omega t + E''\cos\omega t \tag{4-144}$$

拉伸储能模量

$$E'(\omega) = \frac{3\tau_0}{\epsilon_0}\cos\delta \tag{4-145}$$

拉伸损耗模量

$$E''(\omega) = \frac{3\tau_0}{\epsilon_0}\sin\delta \tag{4-146}$$

利用线性黏弹性本构方程，可以表现出 SAOE 动态模量 E' 和 E'' 与 SAOS 的动态模量 G' 和 G'' 关联如下：

$$E' = 3G' \tag{4-147}$$

$$E'' = 3G'' \tag{4-148}$$

从实验数据上，由于产生拉伸流动的困难，剪切流变数据量远超过拉伸流动实验数据量。

第5章 广义牛顿流体本构方程

本章介绍描述广义牛顿流体（非牛顿流体）本构方程。本构方程，又称状态方程，是描述一类材料所遵循的与材料结构属性相关联的力学响应规律的方程。不同材料的本构方程不同，如牛顿流体的本构方程（$\underset{=}{\tau} = -\mu\dot{\gamma}$），胡克弹性体行为本构方程（$\underset{=}{\tau} = G\gamma$）。高聚物熔体或熔液属于非牛顿流体，具有黏弹特性，在稳态低剪切速率下，力学响应瞬时发生，但对稳定流动施加高剪切速率时，流体的弹性效应起着重要作用，其响应规律与形变历史相关联。所以聚合物熔体或溶液的外界力学条件不同，响应规律不同。非牛顿流体的本构方程可分为无记忆效应和有记忆效应两类。

关于本构方程建立的基本方法有唯象法和分子论方法。唯象法，以反复实验法为基础建立本构方程；分子论法，即严谨的分子模型法，这种方法从研究系统的物理和化学结构入手，利用物理定律建立相互作用的粒子模型，根据第一原理推导出本构方程。但分子模型法的实际应用存在一定困难，流变学系统中，如聚合物、凝胶、悬浮液和其他混合物，粒子间相互作用非常复杂，即使用现代手段也很难对比较简单的系统如聚合物溶液或熔体进行流变学计算。相对而言，唯象法本构方程虽不是以分子结构信息为基础得出的方程，方程结果也不完全令人满意，但是简单实用，而且构建出本构建模的框架，包括了分子建模方法、现代热力学和随机方法。

关于本构方程的有效性，运用本构方程预测所观察到的流体实际行为，尤其根据黏度与剪切速率曲线的形状来判定本构方程的有效性。

本章从建立所有本构方程应遵循的基本限制性要求开始，介绍无记忆的简单本构方程和有记忆效应的本构方程，并结合一些计算实例，最后讨论模型的局限。

5.1 本构方程的基本约束

本构建模是寻找应力张量与形变函数之间合适的表达式，使之与所观察到的材料行为相符合，然后联立连续性方程、运动方程以及能量方程求解流动问题。本构方程有效性和实用性的最终度量是它预测结果与观察到的行为之间的匹配程度。然而，成功的本构方程一定要满足一些物理和数学约束，这些约束是确保方程具有数学意义的基本准则。本构方程的基本约束包括如下：

① 应力是二阶张量。应力总是有两个方向，一个是应力方向，一个是应力作用面的法向方向，所以本构方程各项也应为二阶张量，即本构方程的所有项一定有两个方向。这是第

一个而且最容易满足的约束。

② 应力不依赖于坐标系。本构方程必须不随坐标变化，即本构方程中函数变量值一定不能随坐标变化。例如，矢量和张量的系数在不同坐标系下不同，因此矢量和张量在一特定的坐标系下的系数就不能出现在本构函数中。只有标量函数可以出现在本构方程中，因为标量函数是不变量的函数。例如，只有矢量的大小或二阶张量的三个标量不变量可以出现在本构方程中。

③ 对于大多数材料以及一般聚合物熔体和溶液，应力张量是对称张量。本构方程预测的应力张量一定为对称张量。前面已经看到，张量与它的转置矩阵相加或相乘，结果仍为对称张量。这一点在构造本构方程时非常有用。

④ 材料对所施加应力或形变的响应，不随观察者的不同而变化，这是材料的客观性要求。例如小孩坐在旋转木马上吹气球，数学描述气球的形变一定不依赖于观察者是坐在旋转木马上或站在地面上所建立的方程，也即本构方程不依观察者的位置而改变。

如果需要建立预测材料某些特殊行为本构方程，也可采用这里没有概述的约束。除了以上所有材料都遵循的经验规则外，流变学研究者个人可以选择使用某一项材料特别行为的约束来建立本构方程。

5.2　无记忆效应的广义牛顿流体（GNF）

第一组非牛顿流体本构方程，即无记忆广义牛顿流体本构方程，属于经验型方程，它们是根据假设和观察到的材料行为提出的本构方程，这些方程都遵守本构方程的基本约束。如果要使用特定的本构方程，需了解这些本构方程的来源、预测结果和使用限定。

广义牛顿流体（GNF）本构方程由不可压缩牛顿流体本构方程推出，

牛顿本构方程
$$\underline{\underline{\tau}}=-\mu\dot{\underline{\underline{\gamma}}} \tag{5-1}$$

牛顿方程预测稳态剪切恒定黏度材料，对于黏度不是常量的非牛顿流体材料，需要修改黏度：

广义牛顿流体本构方程
$$\underline{\underline{\tau}}=-\eta(\dot{\gamma})\dot{\underline{\underline{\gamma}}} \tag{5-2}$$

其中 $\eta(\dot{\gamma})$ 是标量函数，$\dot{\gamma}=|\dot{\underline{\underline{\gamma}}}|$。

GNF 本构方程［方程（5-2）］是张量方程，因此满足本构方程基本约束的第一条准则。由于方程包括标量函数 $\eta(\dot{\gamma})$，与对称张量 $[\dot{\underline{\underline{\gamma}}}=\nabla\vec{v}+(\nabla\vec{v})^T]$ 相乘得到对称张量 $\underline{\underline{\tau}}$，因为它只是张量 $\dot{\underline{\underline{\gamma}}}$ 和不变标量的函数，故它是坐标不变量。GNF 本构方程中出现的唯一标量变量是 $\dot{\gamma}$，它与 $\dot{\underline{\underline{\gamma}}}$ 的第二不变量有关，前述 $\dot{\gamma}=|\dot{\underline{\underline{\gamma}}}|$ 被定义为正量，因为在其大小定义中取正平方根。

实例　计算广义牛顿流体的稳态剪切函数，即黏度 $\eta(\dot{\gamma})$ 和法向应力系数 $\Psi_1(\dot{\gamma})$ 和 $\Psi_2(\dot{\gamma})$。

解：稳态剪切流动运动学物理量，

$$\vec{v}=\begin{bmatrix}\dot{\zeta}(t)x_2\\0\\0\end{bmatrix}_{123},\dot{\zeta}(t)=\dot{\gamma}_0=常量 \tag{5-3}$$

因此 $\underline{\underline{\dot{\gamma}}}$ 为
$$\underline{\underline{\dot{\gamma}}} = \nabla \vec{v} + (\nabla \vec{v})^T = \begin{vmatrix} 0 & \dot{\gamma}_0 & 0 \\ \dot{\gamma}_0 & 0 & 0 \\ 0 & 0 & 0 \end{vmatrix}_{123} \tag{5-4}$$

其中 $\dot{\gamma}_0$ 可以为正或负值。在 GNF 本构方程中代入运动学量得到

$$\underline{\underline{\tau}} = -\eta(\dot{\gamma})\underline{\underline{\dot{\gamma}}} = \begin{vmatrix} 0 & -\eta(\dot{\gamma})\dot{\gamma}_0 & 0 \\ -\eta(\dot{\gamma})\dot{\gamma}_0 & 0 & 0 \\ 0 & 0 & 0 \end{vmatrix}_{123} \tag{5-5}$$

因此 GNF 模型预测出 $\underline{\underline{\tau}}$ 的两个非零分量，且这两个分量相等。根据稳态剪切材料函数定义，可以计算广义牛顿流体材料函数 $\eta(\dot{\gamma})$，$\Psi_1(\dot{\gamma})$ 和 $\Psi_2(\dot{\gamma})$。

$$\eta \equiv \frac{-\tau_{21}}{\dot{\gamma}_0} = \eta(\dot{\gamma}) \tag{5-6}$$

$$\Psi_1(\dot{\gamma}) \equiv \frac{-(\tau_{11} - \tau_{22})}{\dot{\gamma}_0^2} = 0 \tag{5-7}$$

$$\Psi_2(\dot{\gamma}) \equiv \frac{-(\tau_{22} - \tau_{33})}{\dot{\gamma}_0^2} = 0 \tag{5-8}$$

因此 GNF 方程中标量函数 $\eta(\dot{\gamma})$ 等于稳态剪切黏度。同时看出，和牛顿本构方程一样，GNF 本构方程预测稳态剪切流动的材料函数 $\Psi_1 = \Psi_2 = 0$。

由于 GNF 模型中的函数形式 $\eta(\dot{\gamma})$ 还没有规定具体形式，所以上述 GNF 模型是一般模型。下面将介绍 $\eta(\dot{\gamma})$ 的三个模型：幂律模型，Carreau-Yasuda 模型和 Bingham 模型。其他一些 η 函数形式可以参看有关文献或从流动模拟软件中找到。

（1）幂律模型

幂律或 Ostwal-de-Waele 模型，黏度函数与剪切速率 $\dot{\gamma}$ 的指数幂成正比：

黏度幂律模型（GNF） $\qquad\qquad \eta(\dot{\gamma}) = m\dot{\gamma}^{n-1} \tag{5-9}$

幂律方程有两个与实验数据拟合参数。一个参数是 $\dot{\gamma}$ 的指数 $n-1$，它是 $\log\eta$ 与 $\log\dot{\gamma}$ 曲线的斜率。另一个参数是 m，称作稠度；$\log m$ 是 $\log\eta$-$\log\dot{\gamma}$ 曲线在 y 轴截距，m 与黏度的大小有关。幂律模型两个参数的单位可以从方程（5-9）推出，m，单位为 $\mathrm{Pa \cdot s}^n$；n：无量纲。由于模型中有量纲量 $\dot{\gamma}$ 有小数指数，所以黏度结果中有非一般单位的量。

幂律模型也可以描述牛顿流体，这时，$m = \mu$ 和 $n = 1$（参见图 5.1）。当 $n > 1$ 时，$\log\eta$-$\log\dot{\gamma}$ 曲线倾斜向上，这种材料被称为膨胀性或剪切增稠流体，随着剪切增加，稠度增加。当 $n < 1$ 时，$\log\eta$-$\log\dot{\gamma}$ 曲线倾斜向下，这种材料行为被称为剪切变稀（参见图 5.1）。注意幂律模型中，$\log\eta$-$\log\dot{\gamma}$ 曲线的斜率对于给定材料是一个常量。因此这个模型不能描述低剪切速率下具有牛顿平台的材料黏度，也不能描述高速率下的黏度。

幂律 GNF 模型已经广泛用于聚合物加工过程计算。例如挤出加工过程，剪切速率非常高，模型只能反映较高剪切速率区域的黏度行为，预测流率和压力降的关系。尽管如此，此模型也存在不足之处，它是一个经验公式，无法由此进行分子级别的研究，不能由较低分子

量材料拟合出的参数预测新型高分子量类似材料的行为。还有，该模型中没有材料松弛时间参数，而这一参数是预测对时间有依赖行为材料非常有用的度量，如流体流动一旦中止，预测流体松弛有多快。松弛时间也用在 Deborah 数计算中，衡量黏弹流体流动过程对时间的依赖。最后，幂律模型，像所有广义牛顿流体那样，不能预测剪切流动中非零法向应力，因此它漏掉了一些重要的非线性效应。

幂律 GNF 模型的优势是模型简单，可以成功预测流率与测量的压力降之间关系。

（2）Carreau-Yasuda 模型

Carreau-Yasuda 模型是能更详细反映黏度 $\eta(\dot{\gamma})$ 实验曲线形状的模型。Carreau-Yasuda 模型有五个参数：

Carreau-Yasuda 模型
$$\frac{\eta(\dot{\gamma})-\eta_\infty}{\eta_0-\eta_\infty}=[1+(\dot{\gamma}\lambda)^a]^{\frac{n-1}{a}}$$
(5-10)

Carreau-Yasuda 模型中的五个参数对预测的 $\eta(\dot{\gamma})$ 曲线形状有以下影响（参见图 5.2）：

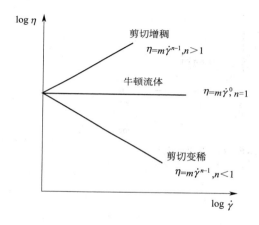

图 5.1　幂律广义牛顿模型预测的黏度行为

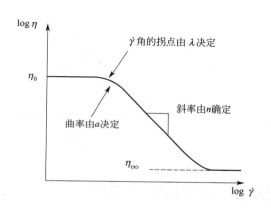

图 5.2　Carreau-Yasuda 广义牛顿流体模型预测的黏度行为

① η_∞，当 $\dot{\gamma}$ 变大时，黏度函数趋近于常数值 η_∞。

② η_0，当 $\dot{\gamma}$ 变小时，黏度函数趋近于常数值 η_0。

③ a，指数 a 影响零剪切速率平台和黏度-剪切速率曲线快速下降区域（类幂律）之间过渡区域的形状。增加 a 使过渡区形状变尖。

④ λ 是流体的时间常量参数。λ 的值决定过渡区，过渡区是从零剪切速率平台到幂律之间部分。它也控制幂律曲线部分到 $\eta=\eta_\infty$ 之间的过渡。

⑤ n 是类幂律指数的参数，它描述 η 曲线快速下降部分的斜率。

这个模型有效符合黏度对应剪切速率的大多数实验数据。Carreau-Yasuda 模型不足之处是它含有 5 个参数，尽管现代软件工具处理这种情况很容易，但必须要同时用 5 个参数来拟合实际数据。用 Carreau-Yasuda 模型很难得到速度场和应力场的解析解，但是它可用于数值计算。最后，类似幂律模型，Carreau-Yasuda 模型无法从分子级别认识聚合物行为，如它不能预测分子量对黏度的依赖。Carreau-Yasuda 模型不包含可能与分子结构相关的材料松弛时间 λ。

（3）Bingham 模型

Bingham 模型表示的材料行为从根本上既不同于幂律模型，也不同于 Carreau-Yasuda 模型，它描述显示出屈服应力的流体（参见图5.3）：

Bingham 模型
$$\eta(\dot{\gamma}) = \begin{cases} \infty & \tau \leqslant \tau_y \\ \mu_0 + \dfrac{\tau_y}{\dot{\gamma}} & \tau > \tau_y \end{cases} \tag{5-11}$$

其中 $\tau \equiv |\underline{\underline{\tau}}|$，$\tau_y$ 被称为屈服应力，正值。换句话说，Bingham 模型表示，小于屈服应力 τ_y 时流体不流动，只有超过 τ_y 时流体才会流动，应力远超过屈服应力（$\dot{\gamma} \to \infty$）时，流体黏度是常量。这个模型是一个两参数模型：

τ_y，只有剪切应力的绝对值超过屈服应力 τ_y 时，才会发生流动。

μ_0，高剪切速率下流体黏度，这个参数总为正。

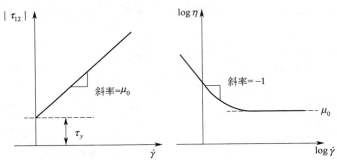

图 5.3   Bingham 广义牛顿流体模型预测的黏度行为

5.3   材料函数预测

在前面的实例中演示了 GNF 模型可以预测剪切材料函数 η，Ψ_1 和 Ψ_2，实际上我们可以用本构方程预测任一材料函数，包括非剪切流动函数。由于 GNF 模型是通过修改牛顿模型的稳态剪切黏度以适应描述非牛顿行为得到的模型，预测的实用性需要检验。欲知 GNF 模型是否适用非稳态剪切流动预测，方法就是预测非稳态剪切流动的材料函数，然后与实验观察进行对比。为了演示这类计算，下面将用上述两种模型预测广义牛顿流体的材料函数：阶梯应变材料函数和稳定拉伸黏度。

实例 1   用 Carreau-Yasuda 模型计算广义牛顿流体阶梯应变实验的材料函数 $G(t, \gamma_0)$，$G_{\Psi_1}(t, \gamma_0)$ 和 $G_{\Psi_2}(t, \gamma_0)$。

解：阶梯应变实验的剪切流动速度场为

$$\vec{v} = \begin{Bmatrix} \dot{\zeta}(t) x_2 \\ 0 \\ 0 \end{Bmatrix}_{123} \tag{5-12}$$

剪切速率张量为
$$\dot{\underline{\underline{\gamma}}} = \begin{bmatrix} 0 & \dot{\zeta}(t) & 0 \\ \dot{\zeta}(t) & 0 & 0 \\ 0 & 0 & 0 \end{bmatrix}_{123} \tag{5-13}$$

剪切速率张量大小为$\dot{\gamma} = |\dot{\zeta}(t)|$。

对于 Carreau-Yasuda 广义牛顿流体，应力张量计算式：

$$\underline{\underline{\tau}}(t) = -\eta(\dot{\gamma})\underline{\underline{\dot{\gamma}}}$$

$$= -\left\{\eta_\infty + (\eta_0 - \eta_\infty)\left[1 + (\dot{\gamma}\lambda)^a\right]^{\frac{n-1}{a}}\right\}\begin{pmatrix} 0 & \dot{\zeta}(t) & 0 \\ \dot{\zeta}(t) & 0 & 0 \\ 0 & 0 & 0 \end{pmatrix}_{123} \tag{5-14}$$

对于阶梯应变实验，$\dot{\zeta}(t)$ 由下式给定：

$$\dot{\zeta}(t) = \lim_{\varepsilon \to 0} \begin{cases} 0 & t < 0 \\ \dfrac{\gamma_0}{\varepsilon} & 0 \leqslant t < \varepsilon \\ 0 & t \geqslant \varepsilon \end{cases}$$

$$= \gamma_0 \delta_+(t) \tag{5-15}$$

其中$\delta_+(t)$ 是对称 delta 函数，γ_0是阶跃的大小，取正值。

阶跃剪切应变的材料函数是$G(t, \gamma_0)$，$G_{\Psi_1}(t, \gamma_0)$ 和$G_{\Psi_2}(t, \gamma_0)$，它们定义为

$$G(t, \gamma_0) = \frac{-\tau_{21}(t)}{\gamma_0} \tag{5-16}$$

$$G_{\Psi_1}(t, \gamma_0) = \frac{-(\tau_{11} - \tau_{22})}{\gamma_0^2} \tag{5-17}$$

$$G_{\Psi_2}(t, \gamma_0) = \frac{-(\tau_{22} - \tau_{33})}{\gamma_0^2} \tag{5-18}$$

要计算$G(t, \gamma_0)$需要$\tau_{21}(t)$，由式（5-14）计算

$$\tau_{21}(t) = -\eta\dot{\zeta}(t) = -\eta\gamma_0\delta_+(t)$$

$$= -\left\{\eta_\infty + (\eta_0 - \eta_\infty)(1 + [\gamma_0\delta_+(t)\lambda]^a)^{\frac{n-1}{a}}\right\}\gamma_0\delta_+(t) \tag{5-19}$$

现在可以计算$G(t, \gamma_0)$：

$$G(t, \gamma_0) = \left\{\eta_\infty + (\eta_0 - \eta_\infty)(1 + [\gamma_0\delta_+(t)\lambda]^a)^{\frac{n-1}{a}}\right\} \tag{5-20}$$

注意除了临近$t = 0$时 delta 函数是零外，delta 函数非常大。这表明$G(t, \gamma_0)$除了临近$t = 0$之外也是零。临近$t = 0$，在表达式$1 + [\gamma_0\delta_+(t)\lambda]^a$中 delta 函数项为主要项，可以忽略 1。进一步讲，最终表达式$\eta_\infty + (\eta_0 - \eta_\infty)[\gamma_0\delta_+(t)\lambda]^{n-1}$中 delta 函数项是主要项，忽略第一个$\eta_\infty$的作用。因此阶跃应变模量表达式变为

$$G(t, \gamma_0) = (\eta_0 - \eta_\infty)\gamma_0^{n-1}\lambda^{n-1}[\delta_+(t)]^n \tag{5-21}$$

注意表达式的单位要正确，delta 函数的单位是 s^{-1}，γ_0无单位。这个最终表达式表示 Carreau-Yasuda 广义牛顿流体预测的阶跃应变模量在$t = 0$时是脉冲函数，这不符合实际，故 GNF 模型不适用于阶跃流动。

从式（5-14）可以看出阶跃剪切应变中的其他二个材料函数在这个模型中等于零：

$$G_{\Psi_1}(t, \gamma_0) = \frac{-(\tau_{11} - \tau_{22})}{\gamma_0^2} = 0 \tag{5-22}$$

$$G_{\Psi_2}(t, \gamma_0) = \frac{-(\tau_{22} - \tau_{33})}{\gamma_0^2} = 0 \tag{5-23}$$

上面的实例展示了 GNF 模型的一个问题，它是修正稳定剪切预测导出的模型，但是不能保证这些预测在非稳态剪切流动中有意义。下面是单轴拉伸流动实例，检验 GNF 模型预测单轴拉伸流动行为。

实例 2 幂律广义牛顿流体稳态单轴拉伸流动预测。

解：稳定单轴拉伸运动学量

$$\vec{v} = \begin{pmatrix} -\dfrac{1}{2}\dot{\epsilon}_0 x_1 \\ -\dfrac{1}{2}\dot{\epsilon}_0 x_2 \\ \dot{\epsilon}_0 x_3 \end{pmatrix}_{123} \qquad \dot{\epsilon}_0 > 0 \tag{5-24}$$

其中 $\dot{\epsilon}_0$ 是正值常数。形变速率张量为

$$\underset{=}{\dot{\gamma}} = \begin{pmatrix} -\dot{\epsilon}_0 & 0 & 0 \\ 0 & -\dot{\epsilon}_0 & 0 \\ 0 & 0 & 2\dot{\epsilon}_0 \end{pmatrix}_{123} \tag{5-25}$$

形变速率张量的大小为 $\dot{\epsilon}_0\sqrt{3}$。根据单轴拉伸黏度定义

$$\bar{\eta}(\dot{\epsilon}_0) \equiv \frac{-(\tau_{33} - \tau_{11})}{\dot{\epsilon}_0} \tag{5-26}$$

因此幂律广义牛顿流体的应力张量 $\underset{=}{\tau}$

$$\underset{=}{\tau} = -\eta(\dot{\gamma})\underset{=}{\dot{\gamma}} = -m3^{\frac{n-1}{2}}\dot{\epsilon}_0^{n-1}\begin{pmatrix} -\dot{\epsilon}_0 & 0 & 0 \\ 0 & -\dot{\epsilon}_0 & 0 \\ 0 & 0 & 2\dot{\epsilon}_0 \end{pmatrix}_{123} = \begin{pmatrix} m3^{\frac{n-1}{2}}\dot{\epsilon}_0^n & 0 & 0 \\ 0 & m3^{\frac{n-1}{2}}\dot{\epsilon}_0^n & 0 \\ 0 & 0 & -2m3^{\frac{n-1}{2}}\dot{\epsilon}_0^n \end{pmatrix}_{123}$$

$$\tag{5-27}$$

现在计算 $\bar{\eta}$，

$$\bar{\eta}(\dot{\epsilon}_0) \equiv \frac{-(\tau_{33} - \tau_{11})}{\dot{\epsilon}_0} = 3^{\frac{n+1}{2}}m\,\dot{\epsilon}_0^{n-1} \tag{5-28}$$

幂律 GNF 模型预测拉伸黏度与剪切黏度 $\eta = m\dot{\gamma}^n$ 类似。特鲁顿比值（Trouton ratio）被定义为在同样形变速率 $\dot{\gamma}$ 下，拉伸黏度对剪切黏度之比。对于牛顿流体，特鲁比值为 3。幂律 GNF 模型的特鲁比计算如下，

幂律 GNF 特鲁比
$$\frac{\bar{\eta}}{\eta} = \frac{3m\,(\dot{\epsilon}_0\sqrt{3})^{n-1}}{m\,(\dot{\gamma})^{n-1}} = 3 \tag{5-29}$$

这一结果与牛顿流体的结果相同。

幂律 GNF 模型在稳定单轴拉伸下的预测看起来合情合理。检验这些预测正确的唯一方法是把它们与实验数据相对比。二个实例的结果表明广义牛顿流体是一混合体：有时能合理预测，如单轴拉伸，但是有时其预测不能捕捉到所观察到的行为，如阶梯应变的实例。

现在将二个实例拓展转向演示如何应用 GNF 本构方程计算一些简单流动的速度场和流率。

5.4　幂律广义牛顿流体流动问题

（1）圆管压力流

计算不可压缩幂律流体在圆形截面的管内速度场、压力场和应力张量 $\underset{=}{\tau}$。流动上游一点的压力为 p_0，相距 L 的下游点的压力为 p_L。假设这二点间的流动是充分发展稳态流动。

解此问题选圆柱坐标系。求解广义幂律牛顿流体与牛顿流体的区别是用广义运动方程替代 Navier-Stokes 方程。

质量守恒方程为

$$0 = \nabla \vec{v} = \frac{1}{r}\frac{\partial(r v_r)}{\partial r} + \frac{1}{r}\frac{\partial v_\theta}{\partial \theta} + \frac{\partial v_z}{\partial z} \tag{5-30}$$

由于只在 z 向有流动，$\vec{v}$ 的 r-和 θ-分量都为零，

$$\vec{v} = \begin{pmatrix} v_r \\ v_\theta \\ v_z \end{pmatrix}_{r\theta z} = \begin{pmatrix} 0 \\ 0 \\ v_z \end{pmatrix}_{r\theta z} \tag{5-31}$$

连续性方程简化为

$$\frac{\partial v_z}{\partial z} = 0 \tag{5-32}$$

不可压缩非牛顿流体动量方程为

$$\rho\left(\frac{\partial \vec{v}}{\partial t} + \vec{v}\cdot\nabla\vec{v}\right) = -\nabla p - \nabla\cdot\underset{=}{\tau} + \rho\vec{g} \tag{5-33}$$

圆柱坐标系下各项变为

$$\rho\frac{\partial \vec{v}}{\partial t} = \begin{pmatrix} \rho\dfrac{\partial v_r}{\partial t} \\[2mm] \rho\dfrac{\partial v_\theta}{\partial t} \\[2mm] \rho\dfrac{\partial v_z}{\partial t} \end{pmatrix}_{r\theta z} \tag{5-34}$$

$$\rho\,\vec{v}\cdot\nabla\vec{v} = \rho\begin{pmatrix} v_r\dfrac{\partial v_r}{\partial r} + v_\theta\left(\dfrac{1}{r}\dfrac{\partial v_r}{\partial \theta} - \dfrac{v_\theta}{r}\right) + v_z\dfrac{\partial v_r}{\partial z} \\[3mm] v_r\dfrac{\partial v_\theta}{\partial r} + v_\theta\left(\dfrac{1}{r}\dfrac{\partial v_\theta}{\partial \theta} + \dfrac{v_r}{r}\right) + v_z\dfrac{\partial v_\theta}{\partial z} \\[3mm] v_r\dfrac{\partial v_z}{\partial r} + v_\theta\left(\dfrac{1}{r}\dfrac{\partial v_z}{\partial \theta}\right) + v_z\dfrac{\partial v_r}{\partial z} \end{pmatrix}_{r\theta z} \tag{5-35}$$

$$\nabla p = \begin{pmatrix} \dfrac{\partial p}{\partial r} \\[2mm] \dfrac{1}{r}\dfrac{\partial p}{\partial \theta} \\[2mm] \dfrac{\partial p}{\partial z} \end{pmatrix}_{r\theta z} \tag{5-36}$$

$$\nabla \cdot \underset{=}{\tau} = \begin{Bmatrix} \dfrac{1}{r}\dfrac{\partial}{\partial r}(r\,\tau_{rr}) + \dfrac{1}{r}\dfrac{\partial \tau_{\theta r}}{\partial \theta} + \dfrac{\partial \tau_{zr}}{\partial z} - \dfrac{\tau_{\theta\theta}}{r} \\[2mm] \dfrac{1}{r^2}\dfrac{\partial}{\partial r}(r^2\,\tau_{r\theta}) + \dfrac{1}{r}\dfrac{\partial \tau_{\theta\theta}}{\partial \theta} + \dfrac{\partial \tau_{z\theta}}{\partial z} - \dfrac{\tau_{\theta r} - \tau_{r\theta}}{r} \\[2mm] \dfrac{1}{r}\dfrac{\partial}{\partial r}(r\,\tau_{rz}) + \dfrac{1}{r}\dfrac{\partial \tau_{\theta z}}{\partial \theta} + \dfrac{\partial \tau_{zz}}{\partial z} \end{Bmatrix}_{r\theta z} \tag{5-37}$$

$$\rho\,\vec{g} = \begin{Bmatrix} \rho g_r \\ \rho g_\theta \\ \rho g_z \end{Bmatrix}_{r\theta z} \tag{5-38}$$

代入已知 $\vec{v}$ 并假定 $\underset{=}{\tau}$ 对称和稳态流动，得到

$$\rho\,\frac{\partial \vec{v}}{\partial t} = \begin{Bmatrix} 0 \\ 0 \\ 0 \end{Bmatrix}_{r\theta z} \tag{5-39}$$

$$\rho\,\vec{v}\cdot\nabla\vec{v} = \rho\begin{Bmatrix} 0 \\ 0 \\ 0 \end{Bmatrix}_{r\theta z} \tag{5-40}$$

$$\nabla p = \begin{Bmatrix} \dfrac{\partial p}{\partial r} \\[2mm] \dfrac{1}{r}\dfrac{\partial p}{\partial \theta} \\[2mm] \dfrac{\partial p}{\partial z} \end{Bmatrix}_{r\theta z} \tag{5-41}$$

$$\nabla \cdot \underset{=}{\tau} = \begin{Bmatrix} \dfrac{1}{r}\dfrac{\partial}{\partial r}(r\,\tau_{rr}) + \dfrac{1}{r}\dfrac{\partial \tau_{\theta r}}{\partial \theta} + \dfrac{\partial \tau_{zr}}{\partial z} - \dfrac{\tau_{\theta\theta}}{r} \\[2mm] \dfrac{1}{r^2}\dfrac{\partial}{\partial r}(r^2\,\tau_{r\theta}) + \dfrac{1}{r}\dfrac{\partial \tau_{\theta\theta}}{\partial \theta} + \dfrac{\partial \tau_{z\theta}}{\partial z} \\[2mm] \dfrac{1}{r}\dfrac{\partial}{\partial r}(r\,\tau_{rz}) + \dfrac{1}{r}\dfrac{\partial \tau_{\theta z}}{\partial \theta} + \dfrac{\partial \tau_{zz}}{\partial z} \end{Bmatrix}_{r\theta z} \tag{5-42}$$

$$\rho\,\vec{g} = \begin{Bmatrix} 0 \\ 0 \\ \rho g \end{Bmatrix}_{r\theta z} \tag{5-43}$$

注意重力方向取流动方向。

把这些量结合在一起得到：

$$\begin{Bmatrix} 0 \\ 0 \\ 0 \end{Bmatrix} = \begin{Bmatrix} -\dfrac{\partial p}{\partial r} \\[2mm] -\dfrac{1}{r}\dfrac{\partial p}{\partial \theta} \\[2mm] -\dfrac{\partial p}{\partial z} \end{Bmatrix} - \begin{Bmatrix} \dfrac{1}{r}\dfrac{\partial}{\partial r}(r\,\tau_{rr}) + \dfrac{1}{r}\dfrac{\partial \tau_{\theta r}}{\partial \theta} + \dfrac{\partial \tau_{zr}}{\partial z} - \dfrac{\tau_{\theta\theta}}{r} \\[2mm] \dfrac{1}{r^2}\dfrac{\partial}{\partial r}(r^2\,\tau_{r\theta}) + \dfrac{1}{r}\dfrac{\partial \tau_{\theta\theta}}{\partial \theta} + \dfrac{\partial \tau_{z\theta}}{\partial z} \\[2mm] \dfrac{1}{r}\dfrac{\partial}{\partial r}(r\,\tau_{rz}) + \dfrac{1}{r}\dfrac{\partial \tau_{\theta z}}{\partial \theta} + \dfrac{\partial \tau_{zz}}{\partial z} \end{Bmatrix} + \begin{Bmatrix} 0 \\ 0 \\ \rho g \end{Bmatrix} \tag{5-44}$$

进一步得到 $\underset{=}{\tau}$ 和速度分量的关系。由幂律 GNF 本构方程，

$$\underset{=}{\tau}=-\eta\,\dot{\underset{=}{\gamma}}=-\eta\left[\nabla\vec{v}+(\nabla\vec{v})^{T}\right] \tag{5-45}$$

$$\nabla\vec{v}=\begin{pmatrix}\dfrac{\partial v_{r}}{\partial r} & \dfrac{\partial v_{\theta}}{\partial r} & \dfrac{\partial v_{z}}{\partial r} \\[2mm] \dfrac{1}{r}\dfrac{\partial v_{r}}{\partial\theta}-\dfrac{v_{\theta}}{r} & \dfrac{1}{r}\dfrac{\partial v_{\theta}}{\partial\theta}+\dfrac{v_{r}}{r} & \dfrac{1}{r}\dfrac{\partial v_{z}}{\partial\theta} \\[2mm] \dfrac{\partial v_{r}}{\partial z} & \dfrac{\partial v_{\theta}}{\partial z} & \dfrac{\partial v_{z}}{\partial z}\end{pmatrix}_{r\theta z}=\begin{pmatrix}0 & 0 & \dfrac{\partial v_{z}}{\partial r} \\[2mm] 0 & 0 & \dfrac{1}{r}\dfrac{\partial v_{z}}{\partial\theta} \\[2mm] 0 & 0 & \dfrac{\partial v_{z}}{\partial z}\end{pmatrix}_{r\theta z} \tag{5-46}$$

其中最后一步代入 $v_{r}=v_{\theta}=0$ 简化 $\nabla\vec{v}$。因为 θ-方向对称和连续性方程，$\nabla\vec{v}$ 余下的三个分量中的两个量也为零，因此 $\dot{\underset{=}{\gamma}}$ 简化为

$$\dot{\underset{=}{\gamma}}=\nabla\vec{v}+(\nabla\vec{v})^{T}=\begin{pmatrix}0 & 0 & \dfrac{\partial v_{z}}{\partial r} \\[2mm] 0 & 0 & 0 \\[2mm] 0 & 0 & 0\end{pmatrix}_{r\theta z}+\begin{pmatrix}0 & 0 & 0 \\[2mm] 0 & 0 & 0 \\[2mm] \dfrac{\partial v_{z}}{\partial r} & 0 & 0\end{pmatrix}_{r\theta z}=\begin{pmatrix}0 & 0 & \dfrac{\partial v_{z}}{\partial r} \\[2mm] 0 & 0 & 0 \\[2mm] \dfrac{\partial v_{z}}{\partial r} & 0 & 0\end{pmatrix}_{r\theta z} \tag{5-47}$$

$$\underset{=}{\tau}=-\eta\,\dot{\underset{=}{\gamma}}=\begin{pmatrix}0 & 0 & -\eta\dfrac{\partial v_{z}}{\partial r} \\[2mm] 0 & 0 & 0 \\[2mm] -\eta\dfrac{\partial v_{z}}{\partial r} & 0 & 0\end{pmatrix}_{r\theta z} \tag{5-48}$$

因此简化式（5-44）

$$\begin{pmatrix}0\\0\\0\end{pmatrix}=\begin{pmatrix}-\dfrac{\partial p}{\partial r}\\[2mm]-\dfrac{1}{r}\dfrac{\partial p}{\partial\theta}\\[2mm]-\dfrac{\partial p}{\partial z}\end{pmatrix}-\begin{pmatrix}\dfrac{\partial\tau_{zr}}{\partial z}\\[2mm]0\\[2mm]\dfrac{1}{r}\dfrac{\partial}{\partial r}(r\tau_{rz})\end{pmatrix}+\begin{pmatrix}0\\0\\\rho g\end{pmatrix}=\begin{pmatrix}-\dfrac{\partial p}{\partial r}\\[2mm]-\dfrac{1}{r}\dfrac{\partial p}{\partial\theta}\\[2mm]-\dfrac{\partial p}{\partial z}\end{pmatrix}-\begin{pmatrix}\dfrac{\partial}{\partial z}\left(-\eta\dfrac{\partial v_{z}}{\partial r}\right)\\[2mm]0\\[2mm]\dfrac{1}{r}\dfrac{\partial}{\partial r}\left(-r\eta\dfrac{\partial v_{z}}{\partial r}\right)\end{pmatrix}+\begin{pmatrix}0\\0\\\rho g\end{pmatrix} \tag{5-49}$$

由幂律方程给出黏度 $\eta(\dot{\gamma})$ 函数 $\qquad\qquad \eta=m\,\dot{\gamma}^{\,n-1}$ \hfill (5-50)

要计算 η，先由 $\dot{\underset{=}{\gamma}}$ 计算 $\dot{\gamma}$

$$\dot{\gamma}=\left|\dot{\underset{=}{\gamma}}\right|=+\sqrt{\frac{\dot{\underset{=}{\gamma}}:\dot{\underset{=}{\gamma}}}{2}}=+\sqrt{\left(\frac{\partial v_{z}}{\partial r}\right)^{2}}=\pm\frac{\partial v_{z}}{\partial r} \tag{5-51}$$

式（5-51）中 $\partial v_{z}/\partial r$ 前的符号取决于导数 $\partial v_{z}/\partial r$ 是正还是负。以本问题为例，当 r 增加时，速度下降，在管中心的速度是速度最大值（见图 5.4），导数 $\partial v_{z}/\partial r$ 为负值，所以式（5-51）的符号就为负：

$$\dot{\gamma}=\left|\dot{\underset{=}{\gamma}}\right|=-\frac{\partial v_{z}}{\partial r}>0 \tag{5-52}$$

幂律方程变为

$$\eta=m\left(-\frac{\partial v_{z}}{\partial r}\right)^{n-1}=m\left(-\frac{\mathrm{d}v_{z}}{\mathrm{d}r}\right)^{n-1} \tag{5-53}$$

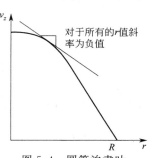

图 5.4　圆管泊肃叶
（Poiseuille）流动
对于 r 全体范围内，$\partial v_{z}/\partial r$ 取负值

我们已经假定 v_z 不是 θ 的函数，由连续性方程知 v_z 不是 z 的函数，知道 $v_z = v_z(r)$，把式 (5-53) 第一个等号后偏微分 $\partial/\partial r$ 变成第二个等号后的全微分 d/dr。

把上式代入简化的动量方程（5-49）得到

$$
\begin{pmatrix} 0 \\ 0 \\ 0 \end{pmatrix} = \begin{pmatrix} -\dfrac{\partial p}{\partial r} \\[2mm] -\dfrac{1}{r}\dfrac{\partial p}{\partial \theta} \\[2mm] -\dfrac{\partial p}{\partial z} \end{pmatrix} - \begin{pmatrix} \dfrac{\partial}{\partial z}\left[-m\left(-\dfrac{dv_z}{dr}\right)^{n-1}\dfrac{dv_z}{dr} \right] \\[3mm] 0 \\[3mm] \dfrac{1}{r}\dfrac{\partial}{\partial r}\left[-rm\left(-\dfrac{dv_z}{dr}\right)^{n-1}\dfrac{dv_z}{dr} \right] \end{pmatrix} + \begin{pmatrix} 0 \\ 0 \\ \rho g \end{pmatrix}
$$

$$
= \begin{pmatrix} -\dfrac{\partial p}{\partial r} \\[2mm] -\dfrac{1}{r}\dfrac{\partial p}{\partial \theta} \\[2mm] -\dfrac{\partial p}{\partial z} \end{pmatrix} - \begin{pmatrix} 0 \\[2mm] 0 \\[2mm] \dfrac{m}{r}\dfrac{d}{dr}\left[r\left(-\dfrac{dv_z}{dr}\right)^{n} \right] \end{pmatrix} + \begin{pmatrix} 0 \\ 0 \\ \rho g \end{pmatrix} \tag{5-54}
$$

因为 v_z 不是 z 的函数，$\nabla \cdot \underline{\underline{\tau}}$ 的 r 分量为零。现在，运动方程（EOM）的形式很简单，压力只是 z 的函数，可以求解 $v_z(r)$。

EOM 的 r 分量
$$\frac{\partial p}{\partial r} = 0 \tag{5-55}$$

θ 分量
$$\frac{1}{r}\frac{\partial p}{\partial \theta} = 0 \tag{5-56}$$

z 分量
$$\frac{\partial p}{\partial z} = -\frac{m}{r}\frac{d}{dr}\left[r\left(-\frac{dv_z}{dr}\right)^{n} \right] + \rho g \tag{5-57}$$

注意方程（5-57）中，p 只是 z 的函数，$\partial p/\partial z$ 变为 dp/dz。方程（5-57）是 p 和 v_z 的微分方程，可以用分离变量法求解。用以下边界条件求解分离变量过程中出现的三个积分常数：

$$
\begin{aligned}
Z &= 0 & p &= P_0 \\
Z &= r & p &= P_L \\
r &= 0 & \frac{dv_z}{dr} &= 0 \\
r &= R & v_z &= 0
\end{aligned} \tag{5-58}
$$

v_z 和 p 的最终结果为

$$p = \frac{P_L - P_0}{L}z + P_0 \tag{5-59}$$

$$v_z = R^{\frac{1}{n}+1}\left(\frac{P_0 - P_L + \rho g L}{2mL} \right)^{\frac{1}{n}} \left(\frac{n}{n+1} \right) \left[1 - \left(\frac{r}{R} \right)^{\frac{1}{n}+1} \right] \tag{5-60}$$

由方程（5-48）计算应力张量。要清晰地计算 $\underline{\underline{\tau}}$，还必须计算 $\tau_{rz} = -\eta \partial v_z/\partial r$：

$$\tau_{rz} = -\eta\frac{\partial v_z}{\partial r} = -m\left(-\frac{dv_z}{dr}\right)^{n-1}\frac{dv_z}{dr} = m\left(-\frac{dv_z}{dr}\right)^{n} = \frac{(P_0 - P_L + \rho g L)r}{2L} \tag{5-61}$$

$$\tau_{rz}(r) = \frac{(P_0 - P_L)r}{2L} \tag{5-62}$$

其中 $P = p - \rho g z$，把重力的影响合并到修正压力 P 中。应力张量为

$$\underline{\underline{\tau}} = \begin{bmatrix} 0 & 0 & \dfrac{(P_0 - P_L)r}{2L} \\ 0 & 0 & 0 \\ \dfrac{(P_0 - P_L)r}{2L} & 0 & 0 \end{bmatrix}_{r\theta z} \tag{5-63}$$

直接由速度场计算流率和平均速度：

$$Q = \int_A v_z \, \mathrm{d}A \tag{5-64}$$

幂律 GNF 泊肃叶流动

$$Q = \left[\frac{(P_0 - P_L)R}{2mL} \right]^{\frac{1}{n}} \left(\frac{n\pi R^3}{1 + 3n} \right) \tag{5-65}$$

速度预测曲线见图 5.5。当 $n=1$ 时，恢复到牛顿流体；幂律指数 n 从 1 开始降低过程，曲线变得越来越平坦。$n \to 0$ 时，成为塞流。剪切应力曲线与牛顿情况相同，是 r 的简单线性函数。

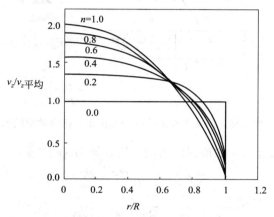

图 5.5　幂律广义牛顿流体模型预测的稳态
泊肃叶管流，不同幂律指数 n 的速度曲线

（2）拖动与泊肃叶组合的窄缝流动

计算不可压缩幂律流体在二无限平板内压力流的速度场。上板以恒定速度 V 移动，上游一点的压力是 P_0，距离为 L 的下游点压力为 $P_L(P_0 > P_L)$。假定二点之间的流动为充分发展稳态流，两板间距离为 H，忽略重力。出现这样流动情况如片材涂层。

这一问题选直角坐标系。由质量守恒有

$$0 = \nabla \cdot \vec{v} = \frac{\partial v_x}{\partial x} + \frac{\partial v_y}{\partial y} + \frac{\partial v_z}{\partial z} \tag{5-66}$$

取 x 方向为流动方向（参见图 5.6），$\vec{v}$ 的 y- 和 z-方向的分量为零。

$$\vec{v} = \begin{bmatrix} v_x \\ v_y \\ v_z \end{bmatrix}_{xyz} = \begin{bmatrix} v_x \\ 0 \\ 0 \end{bmatrix}_{xyz} \tag{5-67}$$

因此连续性方程的结果

$$\frac{\partial v_x}{\partial x} = 0 \tag{5-68}$$

不可压缩流体的动量方程为

$$\rho\left(\frac{\partial \vec{v}}{\partial t}+\vec{v} \cdot \nabla \vec{v}\right)=-\nabla p-\nabla \cdot \underset{=}{\tau}+\rho \vec{g} \tag{5-69}$$

稳态一维流动，忽略重力，动量方程变为

$$0=-\nabla p-\nabla \cdot \underset{=}{\tau} \tag{5-70}$$

$$\begin{Bmatrix} 0 \\ 0 \\ 0 \end{Bmatrix}_{xyz}=\begin{Bmatrix} -\dfrac{\partial p}{\partial x} \\ -\dfrac{\partial p}{\partial y} \\ -\dfrac{\partial p}{\partial z} \end{Bmatrix}_{xyz}-\begin{Bmatrix} \dfrac{\partial \tau_{xx}}{\partial x}+\dfrac{\partial \tau_{yx}}{\partial y}+\dfrac{\partial \tau_{zx}}{\partial z} \\ \dfrac{\partial \tau_{xy}}{\partial x}+\dfrac{\partial \tau_{yy}}{\partial y}+\dfrac{\partial \tau_{zy}}{\partial z} \\ \dfrac{\partial \tau_{xz}}{\partial x}+\dfrac{\partial \tau_{yz}}{\partial y}+\dfrac{\partial \tau_{zz}}{\partial z} \end{Bmatrix}_{xyz} \tag{5-71}$$

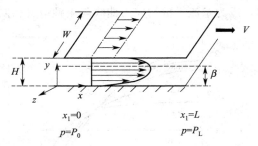

图 5.6　幂律广义牛顿流体拖动与泊肃叶组合的窄缝流动

接着把 $\underset{=}{\tau}$ 和速度分量联系起来。如前面的实例，用幂律 GNF 方程：

$$\underset{=}{\tau}=-\eta \underset{=}{\dot{\gamma}}=-\eta\left[\nabla \vec{v}+(\nabla \vec{v})^{T}\right] \tag{5-72}$$

$$\nabla \vec{v}=\begin{Bmatrix} \dfrac{\partial v_x}{\partial x} & \dfrac{\partial v_y}{\partial x} & \dfrac{\partial v_z}{\partial x} \\ \dfrac{\partial v_x}{\partial y} & \dfrac{\partial v_y}{\partial y} & \dfrac{\partial v_z}{\partial y} \\ \dfrac{\partial v_x}{\partial z} & \dfrac{\partial v_y}{\partial z} & \dfrac{\partial v_z}{\partial z} \end{Bmatrix}_{xyz}=\begin{Bmatrix} \dfrac{\partial v_x}{\partial x} & 0 & 0 \\ \dfrac{\partial v_x}{\partial y} & 0 & 0 \\ \dfrac{\partial v_x}{\partial z} & 0 & 0 \end{Bmatrix}_{xyz} \tag{5-73}$$

其中最后一步利用了 $v_y=v_z=0$ 简化 $\nabla \vec{v}$。因为平板的 z 向无限大，任何量在 z 向没有变化，速度不依赖坐标 z。还有，连续性方程 $\partial v_x/\partial x=0$，因此只有 $v_x=v_x(y)$，v_x 对 y 的偏微分变为 v_x 的全导数（$\partial v_x/\partial y=\mathrm{d}v_x/\mathrm{d}y$）。因此形变速率张量

$$\underset{=}{\dot{\gamma}}=\left[\nabla \vec{v}+(\nabla \vec{v})^{T}\right]=\begin{Bmatrix} 0 & 0 & 0 \\ \dfrac{\mathrm{d}v_x}{\mathrm{d}y} & 0 & 0 \\ 0 & 0 & 0 \end{Bmatrix}_{xyz}+\begin{Bmatrix} 0 & \dfrac{\mathrm{d}v_x}{\mathrm{d}y} & 0 \\ 0 & 0 & 0 \\ 0 & 0 & 0 \end{Bmatrix}_{xyz}=\begin{Bmatrix} 0 & \dfrac{\mathrm{d}v_x}{\mathrm{d}y} & 0 \\ \dfrac{\mathrm{d}v_x}{\mathrm{d}y} & 0 & 0 \\ 0 & 0 & 0 \end{Bmatrix}_{xyz} \tag{5-74}$$

$\underset{=}{\tau}$ 变为

$$\underset{=}{\tau}=\begin{Bmatrix} 0 & -\eta \dfrac{\mathrm{d}v_x}{\mathrm{d}y} & 0 \\ -\eta \dfrac{\mathrm{d}v_x}{\mathrm{d}y} & 0 & 0 \\ 0 & 0 & 0 \end{Bmatrix}_{xyz} \tag{5-75}$$

回到简化的动量平衡方程（5-71），代入方程（5-75）导出的应力张量，现在得到

$$
\begin{pmatrix} 0 \\ 0 \\ 0 \end{pmatrix}_{xyz} = \begin{pmatrix} -\dfrac{\partial p}{\partial x} \\ -\dfrac{\partial p}{\partial y} \\ -\dfrac{\partial p}{\partial z} \end{pmatrix}_{xyz} - \begin{pmatrix} \dfrac{\partial \tau_{yx}}{\partial y} \\ \dfrac{\partial \tau_{xy}}{\partial x} \\ 0 \end{pmatrix}_{xyz} = \begin{pmatrix} -\dfrac{\partial p}{\partial x} \\ -\dfrac{\partial p}{\partial y} \\ -\dfrac{\partial p}{\partial z} \end{pmatrix}_{xyz} - \begin{pmatrix} \dfrac{\partial}{\partial y}\left(-\eta \dfrac{\mathrm{d}v_x}{\mathrm{d}y}\right) \\ \dfrac{\partial}{\partial x}\left(-\eta \dfrac{\mathrm{d}v_x}{\mathrm{d}y}\right) \\ 0 \end{pmatrix}_{xyz}
\tag{5-76}
$$

幂律方程给出 $\eta(\dot{\gamma})$ 函数，由张量 $\underline{\dot{\gamma}}$ 计算 $\dot{\gamma}$，

$$
\dot{\gamma} = |\underline{\dot{\gamma}}| = +\sqrt{\frac{\underline{\dot{\gamma}} : \underline{\dot{\gamma}}}{2}} = +\sqrt{\left(\frac{\mathrm{d}v_x}{\mathrm{d}y}\right)^2} = \pm \frac{\mathrm{d}v_x}{\mathrm{d}y}
\tag{5-77}
$$

正如我们在前一个实例中所讨论的那样，张量大小的定义要求取正值，因此 $\mathrm{d}v_x/\mathrm{d}y$ 前的符号取决于导数为正还是负。当前问题中，我们选择静止板处速度为零，$\mathrm{d}v_x/\mathrm{d}y$ 的符号取决于与板速 V（参见图 5.7）相关的压力梯度大小，需要分两种情况来考虑。

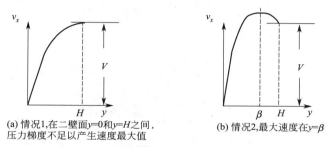

(a) 情况1,在二壁面y=0和y=H之间,　　　(b) 情况2,最大速度在y=β
压力梯度不足以产生速度最大值

图 5.7　泊肃叶和拖动组合流动可能的两种类型速度曲线

情况 1　$v_x(y)$ 中没有最大值。这种情况总有 $\mathrm{d}v_x/\mathrm{d}y > 0$，所以 $\dot{\gamma} = +\mathrm{d}v_x/\mathrm{d}y$。我们用 $v_{x,1}$ 表示情况 1 的速度曲线。幂律方程变为

$$
\eta = m\left(\frac{\mathrm{d}v_{x,1}}{\mathrm{d}y}\right)^{n-1}
\tag{5-78}
$$

动量方程为

$$
\begin{pmatrix} 0 \\ 0 \\ 0 \end{pmatrix}_{xyz} = \begin{pmatrix} -\dfrac{\partial p}{\partial x} \\ -\dfrac{\partial p}{\partial y} \\ -\dfrac{\partial p}{\partial z} \end{pmatrix}_{xyz} - \begin{pmatrix} \dfrac{\partial}{\partial y}\left[-m\left(\dfrac{\mathrm{d}v_{x,1}}{\mathrm{d}y}\right)^{n-1}\dfrac{\mathrm{d}v_{x,1}}{\mathrm{d}y}\right] \\ \dfrac{\partial}{\partial x}\left[-m\left(\dfrac{\mathrm{d}v_{x,1}}{\mathrm{d}y}\right)^{n-1}\dfrac{\mathrm{d}v_{x,1}}{\mathrm{d}y}\right] \\ 0 \end{pmatrix}_{xyz}
\tag{5-79}
$$

因为 $v_{x,1}$ 只是 y 的函数，$\nabla \cdot \underline{\underline{\tau}}$ 的 y 分量为零。因此动量方程（EOM）的 y- 和 z- 分量给出

y-分量
$$
\frac{\partial p}{\partial y} = 0
\tag{5-80}
$$

z-分量
$$
\frac{\partial p}{\partial z} = 0
\tag{5-81}
$$

现在可以计算 $p = p(x)$。动量方程的 x- 分量为

$$
x\text{-分量}\quad \frac{\mathrm{d}p}{\mathrm{d}x} = m\frac{\mathrm{d}}{\mathrm{d}y}\left[\left(\frac{\mathrm{d}v_{x,1}}{\mathrm{d}y}\right)^n\right]
\tag{5-82}
$$

这是一个可微分方程。边界条件为

$$
\begin{aligned}
x &= 0 & p &= P_0 \\
x &= L & p &= P_L \\
y &= 0 & v_{x,1} &= 0 \\
y &= H & v_{x,1} &= V
\end{aligned}
\tag{5-83}
$$

代入边界条件，解得 $v_{x,1}$

速度曲线（情况 1）
$$
v_{x,1} = \frac{mL}{P_L - P_0} \left(\frac{n}{n+1}\right) \left[\left(\frac{P_L - P_0}{mL}y + C_1\right)^{\frac{n+1}{n}} - C_1^{\frac{n+1}{n}}\right]
\tag{5-84}
$$

其中由下式求解 C_1

$$
v_{x,1} = \frac{mL}{P_L - P_0} \left(\frac{n}{n+1}\right) \left[\left(\frac{P_L - P_0}{mL}H + C_1\right)^{\frac{n+1}{n}} - C_1^{\frac{n+1}{n}}\right]
\tag{5-85}
$$

情况 2：在 $y = \beta$ 处 $v_x(y)$ 有最大值〔参见图 5.7（b）〕。这种情况的速度为 $v_{x,2}$，$\dot{\gamma}$ 为

$$
\dot{\gamma} = \begin{cases}
+\dfrac{\mathrm{d}v_{x,2}}{\mathrm{d}y} & 0 \leqslant y < \beta \\[2mm]
-\dfrac{\mathrm{d}v_{x,2}}{\mathrm{d}y} & \beta \leqslant y \leqslant H
\end{cases}
\tag{5-86}
$$

幂律方程变为

$$
\eta = m \left(\frac{\mathrm{d}v_{x,2}}{\mathrm{d}y}\right)^{n-1} \quad 0 \leqslant y < \beta
\tag{5-87}
$$

$$
\eta = m \left(-\frac{\mathrm{d}v_{x,2}}{\mathrm{d}y}\right)^{n-1} \quad \beta \leqslant y \leqslant H
\tag{5-88}
$$

这里 $\dot{\gamma} = +\mathrm{d}v_{x,2}/\mathrm{d}y$，$v_{x,2}$ 的方程与第一种情况相同，除了 y 的边界条件不同。边界条件为

$$
\begin{aligned}
y &= 0 & v_{x,2} &= 0 \\
y &= \beta & v_{x,2} &= v_{x,1}
\end{aligned}
\tag{5-89}
$$

其中 $v_{x,1}$ 和 $v_{x,2}$ 分别是情况 1 和 2 的解。对于 $\dot{\gamma} = -\mathrm{d}v_{x,2}/\mathrm{d}y$ 情况，方程与前不同：

$$
-\frac{\mathrm{d}p}{\mathrm{d}x} = m \frac{\partial}{\partial y}\left[\left(-\frac{\mathrm{d}v_{x,2}}{\mathrm{d}y}\right)^n\right]
\tag{5-90}
$$

分离变量得到的解如情况 1。边界条件为

$$
\begin{aligned}
y &= \beta & v_{x,2} &= v_{x,1} \\
y &= H & v_{x,2} &= V
\end{aligned}
\tag{5-91}
$$

此外，对于 $v_{x,1}$ 和 $v_{x,2}$，在 $y = \beta$ 处，$\mathrm{d}v_x/\mathrm{d}y = 0$。根据选定幂律参数预测的速度曲线见图 5.8 和图 5.9。

5.5　GNF 模型的局限

　　GNF 模型的流动及算相对比较容易，而且它们预测聚合物加工过程的压力降和流动曲线很成功，所以 GNF 模型是很普及模型。然而这些模型也有一些重要局限。

　　① 一些 GNF 模型，例如幂律模型不能准确模拟零剪切区的黏度曲线。幂律模型由于简单而应用广泛，但是如果感兴趣剪切速率变得很小时的流动，预测结果就变得不可信了。

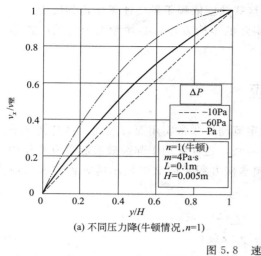
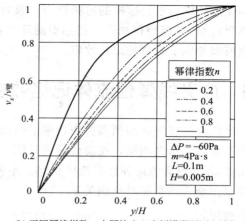

(a) 不同压力降(牛顿情况,$n=1$)　　　(b) 不同幂律指数n,由幂律广义牛顿模型预测窄缝拖动和压力驱动组合流动(情况1速度没有最大值)

图 5.8　速度曲线 1

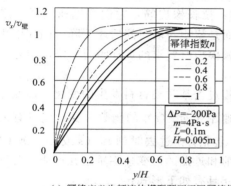
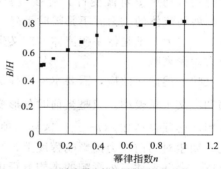

(a) 幂律广义牛顿流体模型预测不同幂律指数n　　(b) 速度最大值位置是幂律指数的函数
的流体在窄缝中拖动和压力驱动组合流动的
速度曲线(情况2,速度有最大值)

图 5.9　速度曲线 2

② 由于 GNF 模型依赖建立反映出非牛顿效应的剪切黏度 $\eta(\dot{\gamma})$ 模型,不确定这些模型是否可以用于非剪切流动。我们可以用广义牛顿流体计算非剪切材料函数,例如 $\tilde{\eta}$,$\tilde{\eta}^{+}$ 等,但许多情况下,它们与观察的实际情况不符合。

③ GNF 模型不能预测反映弹性效应的剪切法向力 N_1 和 N_2。事实上,与 $\underline{\underline{\dot{\gamma}}}$ 成正比的本构方程不能预测剪切流动中的法向应力是因为剪切流动中$\dot{\gamma}$的形式

剪切流动:
$$\underline{\underline{\dot{\gamma}}} = \begin{pmatrix} 0 & \dot{\gamma}_{21}(t) & 0 \\ \dot{\gamma}_{21}(t) & 0 & 0 \\ 0 & 0 & 0 \end{pmatrix}_{123} \tag{5-92}$$

GNF:
$$\underline{\underline{\tau}} = -\eta\,\underline{\underline{\dot{\gamma}}} = \begin{pmatrix} 0 & -\eta\,\dot{\gamma}_{21}(t) & 0 \\ -\eta\,\dot{\gamma}_{21}(t) & 0 & 0 \\ 0 & 0 & 0 \end{pmatrix}_{123} \tag{5-93}$$

④ GNF 模型是牛顿流体模型基础上直接经验扩展得到的模型,不能保证 GNF 模型中会考虑弹性效应。实际上,GNF 模型只是瞬时形变速率张量的函数,不能预测蠕变后应变

回弹和逐渐的应力增长这样的材料行为，因为这些效应依赖于形变速率张量的历史。

要超越 GNF 模型得局限，得到更能反映实际的本构方程，必须考虑记忆效应。第二组非牛顿模型考虑了材料的记忆效应。

5.6 广义线弹性流体记忆效应

幂律广义牛顿流体预测高剪切速率下的稳定流动，非常实用而且准确，这种情况下，弹性效应不重要。与之相反，流动缓慢而且依赖时间，这种流动中弹性效应起着重要作用。

GNF 方法没有考虑弹性或流体记忆。牛顿本构方程和广义牛顿本构方程二者的应力和瞬时应变张量之间是简单比例关系

牛顿流体
$$\underset{\approx}{\tau}(t) = -\mu \underset{\approx}{\dot{\gamma}}(t) \tag{5-94}$$

广义牛顿流体
$$\underset{\approx}{\tau}(t) = -\eta(\dot{\gamma}) \underset{\approx}{\dot{\gamma}}(t) \tag{5-95}$$

因为 $\underset{\approx}{\dot{\gamma}}(t)$ 代表的是只是瞬态形变，这些模型没有反映形变历史对应力的影响。然而我们知道聚合物流动历史对流变行为有强烈影响：拉长橡皮筋，它们会迅速回弹；流动启动时，聚合物剪切流体的应力并不是瞬时下降，而是累积一段时间后才下降。同样中止剪切聚合物流体时，应力并不是像牛顿流体和广义牛顿模型所要求的那样瞬时下降，而是一段有限时间后应力缓慢衰减。

为了反映上述记忆效应，需要本构方程依赖过去某时刻材料发生的变化。前面介绍的模型，牛顿和广义牛顿模型，只是当前时刻形变速率张量 $\underset{\approx}{\dot{\gamma}}(t)$ 的函数。要构建具有记忆效应的本构方程，必须包括如 $\underset{\approx}{\dot{\gamma}}(t-t_0)$ 这样的项，包括 $\underset{\approx}{\dot{\gamma}}$ 在过去时刻 t_0（s 或 min 或 h）的值，尽管如此，期望对当前应力的影响程度上，当前和近期的形变速率重于几秒或几分钟前发生的形变速率。合并上述二种影响的本构方程可能具有如下形式：

$$\underset{\underset{\text{当前时刻应力}}{\underbrace{}}}{\tau}(t) = -\bar{\eta}\Big[\underset{\underset{\text{当前应变速率}}{\underbrace{\phantom{\dot{\gamma}}}}}{\dot{\gamma}}(t) + 0.8\underset{\underset{t_0(\text{s})\text{前的应变速率}}{\underbrace{\phantom{\dot{\gamma}}}}}{\dot{\gamma}}(t-t_0)\Big] \tag{5-96}$$

这个方程中，当前形变速率的贡献项 $-\bar{\eta}\underset{\approx}{\dot{\gamma}}(t)$ 与牛顿型很像，因为它以当前的形变速率 $\underset{\approx}{\dot{\gamma}}(t)$ 为基础；方程右侧中括号内第二项 $0.8\underset{\approx}{\dot{\gamma}}(t-t_0)$，它对当前时刻 t 的应力有部分贡献，该项与当前形变没有关系，但是与 t_0（s）前的形变速率有关。因流体对过去经历有衰减记忆，当前形变速率对应力的贡献比记忆项作用大，所以记忆项的前面有个因子 0.8，表明流体已经忘记了 t_0（s）之前经历的 20%。

为预测有记忆的流体行为，下面从计算稳态剪切黏度开始，用反映记忆的本构方程计算各种材料函数。

实例 1 计算稳态剪切的材料函数 η，Ψ_1 和 Ψ_2，本构方程
$$\underset{\approx}{\tau}(t) = -\tilde{\eta}[\underset{\approx}{\dot{\gamma}}(t) + 0.8\underset{\approx}{\dot{\gamma}}(t-t_0)] \tag{5-97}$$
其中 $\tilde{\eta}$ 和 t_0 是模型常数，符号为正，$\tilde{\eta}$ 为黏度，Pa·s，t_0 为时间，s。

解：稳态剪切材料函数运动学量：
$$\vec{v} = \begin{bmatrix} \dot{\zeta}(t)x_2 \\ 0 \\ 0 \end{bmatrix}_{123} \tag{5-98}$$

$$\dot{\zeta}(t) = \dot{\gamma}_0 = 常数 \tag{5-99}$$

材料函数定义见第四章。欲计算本构方程（5-97）中的张量 $\underset{=}{\tau}$，先算 $\dot{\underset{=}{\gamma}}$，

$$\dot{\underset{=}{\gamma}} = [\nabla\vec{v} + (\nabla\vec{v})^T] = \begin{bmatrix} 0 & \dot{\gamma}_0 & 0 \\ \dot{\gamma}_0 & 0 & 0 \\ 0 & 0 & 0 \end{bmatrix}_{123} \tag{5-100}$$

因为 $\dot{\gamma}_0$ 是常量，$\dot{\underset{=}{\gamma}}$ 也是常量，因此式（5-100）给出了 $\dot{\underset{=}{\gamma}}(t)$ 和 $\dot{\underset{=}{\gamma}}(t-t_0)$ 二项，直接计算 $\underset{=}{\tau}$，

$$\underset{=}{\tau}(t) = -\tilde{\eta}[\dot{\underset{=}{\gamma}}(t) + 0.8\dot{\underset{=}{\gamma}}(t-t_0)] = -\tilde{\eta}\left[\begin{bmatrix} 0 & \dot{\gamma}_0 & 0 \\ \dot{\gamma}_0 & 0 & 0 \\ 0 & 0 & 0 \end{bmatrix}_{123} + 0.8\begin{bmatrix} 0 & \dot{\gamma}_0 & 0 \\ \dot{\gamma}_0 & 0 & 0 \\ 0 & 0 & 0 \end{bmatrix}_{123}\right]$$

$$= -1.8\tilde{\eta}\begin{bmatrix} 0 & \dot{\gamma}_0 & 0 \\ \dot{\gamma}_0 & 0 & 0 \\ 0 & 0 & 0 \end{bmatrix}_{123} \tag{5-101}$$

现在我们可以计算该模型的稳态剪切材料函数：

$$\eta = \frac{-\tau_{21}}{\dot{\gamma}_0} = 1.8\tilde{\eta} \tag{5-102}$$

$$\Psi_1 = 0 \tag{5-103}$$

$$\Psi_2 = 0 \tag{5-104}$$

如何解释这一结果？本构方程中依赖瞬时形变速率张量的部分为 $-\tilde{\eta}\dot{\underset{=}{\gamma}}$，仅描述瞬时流体特性部分是黏度为 $\tilde{\eta}$ 的牛顿流体部分 $\underset{=}{\tau} = -\tilde{\eta}\dot{\underset{=}{\gamma}}$。从这个实例可以看出，稳态剪切式（5-97）描述的记忆流体黏度比无记忆流体黏度高 1.8 倍。

该本构方程的两个法向应力系数都为零，因为这些应力正比于应变速率张量，剪切流 $\dot{\underset{=}{\gamma}}$ 的对角线项为零。

正如上面实例计算结果，含有依赖过去形变项的流体（记忆）本构方程对稳态黏度有定量影响，它对非稳态流动材料函数预测有定性影响。为了展示记忆效应如何影响非稳态剪切流动，我们将计算简单记忆流体的剪切启动材料函数 η^+，Ψ_1^+ 和 Ψ_2^+。

实例 2 计算简单记忆流体的 $\eta^+(t)$，$\Psi_1^+(t)$ 和 $\Psi_2^+(t)$

$$\underset{=}{\tau}(t) = -\tilde{\eta}[\dot{\underset{=}{\gamma}}(t) + 0.8\dot{\underset{=}{\gamma}}(t-t_0)] \tag{5-105}$$

其中 $\tilde{\eta}$ 和 t_0 是模型常数，二者符号为正，$\tilde{\eta}$ 的单位为 Pa·s，t_0 单位是 s。

解 稳定剪切启动实验的运动学量：

$$\vec{v}(t') = \begin{bmatrix} \dot{\zeta}(t')x_2 \\ 0 \\ 0 \end{bmatrix}_{123} \tag{5-106}$$

$$\dot{\zeta}(t') = \begin{cases} 0 & t' < 0 \\ \dot{\gamma}_0 & t' \geqslant 0 \end{cases} \tag{5-107}$$

运动学量中用 t'，因为这些方程需要考虑非当前时刻 t 的时间。变量 t' 是名义变量，表示是怎样的函数。

稳态剪切启动材料函数的运动学量定义：

$$\eta^+(t,\dot{\gamma}_0) \equiv \frac{-\tau_{21}}{\dot{\gamma}_0} \tag{5-108}$$

$$\Psi_1^+(t,\dot{\gamma}_0) \equiv -\frac{(\tau_{11}-\tau_{22})}{\dot{\gamma}_0^2} \tag{5-109}$$

$$\Psi_2^+(t,\dot{\gamma}_0) \equiv -\frac{(\tau_{22}-\tau_{33})}{\dot{\gamma}_0^2} \tag{5-110}$$

要计算这些函数，必须计算本构方程应力张量$\underline{\underline{\tau}}$。首先计算形变速率张量：

$$\underline{\underline{\dot{\gamma}}}(t') = [\nabla\vec{v} + (\nabla\vec{v})^T] = \begin{bmatrix} 0 & \dot{\zeta}(t') & 0 \\ \dot{\zeta}(t') & 0 & 0 \\ 0 & 0 & 0 \end{bmatrix}_{123} \tag{5-111}$$

因为$\dot{\zeta}(t')$是时间的函数，故$\underline{\underline{\dot{\gamma}}}(t')$也是时间的函数。从本构方程可以看出计算$\underline{\underline{\tau}}(t)$需要$\underline{\underline{\dot{\gamma}}}(t)$和$\underline{\underline{\dot{\gamma}}}(t-t_0)$，把$t'=t$代入式（5-107）和式（5-111）：

$$\underline{\underline{\dot{\gamma}}}(t') = \begin{cases} \underline{\underline{0}} & t<0 \\ \begin{bmatrix} 0 & \dot{\gamma}_0 & 0 \\ \dot{\gamma}_0 & 0 & 0 \\ 0 & 0 & 0 \end{bmatrix}_{123} & t\geqslant 0 \end{cases} \tag{5-112}$$

要计算$\underline{\underline{\dot{\gamma}}}(t-t_0)$，把$t'=t=t_0$代入式（5-111）和式（5-107），

$$\underline{\underline{\dot{\gamma}}}(t-t_0) = \begin{cases} \underline{\underline{0}} & t-t_0<0 \\ \begin{bmatrix} 0 & \dot{\gamma}_0 & 0 \\ \dot{\gamma}_0 & 0 & 0 \\ 0 & 0 & 0 \end{bmatrix}_{123} & t-t_0\geqslant 0 \end{cases}$$

$$= \underline{\underline{\dot{\gamma}}}(t') = \begin{cases} \underline{\underline{0}} & t<t_0 \\ \begin{bmatrix} 0 & \dot{\gamma}_0 & 0 \\ \dot{\gamma}_0 & 0 & 0 \\ 0 & 0 & 0 \end{bmatrix}_{123} & t\geqslant t_0 \end{cases} \tag{5-113}$$

现在可以计算本构方程$\underline{\underline{\tau}}(t)$，

$$\underline{\underline{\tau}}(t) = -\tilde{\eta}[\underline{\underline{\dot{\gamma}}}(t) + \underline{\underline{\dot{\gamma}}}(t-t_0)] \tag{5-114}$$

求t和$t-t_0$时二个形变速率张量之和，要考虑三个不同的时间间隔：

$$t<0 \qquad \underline{\underline{\tau}}(t) = -\tilde{\eta}[\underline{\underline{0}} + \underline{\underline{0}}] \tag{5-115}$$

$$0\leqslant t<t_0 \qquad \underline{\underline{\tau}}(t) = -\tilde{\eta}\begin{bmatrix} 0 & \dot{\gamma}_0 & 0 \\ \dot{\gamma}_0 & 0 & 0 \\ 0 & 0 & 0 \end{bmatrix}_{123} + \underline{\underline{0}} \tag{5-116}$$

$$t\geqslant t_0 \qquad \underline{\underline{\tau}}=-\widetilde{\eta}\left[\begin{bmatrix} 0 & \dot{\gamma}_0 & 0 \\ \dot{\gamma}_0 & 0 & 0 \\ 0 & 0 & 0 \end{bmatrix}_{123}+0.8\begin{bmatrix} 0 & \dot{\gamma}_0 & 0 \\ \dot{\gamma}_0 & 0 & 0 \\ 0 & 0 & 0 \end{bmatrix}_{123}\right] \tag{5-117}$$

因此稳态剪切启动的简单记忆本构方程应力为

$$\underline{\underline{\tau}}(t)=\begin{cases} \underline{\underline{0}} & t<0 \\[4pt] -\widetilde{\eta}\begin{bmatrix} 0 & \dot{\gamma}_0 & 0 \\ \dot{\gamma}_0 & 0 & 0 \\ 0 & 0 & 0 \end{bmatrix}_{123} & 0\leqslant t<t_0 \\[4pt] -1.8\,\widetilde{\eta}\left[\begin{bmatrix} 0 & \dot{\gamma}_0 & 0 \\ \dot{\gamma}_0 & 0 & 0 \\ 0 & 0 & 0 \end{bmatrix}_{123}\right. & t\geqslant t_0 \end{cases} \tag{5-118}$$

现在由题目给出的定义式（5-108）～式（5-110）计算材料函数 $\eta^+(t)$，$\Psi_1^+(t)$ 和 $\Psi_2^+(t)$：

$$\eta^+(t)=\begin{cases} 0 & t<0 \\ \widetilde{\eta} & 0\leqslant t<t_0 \\ 1.8\,\widetilde{\eta} & t\geqslant t_0 \end{cases} \tag{5-119}$$

$$\Psi_1^+(t)=0 \tag{5-120}$$

$$\Psi_2^+(t)=0 \tag{5-121}$$

计算得出的剪切应力增长函数 $\eta^+(t)$ 示意图见图 5.10。

启动实验中，简单记忆流体应力分两步增长，与之对比，纯牛顿流体在稳定剪切启动 $t=0$ 瞬时一步增长到稳定黏度值。虽然简单模型无法准确预测实际 η^+ 的平稳上升，但是本构模型含连续依赖 $\dot{\gamma}$ 历史，η^+ 逐渐增加就是追忆聚合物流体的实际响应，模型能正确预测到 η^+ 的平稳上升。因此当前时刻应力 $\underline{\underline{\tau}}(t)$ 包含对形变张量 $\dot{\underline{\underline{\gamma}}}(t)$ 历史的依赖，可以模型化许多记忆效应，如逐渐上升的 η^+ 以及逐渐下降的 η^-、阶梯应变实验 $G(t)$ 的形状和其他依赖时间的效应。

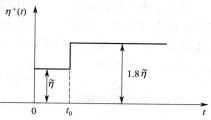

图 5.10　简单记忆流体的剪切
应力增长函数 η^+

5.7　MAXWELL 模型

前面介绍反映弹性的本构方程一定含有流体经历形变的一些历史信息，简单记忆流体本构方程包含形变的历史信息有限，前面实例反映出流体对过去形变是衰减记忆，即不完全记忆。这里介绍另一种改进简单记忆流体的模型——Maxwell 模型。

（1）简单 Maxwell 模型

Maxwell 模型的提出路径不同于前面模型，简单记忆流体是把过去形变经历通过积分贡献到当前时刻的应力中，而 Maxwell 模型是以微分方式反映弹性。

Maxwell 模型是把黏性行为和弹性行为直接组合在一个本构方程。前面的牛顿流体使我们了解一些黏性行为，对于弹性固体的剪切变形响应，理想弹性固体遵循胡克定律：

$$\text{胡克定律（只有剪切）} \quad \tau_{21}(t) = -G\frac{\partial u_1}{\partial x_2} = -G\gamma_{21}(t_{\text{ref}}, t) \tag{5-122}$$

其中，G 是标量常数，称作弹性模量。换句话，胡克定律表示剪切应力与剪切应变成正比。应变是当前时刻 t 样品相对其参考时间 t_{ref} 或其他感兴趣时间的形变，胡克定律的参考时间取应力为零（$\tau_{21}=0$）时的时间。由此看出胡克材料产生的应力仅依赖于系统的当前状态和参考状态，不依赖于瞬时形变速率。

如果把胡克定律中的应变改写成应力张量，那么胡克定律就不只应用于剪切流动：

$$\text{无限小应变张量} \quad \underline{\underline{\gamma}}(t_{\text{ref}}, t) = \left[\nabla\vec{u} + (\nabla\vec{u})^T\right] \tag{5-123}$$

$$\text{胡克定律（低速率）} \quad \underline{\underline{\tau}}(t) = -G\underline{\underline{\gamma}}(t_{\text{ref}}, t) \tag{5-124}$$

矢量 $\vec{u}(t_{\text{ref}}, t) = \vec{r}(t) - \vec{r}(t_{\text{ref}})$ 给出了流体粒子在时间 t_{ref} 和当前时间 t 之间的位移。张量 $\nabla\vec{u}$ 称作位移梯度张量，应变张量 $\underline{\underline{\gamma}}(t_{\text{ref}}, t)$ 称作无限小应变张量。回想剪切应变和剪切速率的关系，

$$\gamma_{21}(t_{\text{ref}}, t) = \int_{t_{\text{ref}}}^{t} \dot{\gamma}_{21}(t')\,\mathrm{d}t' \tag{5-125}$$

变量 t' 是积分名义变量。小位移梯度下，张量 $\underline{\underline{\dot{\gamma}}}$ 和 $\underline{\underline{\gamma}}$ 的各项系数都保持这种关系，

$$\gamma_{pk}(t_{\text{ref}}, t) = \int_{t_{\text{ref}}}^{t} \dot{\gamma}_{pk}(t')\,\mathrm{d}t' \tag{5-126}$$

上述无限小应变张量分量表达式对应变速率积分是基于小应变速率范围内应变具有可加性的假设。

胡克定律是经验式，只在小位移梯度下成立。对于橡胶、交联凝胶或小应变金属，胡克固体本构方程是很好模型。对于聚合物合金，需要的是能反映一些弹性效应同时还能预测黏性效应和流动结合在一起的本构方程。James Clerk Maxwell 在 1867 年提出了剪切流动中的具有这样性能的方程：

$$\text{Maxwell 方程（标量）} \quad \tau_{21} + \frac{\mu}{G}\frac{\partial \tau_{21}}{\partial t} = -\mu\dot{\gamma}_{21} \tag{5-127}$$

稳态（$\partial\tau_{21}/\partial t \to 0$）时，上述方程就变为牛顿黏性定律。对于短时间内快速运动（$t \to 0$），时间导数项远大于剪切应力项，而且如果忽略方程（5-127）中的 τ_{21}，弹性固体的胡克定律就变为：

$$\frac{\partial\tau_{21}}{\partial t} \gg \tau_{21} \tag{5-128}$$

$$\frac{\mu}{G}\frac{\partial\tau_{21}}{\partial t} = -\mu\dot{\gamma}_{21} \tag{5-129}$$

$$\frac{\partial\tau_{21}}{\partial t} = -G\dot{\gamma}_{21} \tag{5-130}$$

$$\tau_{21}(t) = -G\int_{t_{\text{ref}}}^{t} \dot{\gamma}_{21}(t')\,\mathrm{d}t' = -G\gamma_{21}(t_{\text{ref}}, t) \tag{5-131}$$

式（5-131）第一个等号后的积分，取 $\tau_{21}(t_{\text{ref}})=0$。Maxwell 方程完全是经验式，有效性仅取决于预测与观察的剪切行为符合程度。由于使用 γ_{21} 和 $\dot{\gamma}_{21}$ 之间的关系，Maxwell 方程被限

制在小应变情况下使用，它是标量方程，不是张量方程，限用于剪切流动。

Maxwell 方程把黏性和弹性表达式组合在一起，虽然弹性和黏性效应的组合有各种组合方式，但是为什么那样组合？考虑产生力的两个基本力学元件弹簧和减震器，就会找到问题的答案。如果弹簧经历一个位移 $D_{弹簧}$，它就会在位移相反方向产生回复力：

$$f = -G_{sp}D_{弹簧} \tag{5-132}$$

式中，f 是抵抗力的大小；G_{sp} 是弹簧力常量。这个力定律类似弹性固体胡克定律。减震器就像汽车上的减震器：在黏性流体内移动活塞。当活塞以速度 $dD_{减震器}/dt$ 在液体中移动时，由此产生的抵抗力大小 f 与流体黏度有关：

$$f = -\mu \frac{dD_{减震器}}{dt} \tag{5-133}$$

其中，μ 是流体黏度；$D_{减震器}$ 表示活塞位移。如果把弹簧和减震器串联连接（参见图 5.11），弹簧发生形变，活塞在减震器液体中移动。二个单元将受同样大小的作用力，但是每个单元经历的位移不同。二个单元串联的总位移 $D_{总}$ 是各个单元位移之和：

$$D_{总} = D_{弹簧} + D_{减震器} \tag{5-134}$$

方程（5-134）取时间导数，代入 $D_{弹簧}$［式(5-132)］和 $D_{减震器}$［式（5-133）］的表达式，得到和 Maxweill 类似的总力 f 方程：

$$f + \frac{\mu}{G_{sp}} \frac{df}{\partial t} = -\mu \frac{dD_{总}}{dt} \tag{5-135}$$

Maxwell 方程可以解释为流体黏性和弹性的串联组合。当然，黏弹性流体中应力的黏性和弹性还有其他组合，例如并联组合或一个弹性元件与弹性/黏性元件并联组合等，关于弹簧和减震器多种组合方式成为可能的流变模型，已经进行了多年研究。所有这些模型都是经验式，选择一个表达式而不是选其他表达式的理由就是模型预测是否正确反映实验数据。

牛顿流体方程和胡克方程以某种意义组合为 Maxwell 方程，两个方程都限制在稳态和短时间条件下，并且按照物理类比方式串联组合弹簧和减震器。然而它还不算本构方程，因为它不是张量方程，而且还得看 Maxwell 方程的预测是否具有实用性。

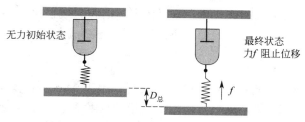

图 5.11 弹簧和减震器串联组合的位移

初始组合单元不受力，单元位移 $D_{总}$ 后经受与位移方向相反的力 f

为克服 Maxwell 上面表达式的局限，用张量替代应力标量和运动学量，将 Maxwell 方程推广为张量形式。这样做法严谨性不够，但由于方程是经验式，没有明显违反法则。拓展后的 Maxwell 流体本构方程是

Maxwell 模型（微分形式）　　　$\underset{=}{\tau} + \lambda \frac{\partial \underset{=}{\tau}}{\partial t} = -\eta_0 \underset{=}{\dot{\gamma}}$　　　　(5-136)

因为限定条件是小速率，这和零切黏度相关，故用 η_0 代替 μ。另外，还用 λ 替代 μ/G，单位是 s，这是前面定义的材料松弛时间。张量与标量 Maxwell 方程的限制条件相同。稳态时，

它就变成牛顿本构方程 $\underline{\underline{\tau}} = -\eta_0 \underline{\underline{\dot\gamma}}$；短时条件下，它就变成胡克定律本构方程 $\underline{\underline{\tau}} = -(\eta_0/\lambda)\underline{\underline{\gamma}}$ (t_{ref}, t)，$G = \eta_0/\lambda$。

注意 Maxwell 模型 [方程（5-136）] 是 $\underline{\underline{\tau}}$ 的微分方程。要计算应力，须求解 Maxwell 模型中的应力张量，对积分因子 $(1/\lambda)\mathrm{e}^{1/\lambda}$ 积分得到 $\underline{\underline{\tau}}$。Maxwell 微分方程为

$$\underline{\underline{\tau}} + \lambda \frac{\partial \underline{\underline{\tau}}}{\partial t} = -\eta_0 \underline{\underline{\dot\gamma}} \tag{5-137}$$

乘以 $(1/\lambda)\mathrm{e}^{\frac{1}{\lambda}}$ 得到
$$\left(\frac{1}{\lambda}\right)\mathrm{e}^{\frac{1}{\lambda}}\underline{\underline{\tau}} + \mathrm{e}^{\frac{1}{\lambda}}\frac{\partial \underline{\underline{\tau}}}{\partial t} = -\eta_0\left(\frac{1}{\lambda}\right)\mathrm{e}^{\frac{1}{\lambda}}\underline{\underline{\dot\gamma}} \tag{5-138}$$

整理得到
$$\frac{\partial}{\partial t}\left(\mathrm{e}^{\frac{1}{\lambda}}\underline{\underline{\tau}}\right) = \frac{-\eta_0}{\lambda}\mathrm{e}^{\frac{1}{\lambda}}\underline{\underline{\dot\gamma}} \tag{5-139}$$

从过去所经历时间到感兴趣时间 t 积分，

$$\int_{-\infty}^{t}\mathrm{d}\left[\mathrm{e}^{\frac{t'}{\lambda}}\underline{\underline{\tau}}(t')\right] = \int_{-\infty}^{t}\frac{-\eta_0}{\lambda}\mathrm{e}^{\frac{t'}{\lambda}}\underline{\underline{\dot\gamma}}(t')\,\mathrm{d}t' \tag{5-140}$$

$$\mathrm{e}^{\frac{t'}{\lambda}}\underline{\underline{\tau}}(t')\Big|_{-\infty}^{t} = \int_{-\infty}^{t}\frac{-\eta_0}{\lambda}\mathrm{e}^{\frac{t'}{\lambda}}\underline{\underline{\dot\gamma}}(t')\,\mathrm{d}t' \tag{5-141}$$

如果令 $t = -\infty$ 时，应力是有限值，可以简化方程左边，得到

$$\mathrm{e}^{\frac{t}{\lambda}}\underline{\underline{\tau}}(t') = \int_{-\infty}^{t}\frac{-\eta_0}{\lambda}\mathrm{e}^{\frac{t'}{\lambda}}\underline{\underline{\dot\gamma}}(t')\,\mathrm{d}t' \tag{5-142}$$

$$\underline{\underline{\tau}}(t) = \mathrm{e}^{\frac{t}{\lambda}}\int_{-\infty}^{t}\frac{-\eta_0}{\lambda}\mathrm{e}^{\frac{t'}{\lambda}}\underline{\underline{\dot\gamma}}(t')\,\mathrm{d}t' \tag{5-143}$$

Maxwell 模型（积分形式）
$$\underline{\underline{\tau}}(t) = -\int_{-\infty}^{t}\left[\frac{-\eta_0}{\lambda}\mathrm{e}^{\frac{-(t-t')}{\lambda}}\right]\underline{\underline{\dot\gamma}}(t')\,\mathrm{d}t' \tag{5-144}$$

再次注意时间 t'（积分的名义变量）和 t（当前时间）的不同含义，后者是正在计算 $\underline{\underline{\tau}}$ 的时间。$\mathrm{e}^{\frac{-t}{\lambda}}$ 是积分 t' 的常量，可以移入或移出积分项。

方程（5-144）是 Maxwell 模型的积分形式，是二参数（η_0 和 λ）本构方程。Maxwell 模型中，应力与过去某时刻 t' 的剪切速率张量 $\underline{\underline{\dot\gamma}}(t')$ 的积分成正比，

$$\underline{\underline{\tau}}(t) = -\int_{-\infty}^{t}\overbrace{\left[\frac{-\eta_0}{\lambda}\mathrm{e}^{\frac{-(t-t')}{\lambda}}\right]}^{\text{遗忘函数变量}}\overbrace{\underline{\underline{\dot\gamma}}(t')}^{\text{过去时间的}\dot\gamma}\,\mathrm{d}t' \tag{5-145}$$

这里 Maxwell 模型是前述原始记忆模型的完善模型。因为 Maxwell 模型计算 t 时刻的应力，积分过去时间 t' 经历，它不仅是瞬时剪切速率张量的函数，也是剪切速率张量历史的函数。Maxwell 模型中，函数 $\dfrac{-\eta_0}{\lambda}\mathrm{e}^{\frac{-(t-t')}{\lambda}}$ 表明流体在 t 时刻对过去变形的记忆有多少，起权重作用，是 t 和 t' 间隔之间的递减函数，即更早时刻发生的形变对当前时刻 t 的形变影响较小，是连续遗忘函数，比较合适聚合物流体。

新确认的本构方程满足对聚合物本构方程的多项要求：具有张量阶，可以预测对称应力张量，明显不违反材料客观性约束。此外，本构方程是形变速率张量历史的函数，能预测记忆效应，当 t' 回退到越来越远的过去时，连续变化的遗忘因子能权衡 $\underline{\underline{\dot\gamma}}(t')$ 的重要性。

任何本构方程的最终检验都是方程的预测是否与实验观察相符。下面我们用 Maxwell 模型计算材料函数，然后进行预测与测量对比。

实例 1　用 Maxwell 本构方程预测稳态剪切材料函数 $\eta(\dot{\gamma})$，$\Psi_1(\dot{\gamma})$ 和 $\Psi_2(\dot{\gamma})$。

解：计算材料函数，从运动学量开始。对于稳态剪切流动

$$\vec{v} = \begin{bmatrix} \dot{\zeta}(t)x_2 \\ 0 \\ 0 \end{bmatrix}_{123} \tag{5-146}$$

$$\dot{\zeta}(t) = \dot{\gamma}_0 = 常数 \tag{5-147}$$

稳态剪切流动的材料函数是稳态剪切黏度

$$\eta \equiv \frac{-\tau_{21}}{\dot{\gamma}_0} \tag{5-148}$$

Maxwell 模型的应力 τ_{21} 计算如下：

$$\underline{\underline{\tau}} = -\int_{-\infty}^{t} \frac{\eta_0}{\lambda} e^{\frac{-(t-t')}{\lambda}} \underline{\underline{\dot{\gamma}}}(t')\,\mathrm{d}t' = -\int_{-\infty}^{t} \frac{\eta_0}{\lambda} e^{\frac{-(t-t')}{\lambda}} \begin{bmatrix} 0 & \dot{\gamma}_0 & 0 \\ \dot{\gamma}_0 & 0 & 0 \\ 0 & 0 & 0 \end{bmatrix}_{123} \mathrm{d}t' \tag{5-149}$$

$$\tau_{21}(t) = -\int_{-\infty}^{t} \frac{\eta_0}{\lambda} e^{\frac{-(t-t')}{\lambda}} \dot{\gamma}_0\,\mathrm{d}t' = -\eta_0\,\dot{\gamma}_0\, e^{\frac{-(t-t')}{\lambda}}\Big|_{-\infty}^{t} = -\eta_0\dot{\gamma}_0 \tag{5-150}$$

由黏度定义

$$\eta \equiv \frac{-\tau_{21}}{\dot{\gamma}_0} = \eta_0 \tag{5-151}$$

因此得到 Maxwell 模型预测的稳态下满意解，黏度 η_0。这个参数在 Maxwell 模型反映黏性效应。因为 Maxwell 本构方程正比于 $\underline{\underline{\dot{\gamma}}}$，剪切流 $\underline{\underline{\dot{\gamma}}}$ 的对角线分量为零，所以两个法向应力系数都为零。

$$\Psi_1 = -\frac{(\tau_{11} - \tau_{22})}{\dot{\gamma}_0^2} = 0 \tag{5-152}$$

$$\Psi_2 = -\frac{(\tau_{22} - \tau_{33})}{\dot{\gamma}_0^2} = 0 \tag{5-153}$$

现在我们研究依赖时间剪切流的 Maxwell 模型预测的情况。

实例 2　用 Maxwell 本构方程计算阶梯应变材料函数 $G(t,\gamma_0)$，$G_{\Psi_1}(t,\gamma_0)$ 和 $G_{\Psi_2}(t,\gamma_0)$。

解：剪切流阶梯应变实验速度场为

$$\vec{v}(t) = \begin{bmatrix} \dot{\zeta}(t')x_2 \\ 0 \\ 0 \end{bmatrix}_{123} \tag{5-154}$$

$$\dot{\zeta}(t') = \lim_{\varepsilon \to 0} \dot{\zeta}(t',\varepsilon) \tag{5-155}$$

$$\dot{\zeta}(t',\varepsilon) = \begin{cases} 0 & t' < 0 \\ \dfrac{\gamma_0}{\varepsilon} & 0 \leqslant t' < \varepsilon \\ 0 & t' \geqslant \varepsilon \end{cases} \tag{5-156}$$

剪切速率张量是

$$\underline{\dot{\gamma}}(t') = \begin{bmatrix} 0 & \dot{\zeta}(t') & 0 \\ \dot{\zeta}(t') & 0 & 0 \\ 0 & 0 & 0 \end{bmatrix}_{123} \tag{5-157}$$

Maxwell 流体剪切流的应力张量为

$$\underline{\tau} = -\int_{-\infty}^{t} \frac{\eta_0}{\lambda} e^{\frac{-(t-t')}{\lambda}} \begin{bmatrix} 0 & \dot{\zeta}(t') & 0 \\ \dot{\zeta}(t') & 0 & 0 \\ 0 & 0 & 0 \end{bmatrix}_{123} dt' \tag{5-158}$$

材料函数 $G(t,\gamma_0)$，$G_{\Psi_1}(t,\gamma_0)$ 和 $G_{\Psi_2}(t,\gamma_0)$ 定义为

$$G(t,\gamma_0) = \frac{-\tau_{21}}{\gamma_0} \tag{5-159}$$

$$G_{\Psi_1}(t,\gamma_0) = \frac{-(\tau_{11}-\tau_{22})}{\gamma_0^2} \tag{5-160}$$

$$G_{\Psi_2}(t,\gamma_0) = \frac{-(\tau_{22}-\tau_{33})}{\gamma_0^2} \tag{5-161}$$

其中 γ_0 为阶梯应变的大小。

由式（5-158）计算 $\tau_{21}(t)$，由 Maxwell 模型预测的材料函数 $G(t,\gamma_0)$：

$$\tau_{21}(t) = -\int_{-\infty}^{t} \frac{\eta_0}{\lambda} e^{\frac{-(t-t')}{\lambda}} \dot{\zeta}(t') \, dt' \tag{5-162}$$

$$-\tau_{21}(t,\varepsilon) = \int_{-\infty}^{0} 0 \, dt' + \int_{0}^{\varepsilon} \frac{\eta_0}{\lambda} e^{\frac{-(t-t')}{\lambda}} \frac{\gamma_0}{\varepsilon} \, dt' + \int_{\varepsilon}^{t} 0 \, dt' = \frac{\gamma_0 \eta_0}{\lambda \varepsilon} \int_{0}^{\varepsilon} e^{\frac{-(t-t')}{\lambda}} dt' \tag{5-163}$$

$$G(t,\gamma_0) = \lim_{\varepsilon \to 0} \frac{-\tau_{21}(t,\varepsilon)}{\gamma_0} = \lim_{\varepsilon \to 0} \frac{\frac{\eta_0}{\lambda} \int_{0}^{\varepsilon} e^{\frac{-(t-t')}{\lambda}} dt'}{\varepsilon} \tag{5-164}$$

材料函数依赖 γ_0。因为最后表达式中取极限时，分子和分母都是零，可以应用罗必达法则（l'Hopital）完成计算。据莱布尼茨（Leibnitz）法则，分子对 ε 求导数，

$$G(t,\gamma_0) = \lim_{\varepsilon \to 0} \frac{\frac{\eta_0}{\lambda} \int_{0}^{\varepsilon} e^{\frac{-(t-t')}{\lambda}} dt'}{\varepsilon} = \lim_{\varepsilon \to 0} \frac{\frac{\eta_0}{\lambda} \frac{d}{d\varepsilon} \int_{0}^{\varepsilon} e^{\frac{-(t-t')}{\lambda}} dt'}{\frac{d}{d\varepsilon}\varepsilon} = \lim_{\varepsilon \to 0} \frac{\eta_0}{\lambda} e^{\frac{-(t-\varepsilon)}{\lambda}} \tag{5-165}$$

Maxwell 模型松弛模量

$$G(t) = \frac{\eta_0}{\lambda} e^{\frac{-t}{\lambda}} \tag{5-166}$$

因此 Maxwell 模型松弛模量是随时间按指数衰减，如图 5.12。

由于 Maxwell 流体剪切流的对角线应力分量为零，所以阶梯剪切应变中其他两个材料函数为零，

$$G_{\Psi_1}(t,\gamma_0) = \frac{-(\tau_{11}-\tau_{22})}{\gamma_0^2} = 0 \tag{5-167}$$

$$G_{\Psi_2}(t,\gamma_0) = \frac{-(\tau_{22}-\tau_{33})}{\gamma_0^2} = 0 \tag{5-168}$$

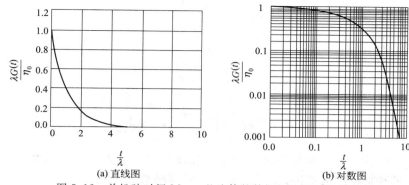

(a) 直线图　　　　　　　　　　　　　　　(b) 对数图

图 5.12　单松弛时间 Maxwell 流体的剪切松弛模量示意图

　　从前面的实例 2 可以看出，Maxwell 模型对松弛模量 $G(t)$ 作了合理预测。该模型只有两个参数，η_0 和 λ，因此 Maxwell 模型不可能拟合好大部分的松弛模量实验曲线，但是与牛顿和广义牛顿模型相比，Maxwell 模型能很好反映这类瞬变实验中聚合物的真实剪切行为。

　　下面定性检验 Maxwell 模型在拉伸流动中的预测情况。

实例 3　用 Maxwell 本构方程，计算稳态单轴拉伸黏度 $\overline{\eta}$。

解：稳态单轴拉伸的运动学量

$$\vec{v} = \begin{bmatrix} -\dfrac{1}{2}\dot{\epsilon}(t)x_1 \\[2mm] -\dfrac{1}{2}\dot{\epsilon}(t)x_2 \\[2mm] \dot{\epsilon}(t)x_3 \end{bmatrix}_{123} \quad \dot{\epsilon}_0 > 0 \tag{5-169}$$

其中 $\dot{\epsilon}(t) = \dot{\epsilon}_0$ 是正值常数。形变速率张量为

$$\underline{\underline{\dot{\gamma}}} = \begin{bmatrix} -\dot{\epsilon}_0 & 0 & 0 \\ 0 & -\dot{\epsilon}_0 & 0 \\ 0 & 0 & 2\dot{\epsilon}_0 \end{bmatrix}_{123} \tag{5-170}$$

形变速率张量的大小为 $\dot{\epsilon}_0\sqrt{3}$。单轴拉伸黏度定义为

$$\overline{\eta}(\dot{\epsilon}_0) \equiv \frac{-(\tau_{33} - \tau_{11})}{\dot{\epsilon}_0} \tag{5-171}$$

计算 Maxwell 流体的应力张量，

$$\underline{\underline{\tau}} = -\int_{-\infty}^{t} \frac{\eta_0}{\lambda} e^{\frac{-(t-t')}{\lambda}} \underline{\underline{\dot{\gamma}}}\, dt'$$

$$= -\int_{-\infty}^{t} \frac{\eta_0}{\lambda} e^{\frac{-(t-t')}{\lambda}} \begin{bmatrix} \dot{\epsilon}_0 & 0 & 0 \\ 0 & \dot{\epsilon}_0 & 0 \\ 0 & 0 & 2\dot{\epsilon}_0 \end{bmatrix}_{123} dt'$$

$$= -\int_{-\infty}^{t} \frac{\eta_0}{\lambda} e^{\frac{-(t-t')}{\lambda}}\, dt' \begin{bmatrix} \dot{\epsilon}_0 & 0 & 0 \\ 0 & \dot{\epsilon}_0 & 0 \\ 0 & 0 & 2\dot{\epsilon}_0 \end{bmatrix}_{123}$$

$$= \begin{pmatrix} \eta_0 \dot{\epsilon}_0 & 0 & 0 \\ 0 & \eta_0 \dot{\epsilon}_0 & 0 \\ 0 & 0 & -2\eta_0\dot{\epsilon}_0 \end{pmatrix}_{123} \qquad (5\text{-}172)$$

现在计算 $\bar{\eta}$

$$\bar{\eta}(\dot{\epsilon}_0) \equiv \frac{-(\tau_{33}-\tau_{11})}{\dot{\epsilon}_0} = 3\eta_0 \qquad (5\text{-}173)$$

可以看出 Maxwell 模型与牛顿模型预测的拉伸黏度相同。特鲁顿 $\bar{\eta}/\eta_0$ 比是 3，这是一个合理的结果，牛顿和幂律广义牛顿流体也可以得到同样结果。

（2）广义 Maxwell 模型

正如前面第二个实例的结果，Maxwell 模型流体的剪切应力松弛模量随时间呈指数衰减，这种响应不依赖于应变 γ_0 的大小。尽管单指数衰减函数确实能定性描述许多流体的应力，但是从图 5.13 窄分子量分布聚苯乙烯溶液的结果可以看出它不能定量拟合。大多数流体没有单松弛时间 λ，但是却有多松弛时间。如果合计 4 个 Maxwell 模型（参见图 5.14）的话，就能很好拟合图 5.13 中的数据。如果假定应力具有相加性，即总应力可以由各个松弛时间所致的应力之和表示，就可以改进 Maxwell 本构方程来描述具有多松弛时间的材料。

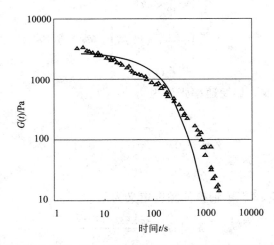

图 5.13　窄分子量分布（$M_w = 1.8 \times 10^6$）聚苯乙烯溶液的松弛模量数据

33.5℃，浓度 20%氯化二苯溶液。数据为小应变（$\gamma_0 = 0.41, 1.87$），

而且独立于应变。图中还有用 Maxwell 模型预测 $G(t)$ 的结果，$\lambda = 150\mathrm{s}$，

$g = \eta_0/\lambda = 2500\mathrm{Pa}$。注数据来自 Einaga 等 polym. J.，2，550-552（1971）

下面用数学表示我们上述的文字描述。假定流体有多个松弛时间 λ_k，可以写出每个松弛时间 λ_k 的 Maxwell 模型。对于每个松弛时间 λ_k 和 η_k，有附加应力张量 $\underline{\underline{\tau}}_{(k)}$：

$$\underline{\underline{\tau}}_{(k)} + \lambda_{(k)} \frac{\partial \underline{\underline{\tau}}_{(k)}}{\partial t} = -\eta_k \underline{\underline{\dot{\gamma}}} \qquad (5\text{-}174)$$

由多应力之和得到全部附加应力张量 $\underline{\underline{\tau}}$，

$$\underline{\underline{\tau}} = \sum_{k=1}^{N} \underline{\underline{\tau}}_{(k)} = \sum_{k=1}^{N} \left[-\int_{-\infty}^{t} \frac{\eta_k}{\lambda_k} \mathrm{e}^{\frac{-(t-t')}{\lambda_k}} \underline{\underline{\dot{\gamma}}}(t')\,\mathrm{d}t' \right] \qquad (5\text{-}175)$$

广义 Maxwell 模型

$$\underline{\underline{\tau}} = -\int_{-\infty}^{t} \left[\sum_{k=1}^{N} \frac{\eta_k}{\lambda_k} \, e^{-\frac{(t-t')}{\lambda_k}} \right] \underline{\underline{\dot{\gamma}}}(t') \, dt' \tag{5-176}$$

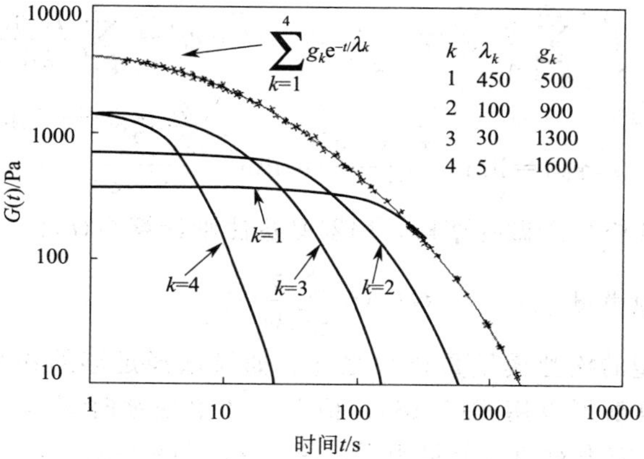

图 5.14　松弛模量数据（来自图 5.13）与 Maxwell 模型预测的 4 个 $G(t)$ 对比

模型参数为 λ_k 和 $g_k = \eta_k / \lambda_k$。选用更多的 λ_k 和 g_k，拟合效果会更好

　　上述表达式被称为广义 Maxwell 模型。这个模型有 $2N$ 个参数，λ_k 和 η_k，$k=1$ 到 N。因其有足够的灵活性，可以拟合任何应力松弛实验曲线。这里还有一个问题：这个模型预测期望的指数之和？下面计算广义 Maxwell 模型的 $G(t)$ 来回答这个问题。

实例 4　用广义 Maxwell 本构方程计算剪切应变材料函数 $G(t, \gamma_0)$，$G_{\Psi_1}(t, \gamma_0)$ 和 $G_{\Psi_2}(t, \gamma_0)$。

解：剪切流动阶梯应变实验速度场为

$$\vec{v} = \begin{bmatrix} \dot{\zeta}(t) x_2 \\ 0 \\ 0 \end{bmatrix}_{123} \tag{5-177}$$

$$\dot{\zeta}(t') = \lim_{\varepsilon \to 0} \dot{\zeta}(t', \varepsilon) \tag{5-178}$$

$$\dot{\zeta}(t', \varepsilon) = \begin{cases} 0 & t' < 0 \\ \dot{\gamma}_0 = \dfrac{\gamma_0}{\varepsilon} & 0 \leqslant t' < \varepsilon \\ 0 & t' \geqslant \varepsilon \end{cases} \tag{5-179}$$

剪切速率张量是

$$\underline{\underline{\dot{\gamma}}} = \begin{bmatrix} 0 & \dot{\zeta}(t) & 0 \\ \dot{\zeta}(t) & 0 & 0 \\ 0 & 0 & 0 \end{bmatrix}_{123} \tag{5-180}$$

对于广义 Maxwell 流体，这种流动的应力张量为

$$\underline{\underline{\tau}}(t) = -\int_{-\infty}^{t} \left[\sum_{k=1}^{N} \frac{\eta_k}{\lambda_k} \, e^{-\frac{(t-t')}{\lambda_k}} \right] \begin{bmatrix} 0 & \dot{\zeta}(t') & 0 \\ \dot{\zeta}(t') & 0 & 0 \\ 0 & 0 & 0 \end{bmatrix}_{123} dt' \tag{5-181}$$

用式(5-181) 的 $\tau_{21}(t)$ 计算 Maxwell 模型材料函数 $G(t, \gamma_0)$：

$$\tau_{21}(t) = -\int_{-\infty}^{t}\left[\sum_{k=1}^{N}\frac{\eta_k}{\lambda_k}e^{\frac{-(t-t')}{\lambda_k}}\right]\dot{\zeta}(t')\,dt' \tag{5-182}$$

$$-\tau_{21}(t,\varepsilon) = \int_{-\infty}^{0}0\,dt' + \int_{0}^{\varepsilon}\left[\sum_{k=1}^{N}\frac{\eta_k}{\lambda_k}e^{\frac{-(t-t')}{\lambda_k}}\right]\frac{\gamma_0}{\varepsilon}\,dt' + \int_{\varepsilon}^{t}0\,dt' = \sum_{k=1}^{N}\frac{\gamma_0\,\eta_k}{\lambda_k\varepsilon}\int_{0}^{\varepsilon}e^{\frac{-(t-t')}{\lambda_k}}\,dt' \tag{5-183}$$

$$G(t,\gamma_0) = \lim_{\varepsilon\to0}\frac{-\tau_{21}(t,\varepsilon)}{\gamma_0} = \lim_{\varepsilon\to0}\frac{\sum_{k=1}^{N}\frac{\eta_k}{\lambda_k}\int_{0}^{\varepsilon}e^{\frac{-(t-t')}{\lambda_k}}\,dt'}{\varepsilon} \tag{5-184}$$

像单松弛时间 Maxwell 模型所做的那样，用罗必达法则计算 $G(t,\gamma_0)$。结果不依赖 γ_0：

广义 Maxwell 模型松弛模量
$$G(t) = \sum_{k=1}^{N}\frac{\eta_k}{\lambda_k}e^{\frac{-t}{\lambda_k}} \tag{5-185}$$

因此广义 Maxwell 模型的松弛模量是指数之和。如果选择足够的松弛时间，即 N 足够大，观察到的任意松弛响应都可以用式（5-185）拟合。如单松弛时间 Maxwell 模型那样，广义 Maxwell 流体剪切流的应力对角线分量为零，$G_{\Psi_1}(t,\gamma_0)=G_{\Psi_2}(t,\gamma_0)=0$。

5.8 广义线性黏弹性模型（GLVE）

Maxwell 模型和广义 Maxwell 模型结构相同，只是括号中的函数形式不同。可以进一步拓展这两个模型定义广义线性黏弹模型：

广义线性黏弹（GLVE）模型
$$\underline{\underline{\tau}}(t) = -\int_{-\infty}^{t}g(t-t')\,\dot{\underline{\underline{\gamma}}}(t')\,dt' \tag{5-186}$$

这个方程有一个参数化函数，$g(t-t')$。如果已知这个函数，就可以求任何流动情形的应力。Maxwell 模型和广义 Maxwell 模型可以看作具有 GLVE 函数 $g(t-t')$ 形式的 GLVE 本构方程，

Maxwell 模型：
$$g(t-t') = \frac{\eta_0}{\lambda}e^{\frac{-(t-t')}{\lambda}} \tag{5-187}$$

广义 Maxwell 模型：
$$g(t-t') = \sum_{k=1}^{N}\frac{\eta_k}{\lambda_k}e^{\frac{-(t-t')}{\lambda_k}} \tag{5-188}$$

这两个表达式与阶梯剪切松弛模量计算得到的函数相同，只是用自变量 $t-t'$ 代替 t。因此对于任何 GLVE 流体，与 $\dot{\underline{\underline{\gamma}}}(t')$ 相乘的函数是阶梯应变得到的剪切松弛模量函数。

$$g(t-t') = G(t-t') \tag{5-189}$$

可以证实 GLVE 流体阶梯应变实验响应为 $g(t)$，这可用 GLVE 模型进行通常阶梯应变计算得到。由于函数 $g(t-t')$ 和阶梯应变材料函数 $G(t)$ 之间的上述关系，GLVE 模型通常用 $G(t-t')$ 来替代 $g(t-t')$：

广义线性黏弹（GLVE）模型：
$$\underline{\underline{\tau}}(t) = -\int_{-\infty}^{t}G(t-t')\,\dot{\underline{\underline{\gamma}}}(t')\,dt' \tag{5-190}$$

还要注意 GLVE 方程积分式可分离出两项：一项与运动学相关，$\dot{\underline{\underline{\gamma}}}(t')$；另一项是描述材料对流动响应的分离函数，$g(t-t')=G(t-t')$。GLVE 方程是本构方程中可分离的一类方程。材料和运动学对应力贡献的可分性是某些材料在各种应变下以及线性黏弹流体在小应变速率下展示出的一般性能。许多但不是全部本构方程是可分离方程。

从 GNF，Maxwell 和 GLVE 流体可以看出，惯用材料函数定义本构方程。迄今为止，这样材料函数有广义牛顿方程中的黏度 η，Maxwell 模型中的零剪切黏度 η_0 和 GLVE 本构方程中的阶梯应变松弛模量 $G(t)$。

接下来用 GLVE 方程计算一些问题实例中的材料函数，然后再用 GLVE 方程求解一些流动问题。

实例 1　用广义线性黏弹本构方程计算稳定剪切材料函数 η，Ψ_1 和 Ψ_2。

解：　稳定剪切材料函数的运动学量，

$$\vec{v}(t) = \begin{bmatrix} \dot{\zeta}(t)x_2 \\ 0 \\ 0 \end{bmatrix}_{123} \tag{5-191}$$

$$\dot{\zeta}(t) = \dot{\gamma}_0 = 常数 \tag{5-192}$$

根据稳定剪切材料函数定义，由这些运动学量计算应力分量。

由本构方程计算 $\underline{\underline{\tau}}$：

$$\underline{\underline{\tau}} = -\int_{-\infty}^{t} G(t-t') \begin{bmatrix} 0 & \dot{\gamma}_0 & 0 \\ \dot{\gamma}_0 & 0 & 0 \\ 0 & 0 & 0 \end{bmatrix}_{123} dt' \tag{5-193}$$

现在计算该模型的稳态剪切材料函数：

$$\eta = \frac{-\tau_{21}}{\dot{\gamma}_0} = \int_{-\infty}^{t} G(t-t')\,dt' \tag{5-194}$$

$$\Psi_1 = \frac{-(\tau_{11}-\tau_{22})}{\dot{\gamma}_0^2} = 0 \tag{5-195}$$

$$\Psi_2 = \frac{-(\tau_{22}-\tau_{33})}{\dot{\gamma}_0^2} = 0 \tag{5-196}$$

引入变量 $s = t - t'$ 可以简化黏度表达式，最终黏度表达式为

GLVE 模型黏度
$$\eta = \int_{-\infty}^{t} G(s)\,ds \tag{5-197}$$

实例 2　用广义线性黏弹模型和广义 Maxwell 模型计算材料函数，储能模量 $G'(\omega)$ 和损耗模量 $G''(\omega)$。

解：广义 Maxwell 模型最广泛的应用之一就是计算小幅振荡剪切（SAOS）数据。用同样的方法进行 GLVE 和广义 Maxwell 模型 SAOS 预测，即把剪切流动的速度 $\vec{v} = \dot{\zeta}(t)x_2\hat{e}_1$ 连同指定的 $\dot{\zeta}(t)$ 代入本构方程计算应力，然后求材料函数。

SAOS，通常剪切流动剪切速率张量为

$$\dot{\underline{\underline{\gamma}}} = \begin{bmatrix} 0 & \dot{\zeta}(t) & 0 \\ \dot{\zeta}(t) & 0 & 0 \\ 0 & 0 & 0 \end{bmatrix}_{123} \tag{5-198}$$

给定的应变速率

$$\dot{\zeta}(t) = \dot{\gamma}_{21}(t) = \dot{\gamma}_0\cos\omega t \tag{5-199}$$

材料函数 $G'(\omega)$ 和 $G''(\omega)$ 与应力波 $\tau_{21}(t)$ 有关

$$-\tau_{21}(t) = G'\gamma_0\sin\omega t + G''\gamma_0\cos\omega t \tag{5-200}$$

用 GLVE 本构方程计算 $\tau_{21}(t)$：

$$\underline{\underline{\tau}} = -\int_{-\infty}^{t} G(t-t') \begin{bmatrix} 0 & \dot{\zeta}(t') & 0 \\ \dot{\zeta}(t') & 0 & 0 \\ 0 & 0 & 0 \end{bmatrix}_{123} dt' \tag{5-201}$$

$$\underline{\underline{\tau}} = -\int_{-\infty}^{t} G(t-t') \dot{\zeta}(t') dt' = -\int_{-\infty}^{t} G(t-t') \dot{\gamma}_0 \cos\omega t' \, dt' \tag{5-202}$$

如果代入 $s = t - t'$，积分计算更容易些，这样变化也会带来积分限的变化：

$$-\tau_{21}(t) = -\int_{-\infty}^{0} G(s) \dot{\gamma}_0 \cos(\omega t - \omega s) ds \tag{5-203}$$

展开余弦项分为 G' 和 G''（$\dot{\gamma}_0 = \gamma_0 \omega$）：

$$-\tau_{21}(t) = \int_{0}^{\infty} G(s) \dot{\gamma}_0 \cos\omega t \cos\omega s \, ds + \int_{0}^{\infty} G(s) \dot{\gamma}_0 \sin\omega t \sin\omega s \, ds$$

$$= \left[\int_{0}^{\infty} G(s) \cos\omega s \, ds\right] \gamma_0 \omega \cos\omega t + \left[\int_{0}^{\infty} G(s) \sin\omega s \, ds\right] \gamma_0 \omega \sin\omega t \tag{5-204}$$

对比 G' 和 G'' 的定义式，发现：

$$G''(\omega) = \omega \int_{0}^{\infty} G(s) \cos\omega s \, ds \tag{5-205}$$

$$G'(\omega) = \omega \int_{0}^{\infty} G(s) \sin\omega s \, ds \tag{5-206}$$

对于广义 Maxwell 模型，这些积分可以用复数记法表示余弦和正弦函数，得到

广义 Maxwell 模型 SAOS 材料函数

$$G''(\omega) = \sum_{k=1}^{N} \frac{g_k \lambda_k \omega}{1 + \lambda_k^2 \omega^2}$$

$$G'(\omega) = \sum_{k=1}^{N} \frac{g_k \lambda_k^2 \omega^2}{1 + \lambda_k^2 \omega^2} \tag{5-207}$$

其中做了代换 $g_k = \eta_k / \lambda_k$。Maxwell 模型的 $G'(\omega)$ 和 $G''(\omega)$ 无量纲图见图 5.15，$N=1$，G' 和 G'' 在 $\omega\lambda_1 = 1$（G' 和 G''），或 $\omega = 1/\lambda_1$ 处相交。利用这种关系，由 G' 和 G'' 的实验数据可以估算出松弛时间。

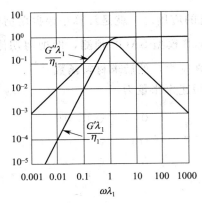

图 5.15　单松弛时间 Maxwell 流体的动态模量 $G'(\omega)$ 和 $G''(\omega)$ 图

λ_1 是松弛时间，η_1 是黏度参数，ω 是角频率

前面广义 Maxwell 模型的实例中，$G'(\omega)$ 和 $G''(\omega)$ 的表达式反映出实际熔体材料函数数据的一些重要特性。注意低频 ω 下，

$$\lim_{\omega\to0}G'\propto\omega^2 \tag{5-208}$$

$$\lim_{\omega\to0}G''\propto\omega \tag{5-209}$$

低频条件下可以观察到直链高分子有这类关系。

迄今为止我们用 Maxwell 和 GLVE 模型预测了材料函数，我们也可以用这些本构方程解流动问题。

5.9　GLVE 流体的泊肃叶流动

计算圆管内不可压缩广义线性黏弹流体压力流的速度分布和应力张量。上游点压力为 P_0，距离为 L 的下游点压力为 P_L。假定这二点间的流动为充分发展稳态流。

前面遇到过这一经典问题，按牛顿流体和广义牛顿流体同样方式来求解，选取圆柱坐标系。假定只在 z 方向存在速度，这样连续性方程简化为：

$$\vec{v}=\begin{bmatrix}v_r\\v_\theta\\v_z\end{bmatrix}_{r\theta z}=\begin{bmatrix}0\\0\\v_z\end{bmatrix}_{r\theta z} \tag{5-210}$$

$$0=\nabla\vec{v}=\frac{\partial v_r}{\partial r}+\frac{1}{r}\frac{\partial v_\theta}{\partial\theta}+\frac{\partial v_z}{\partial z} \tag{5-211}$$

$$0=\frac{\partial v_z}{\partial z} \tag{5-212}$$

单方向流动的稳态运动方程简化为

$$\vec{0}=-\nabla p-\nabla\cdot\underset{=}{\tau}+\rho g \tag{5-213}$$

$$\begin{bmatrix}0\\0\\0\end{bmatrix}_{r\theta z}=-\begin{bmatrix}\dfrac{\partial p}{\partial r}\\[2mm]\dfrac{1}{r}\dfrac{\partial p}{\partial\theta}\\[2mm]\dfrac{\partial p}{\partial z}\end{bmatrix}_{r\theta z}-\begin{bmatrix}\dfrac{1}{r}\dfrac{\partial}{\partial r}(r\,\tau_{rr})+\dfrac{1}{r}\dfrac{\partial\tau_{\theta r}}{\partial\theta}+\dfrac{\tau_{zr}}{\partial z}-\dfrac{\tau_{\theta\theta}}{r}\\[2mm]\dfrac{1}{r^2}\dfrac{\partial}{\partial r}(r^2\tau_{r\theta})+\dfrac{1}{r}\dfrac{\partial\tau_{\theta\theta}}{\partial\theta}+\dfrac{\tau_{z\theta}}{\partial z}\\[2mm]\dfrac{1}{r}\dfrac{\partial}{\partial r}(r\,\tau_{rz})+\dfrac{1}{r}\dfrac{\partial\tau_{\theta z}}{\partial\theta}+\dfrac{\tau_{zz}}{\partial z}\end{bmatrix}_{r\theta z}+\begin{bmatrix}0\\0\\\rho g\end{bmatrix}_{r\theta z} \tag{5-214}$$

注意重力取流动方向。为了进一步简化运动方程，要由本构方程（GLVE 本构方程）计算 $\underset{=}{\tau}$，

$$\underset{=}{\tau}=-\int_{-\infty}^{t}G(t-t')\dot{\underset{=}{\gamma}}(t')\,\mathrm{d}t'=-\int_{-\infty}^{t}G(t-t')\begin{bmatrix}0&0&\dfrac{\partial v_z}{\partial r}\\[2mm]0&0&0\\[2mm]\dfrac{\partial v_z}{\partial r}&0&0\end{bmatrix}_{r\theta z}\mathrm{d}t' \tag{5-215}$$

可以看到多项应力系数为零，式(5-214) 可以简化为

$$\begin{bmatrix}0\\0\\0\end{bmatrix}_{r\theta z}=-\begin{bmatrix}\dfrac{\partial p}{\partial r}\\[2mm]\dfrac{1}{r}\dfrac{\partial p}{\partial\theta}\\[2mm]\dfrac{\partial p}{\partial z}\end{bmatrix}_{r\theta z}-\begin{bmatrix}\dfrac{\tau_{zr}}{\partial z}\\[2mm]0\\[2mm]\dfrac{1}{r}\dfrac{\partial}{\partial r}(r\,\tau_{rz})\end{bmatrix}_{r\theta z}+\begin{bmatrix}0\\0\\\rho g\end{bmatrix}_{r\theta z} \tag{5-216}$$

由连续性方程知，v_z 不是 z 的函数，另外由于对称，假定 v_z 不是 θ 的函数，因此 v_z 只是 r 的函数，且 $\partial\tau_{zr}/\partial z=0$。像通常的泊肃叶流动，由动量方程知压力既不是 r 的函数，也不

是 θ 的函数,只求解 z 分量的动量方程。

简化后的动量方程 z-分量为

$$0 = -\frac{\mathrm{d}p}{\mathrm{d}z} - \frac{1}{r}\frac{\partial}{\partial r}(r\tau_{rz}) \tag{5-217}$$

其中 $P = p - \rho g z$。同通常的泊肃叶流动的压力、速度和应力边界条件:

$$\begin{aligned}
z &= 0 & P &= p_0 = P_0 \\
z &= L & P &= p_L - \rho g L = P_L \\
r &= 0 & \tau_{rz} &= 0 \\
r &= R & v_z &= 0
\end{aligned} \tag{5-218}$$

同求解广义牛顿流体泊肃叶流动及其边界条件,解方程(5-217),压力和应力解为

$$P = \left(\frac{P_L - P_0}{L}\right)z + P_0 \tag{5-219}$$

$$\tau_{rz}(r) = -\left(\frac{P_L - P_0}{2L}\right)r \tag{5-220}$$

为求解速度场,认为上面 τ_{rz} 表达式与方程(5-215)求解的结果相等:

$$-\left(\frac{P_L - P_0}{2L}\right)r = -\int_{-\infty}^{t} G(t - t')\frac{\partial v_z}{\partial r}\mathrm{d}t' \tag{5-221}$$

由于稳态,$\partial v_z / \partial r$ 不依赖时间,该项可以从积分项中提出,

$$\left(\frac{P_L - P_0}{2L}\right)r = \left(\frac{\partial v_z}{\partial r}\right)\left[\int_{-\infty}^{t} G(t - t')\mathrm{d}t'\right] \tag{5-222}$$

如前面的实例,中括号中的表达式是黏度 η_0,因此可以直接解 $v_z(r)$。因为 GLVE 方程局限于低剪切速度,所以我们用符号 η_0 表示黏度。解出 $v_z(r)$ 后,把边界条件代入,结果为 GLVE 流体圆管内泊肃叶流动的速度分布

$$v_z(r) = \frac{(P_0 - P_L)R^2}{4L\,\eta_0}\left[1 - \left(\frac{r}{R}\right)^2\right] \tag{5-223}$$

用牛顿黏度 μ 替代零切黏度 η_0,上述关系就同牛顿流体。应力张量最终结果为

$$\underline{\underline{\tau}}(t) = \begin{Bmatrix} 0 & 0 & \dfrac{P_0 - P_L}{2L} \\ 0 & 0 & 0 \\ \dfrac{P_0 - P_L}{2L} & 0 & 0 \end{Bmatrix}_{r\theta z} \tag{5-224}$$

5.10 GLVE 模型局限

GLVE 模型在反映大多数材料小应变行为方面很成功。广义 Maxwell 模型从本质上不限定参数 η_k,λ_k 数量,由于易于计算,可拟合线性黏弹性数据曲线。尽管如此,GLVE 模型的主要局限如下:

① GLVE 模型预测出常数黏度,这与实验观察相矛盾。由此限定 GLVE 模型只用于小剪切速率情况 $\eta = \eta_0$。

② 广义 Maxwell 模型推导时,假定应变具有可加性,这限定 GLVE 模型只能用于小应变速率。

③ 如广义牛顿模型,GLVE 模型正比于 $\underline{\underline{\dot{\gamma}}}$,不能预测剪切流动中的法向应力。

④ GLVE 模型不能描述刚性旋转的叠加，即不满足客观性约束。

最后一条尤为重要，因为所有本构方程必须具备客观性条件，这意味着预测结果与所选的观察者无关。令人惊讶的是 GLVE 本构方程模型看起来遵守所有矢量/张量数学规则，但却违反了客观性这条重要原则，难道模型提出过程有错误？

当把标量 Maxwell 方程推广到张量方程过程中，有过失之处：

标量 Maxwell 方程：
$$\tau_{21} + \frac{\mu}{G}\frac{\partial \tau_{21}}{\partial t} = -\mu\,\dot{\gamma}_{21} \tag{5-225}$$

张量 Maxwell 方程：
$$\underline{\underline{\tau}} + \frac{\eta_0}{G}\frac{\partial \underline{\underline{\tau}}}{\partial t} = -\eta_0\,\underline{\dot{\gamma}} \tag{5-226}$$

进行这一步变化时，以前提到这个模型是严格的经验公式，可以像提出 Maxwell 张量模型那样，只要遵守标架不变量的所有规则，这样变化就没有问题。但当参考标架从静止变为旋转时，Maxwell 张量模型中的时间偏导数并没有进行恒定变换，因此，Maxwell 张量模型中，由于采用$\underline{\underline{\tau}}$的简单偏导数使得方程是随标架变化的方程。

可以证明 Maxwell 模型和 GLVE 模型违反标架不变性。找到一个坐标系，演示在该坐标系下由 GLVE 本构方程预测出的应力张量不正确。当把转动参考标架下的应力表示为静止参考标架时，就会出现这样问题。

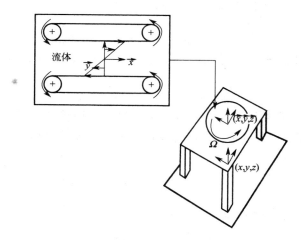

图 5.16　旋转剪切流动
转桌运动构成旋转标架，
稳定剪切流动发生在旋转标架内

例如稳定剪切流动和两条逆时针旋转带，整个设备位于一个旋转桌上。笛卡尔坐标系（$\bar{x}$，$\bar{y}$，$\bar{z}$ 和矢量基$e_{\bar{x}}$，$e_{\bar{y}}$，$e_{\bar{z}}$）绕 z-或$\bar{z}$-与转桌同样速度转动，如图 5.16 所示。静止坐标系 x，y 和 z，基矢量是e_x，e_y和e_z。$\bar{z}$-和z-方向相同（$e_{\bar{z}}=e_z$），方向指向上。$\bar{x}$，$\bar{y}$ 和 $\bar{z}$ 系在 x，y 和 z 系的位置坐标（x_0，y_0，0）。

转桌上的流动是稳态剪切流，在$\bar{x}$，$\bar{y}$和$\bar{z}$坐标系下受恒定正的剪切速率$\dot{\gamma}_0$。因此

$$\vec{v} = \begin{bmatrix} \dot{\gamma}_0 \\ 0 \\ 0 \end{bmatrix}_{\overline{xyz}} = \dot{\gamma}_0\,\bar{y}\,e_{\bar{x}} \tag{5-227}$$

$$\dot{\underline{\underline{\gamma}}} = \begin{bmatrix} 0 & \dot{\gamma}_0 & 0 \\ \dot{\gamma}_0 & 0 & 0 \\ 0 & 0 & 0 \end{bmatrix}_{\overline{xyz}} \tag{5-228}$$

GLVE 方程给出（$\bar{x}$，$\bar{y}$，$\bar{z}$ 坐标系）

$$\underline{\underline{\tau}} = -\int_{-\infty}^{t} G(t-t')\, \dot{\underline{\underline{\gamma}}}(t')\, \mathrm{d}t' \tag{5-229}$$

$$\tau_{\overline{xy}} = -\int_{-\infty}^{t} G(t-t')\, \dot{\gamma}_0 \, \mathrm{d}t' = -\int_{0}^{\infty} G(s)\, \mathrm{d}s \tag{5-230}$$

其中 $s = t - t'$。得到期望的黏度：

$$\eta = \frac{-\tau_{\overline{yx}}}{\dot{\gamma}_0} = \int_{0}^{\infty} G(s)\, \mathrm{d}s \tag{5-231}$$

现在进行静止 x，y，z 坐标系下同样计算。第一步是消除二个坐标原点的差异，考虑坐标系（$x-x_0$，$y-y_0$，z）。该坐标系与 $\bar{x}$，$\bar{y}$，$\bar{z}$ 坐标系的原点相同，因此（$x-x_0$，$y-y_0$，z）和 $\bar{x}$，$\bar{y}$，$\bar{z}$ 之间剩余的差异只是 $\bar{x}$，$\bar{y}$，$\bar{z}$ 坐标系的转动。

在 $\bar{x}$，$\bar{y}$，$\bar{z}$ 坐标系下，流体流动的速度场是

$$\vec{v}_{\text{转动标架}} = \dot{\gamma}_0 \bar{y} \hat{e}_{\bar{x}} \tag{5-232}$$

当流体速度表示为静止坐标系（$x-x_0$，$y-y_0$，z）下时，参考标架的速度 $\vec{v}_{\text{标架}}$ 为：

$$\vec{v}_{\text{静止标架}} = \dot{\gamma}_0 \bar{y} \hat{e}_{\bar{x}} + \vec{v}_{\text{标架}} \tag{5-233}$$

要完成标架的变换，需要写出 $\bar{y}$，$\hat{e}_{\bar{x}}$ 和 $\vec{v}_{\text{标架}}$ 在静止坐标系（$x-x_0$，$y-y_0$，z）下的表达式。参考图 5.17 完成这种变换。参考标架的速度（速度的大小 $|\vec{v}_{\text{标架}}|$）是转桌的角速度 Ω 乘以给定点的径向位置，

$$|\vec{v}_{\text{标架}}| = r\Omega \tag{5-234}$$

由图 5.17 的几何关系，看出点 P 处的标架速度是，

$$\vec{v}_{\text{标架}} = -\Omega(y-y_0)\hat{e}_x + \Omega(x-x_0)\hat{e}_y \tag{5-235}$$

用 $\bar{x}$ 和 $\bar{y}$ 把（$x-x_0$）和（$y-y_0$）联系起来，参考图 5.17：

$$\bar{x} = (y-y_0)\sin\Omega t + (x-x_0)\cos\Omega t \tag{5-236}$$

$$\bar{y} = (y-y_0)\cos\Omega t + (x-x_0)\sin\Omega t \tag{5-237}$$

$$\bar{z} = z \tag{5-238}$$

类似地看出单位矢量之间的关联

$$\hat{e}_{\bar{x}} = \cos\Omega t\, \hat{e}_x + \sin\Omega t\, \hat{e}_y \tag{5-239}$$

$$\hat{e}_{\bar{y}} = -\sin\Omega t\, \hat{e}_x + \cos\Omega t\, \hat{e}_y \tag{5-240}$$

把所有关系结合在一起得到

$$\vec{v}_{\text{静止标架}} = \dot{\gamma}_0 \bar{y} \hat{e}_{\bar{x}} + \vec{v}_{\text{标架}}$$

$$= \dot{\gamma}_0 \left[(y-y_0)\cos\Omega t - (x-x_0)\sin\Omega t \right] (\cos\Omega t\, \hat{e}_x + \sin\Omega t\, \hat{e}_y) - \Omega(y-y_0)\hat{e}_x + \Omega(x-x_0)\hat{e}_y$$

$$= \begin{bmatrix} \dot{\gamma}_0 \cos\Omega t \left[(y-y_0)\cos\Omega t - (x-x_0)\sin\Omega t \right] - \Omega(y-y_0) \\ \dot{\gamma}_0 \sin\Omega t \left[(y-y_0)\cos\Omega t - (x-x_0)\sin\Omega t \right] - \Omega(x-x_0) \\ 0 \end{bmatrix}_{xyz} \tag{5-241}$$

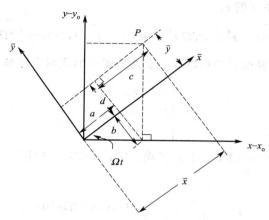

图 5.17　转动标架下速度与和静止标架下速度之间的关系

用 GLVE 方程计算静止参考标架下 $\underline{\underline{\tau}}$。已知 $\vec{v}$，求出 $\dot{\underline{\underline{\gamma}}}$：

$$\dot{\underline{\underline{\gamma}}} = \nabla\vec{v} + (\nabla\vec{v})^T \tag{5-242}$$

$$\nabla\vec{v} = \begin{bmatrix} \dfrac{\partial v_x}{\partial x} & \dfrac{\partial v_y}{\partial x} & \dfrac{\partial v_z}{\partial x} \\[2mm] \dfrac{\partial v_x}{\partial y} & \dfrac{\partial v_y}{\partial y} & \dfrac{\partial v_z}{\partial y} \\[2mm] \dfrac{\partial v_x}{\partial z} & \dfrac{\partial v_y}{\partial z} & \dfrac{\partial v_z}{\partial z} \end{bmatrix}_{xyz}$$

$$= \begin{bmatrix} \dfrac{\partial v_x}{\partial x} & \dfrac{\partial v_y}{\partial x} & 0 \\[2mm] \dfrac{\partial v_x}{\partial y} & \dfrac{\partial v_y}{\partial y} & 0 \\[2mm] 0 & 0 & 0 \end{bmatrix}_{xyz}$$

$$= \begin{bmatrix} -\dot{\gamma}_0 \cos\Omega t \sin\Omega t & -\dot{\gamma}_0 \sin^2\Omega t + \Omega & 0 \\ \dot{\gamma}_0 \cos^2\Omega t - \Omega & \dot{\gamma}_0 \sin\Omega t \cos\Omega t & 0 \\ 0 & 0 & 0 \end{bmatrix}_{xyz} \tag{5-243}$$

因此得出 $\dot{\underline{\underline{\gamma}}}(t)$

$$\dot{\underline{\underline{\gamma}}} = \begin{bmatrix} -\dot{\gamma}_0 \sin 2\Omega t & \dot{\gamma}_0 \cos 2\Omega t & 0 \\ \dot{\gamma}_0 \cos 2\Omega t & \dot{\gamma}_0 \sin 2\Omega t & 0 \\ 0 & 0 & 0 \end{bmatrix}_{xyz} \tag{5-244}$$

现在我们利用方程（5-244）的 $\dot{\underline{\underline{\gamma}}}$ 代入 GLVE 方程：

$$\underline{\underline{\tau}} = -\int_{-\infty}^{t} G(t-t')\,\dot{\underline{\underline{\gamma}}}(t')\,\mathrm{d}t'$$

$$= -\int_{-\infty}^{t} G(t-t') \begin{bmatrix} -\dot{\gamma}_0 \sin 2\Omega t' & \dot{\gamma}_0 \cos 2\Omega t' & 0 \\ \dot{\gamma}_0 \cos 2\Omega t' & \dot{\gamma}_0 \sin 2\Omega t' & 0 \\ 0 & 0 & 0 \end{bmatrix}_{xyz} dt' \tag{5-245}$$

因此得到 x，y，z 坐标系下的 τ_{xy}

$$\tau_{yx}(t) = -\int_{-\infty}^{t} G(t-t') \cos 2\Omega t' \dot{\gamma}_0 dt' = -\int_{-\infty}^{t} G(s) \cos[2\Omega(t-s)] \dot{\gamma}_0 ds \tag{5-246}$$

其中 $s = t - t'$。为了计算黏度，考虑以下形变速率张量形式的坐标系：

$$\underline{\dot{\gamma}} = \begin{bmatrix} 0 & \dot{\gamma}_0 & 0 \\ \dot{\gamma}_0 & 0 & 0 \\ 0 & 0 & 0 \end{bmatrix}_{123} \tag{5-247}$$

查看式(5-244)，看出在 $t=0$ 时刻，上式正确。用式(5-246) 计算 $t=0$ 时刻的值，得到如下黏度结果：

$$\eta = \frac{-\tau_{yx}}{\dot{\gamma}_0} = \int_{-\infty}^{t} G(s) \cos(2\Omega s) ds \tag{5-248}$$

这一结果说明流体黏度在转动坐标系下是一个材料常数，现在却依赖原始坐标系的转动速率 Ω，这明显不正确。因此我们得出结论，在静止和转动参考标架之间的基转换时，GLVE 本构方程不能正确表示本构关系。

这意味着 GLVE 本构方程无效吗？从式(5-244) 可以看出，如果转动标架的转动频率足够低（$\Omega \to 0$），$\underline{\dot{\gamma}}$ 就变为通常的稳定剪切张量，在参考标架变化时，GLVE 方程就保持不变。这种观察更强化了需要限定 GLVE 本构方程的应用，GLVE 本构方程限用于缓慢流动中。

第 6 章　较高级本构模型

前面章节已经介绍了两组非牛顿本构方程：广义牛顿流体（GNF）本构方程和广义线性黏弹（GLVE）本构方程，它们在有限范围内非常有用。黏度剪切变稀为主要流变行为时，广义牛顿流体（GNF）模型计算压力降和流率很准确；而广义线性黏弹性本构方程（GLVE），被广泛用来描述材料性能，适合描述小形变情形。尽管如此，这两个方程都有很大的局限性，它们既不能预测剪切流动的法向应力，也无法反映记忆流体的非线性弹性效应。还有，如前一章实例演示的那样，广义线性黏弹性本构方程（GLVE）不能很恰当地描述参考系转换时的变化，故 GLVE 方程不适用于高形变速率情形。

聚合物流变学模型化的目标是建立能够准确预测聚合物流变形为的本构方程，尤其是聚合物加工过程中遇到的大变形，高速率情况。尽管我们前面对牛顿本构模型进行了拓展，采用张量形式表达剪切速率或者形变速率，然而对于大形变的流动，这些方程就受到了限制。要建立更符合实际的本构方程，还必须考虑应变和应变历史。这一章将介绍度量有限形变的重要张量和由此表达的本构方程，如要更深入学习流变高级模型和模型化方法可以参看 Bird 和 Larson 等人著作。

6.1　有限形变的度量

实验表明形变历史对聚合物体系的应力和应变有深刻的影响。作为经验公式曾介绍过 Maxwell 模型，

$$\underline{\underline{\tau}} + \lambda \frac{\partial \underline{\underline{\tau}}}{\partial t} = -\eta_0 \underline{\underline{\dot{\gamma}}} \tag{6-1}$$

试图把对形变历史的依赖性加入到牛顿本构方程中，尽管如此，应变没有清晰地出现在 Maxwell 模型中。

为了让应变张量出现在 Maxwell 模型中，改进积分形式的 Maxwell 模型。我们将使用这种 GLVE 方程。选择适当松弛模量函数 $G(t-t')$，GLVE 方程就转变成 Maxwell 或者广义 Maxwell 模型。

GLVE 模型形式是

$$\underline{\underline{\tau}}(t) = -\int_{-\infty}^{t} G(t-t') \underline{\underline{\dot{\gamma}}}(t') \mathrm{d}t' \tag{6-2}$$

现在做积分，重新用应变$\underline{\underline{\gamma}}$、无穷小应变张量给出表达式，

$$\vec{u}(t_{\text{ref}}, t') = \vec{r}(t') - \vec{r}(t_{\text{ref}}) \tag{6-3}$$

$$\underline{\underline{\gamma}}(t_{\text{ref}}, t') = \nabla \vec{u}(t_{\text{ref}}, t') - [\nabla \vec{u}(t_{\text{ref}}, t')]^T \tag{6-4}$$

$$= \int_{t_{\text{ref}}}^{t'} \underline{\underline{\dot{\gamma}}}(t'') \mathrm{d}t'' \tag{6-5}$$

其中，t_{ref} 是应变参考时间，t 是当前时间，t' 是感兴趣时间。$\vec{u}(t, t') = \vec{r}(t') - \vec{r}(t) = \vec{r'} - \vec{r}$ 是粒子在 t 和 t' 时刻之间的位移。采用分步积分法积分：

$$-\underline{\underline{\tau}}(t) = \int_{-\infty}^{t} G(t - t') \underline{\underline{\dot{\gamma}}}(t') \mathrm{d}t' \tag{6-6}$$

$$= G(t - t') \underline{\underline{\gamma}}(t') \Big|_{t' = -\infty}^{t' = t} - \int_{-\infty}^{t} \frac{\partial G(t - t')}{\partial t'} \underline{\underline{\gamma}}(t, t') \mathrm{d}t' \tag{6-7}$$

如果令 $G(\infty) = 0$，$\gamma(t, -\infty)$ 是有限值，则第一项就为零，得到的 GLVE 流体模型含有松弛模量 $M(t - t')$ 的一阶导数（也称作记忆函数）和无穷小应变张量$\underline{\underline{\gamma}}(t, t')$：

GLVE 模型（应变）表达式
$$\underline{\underline{\tau}}(t) = + \int_{-\infty}^{t} M(t - t') \underline{\underline{\gamma}}(t - t') \mathrm{d}t' \tag{6-8}$$

其中

$$M(t - t') \equiv \frac{\partial G(t - t')}{\partial t'} \tag{6-9}$$

在$\underline{\underline{\gamma}}(t, t')$中，选择当前时间 t 作为参考状态，需要规定两种状态：参考状态和感兴趣状态，应变是相对形变的度量，没有特定的参考状态。

我们看到由 Maxwell 模型扩展得到的 GLVE 流体模型，把无穷小应变张量作为它的应变度量。下面可以知这个无穷小应变张量是引起标架变化的原因。考虑刚体绕着 z-轴转动$\underline{\underline{\gamma}}(t, t')$情形，见图 6.1，在笛卡尔坐标系中，任一个粒子的位置矢量可以表示成

$$\vec{r} = \begin{bmatrix} x \\ y \\ z \end{bmatrix}_{xyz} = \vec{\bar{r}} + z\,\hat{e}_z \tag{6-10}$$

其中$\vec{\bar{r}}$是其在 xy-平面的矢量投影。物体绕 z 轴转动后，粒子的 z 坐标没有变化，因此转动后粒子位置矢量$\vec{r'}$可以写为

$$\vec{r'} = \vec{\bar{r}'} + z\,\hat{e}_z \tag{6-11}$$

其中$\vec{\bar{r}'}$是$\vec{r'}$在 xy-平面的矢量投影，z 坐标不变。要写出该旋转的$\underline{\underline{\gamma}}(t, t')$，就必须计算位移矢量$\vec{u}(t, t') = \vec{r'} - \vec{r} = \vec{\bar{r}'} - \vec{\bar{r}}$，可以用图 6.1 所示的笛卡尔坐标系下的几何关系计算：

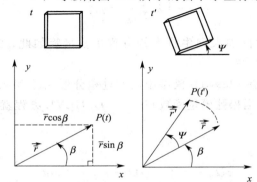

图 6.1　旋转刚体上粒子位置矢量关系

$P(t)$ 是 t 时刻物体内的一点，$P(t')$ 是稍后时间 t' 该点位置

$$\vec{r} = \begin{bmatrix} x \\ y \\ 0 \end{bmatrix}_{xyz} \tag{6-12}$$

$$\vec{r}' = \begin{bmatrix} \bar{r}\cos(\psi+\beta) \\ \bar{r}\sin(\psi+\beta) \\ 0 \end{bmatrix}_{xyz} = \begin{bmatrix} x\cos\psi - y\sin\psi \\ x\sin\psi + y\cos\psi \\ 0 \end{bmatrix}_{xyz} \tag{6-13}$$

展开以上三角函数项，利用 $x = \bar{r}\cos\beta$，$y = \bar{r}\sin\beta$，位移矢量 $\vec{u}$，

$$\vec{u} = \vec{r}' - \vec{r} = \begin{bmatrix} x(\cos\psi-1) - y\sin\psi \\ x\sin\psi + y(\cos\psi-1) \\ 0 \end{bmatrix}_{xyz} \tag{6-14}$$

可以计算 $\nabla\vec{u}$：

$$\nabla\vec{u}(t,t') = \frac{\partial u_p}{\partial x_i}\hat{e}_i\hat{e}_p = \begin{bmatrix} \cos\psi-1 & \sin\psi & 0 \\ -\sin\psi & \cos\psi-1 & 0 \\ 0 & 0 & 0 \end{bmatrix}_{xyz} \tag{6-15}$$

最后计算 $\underline{\underline{\gamma}}(t,t')$：

$$\underline{\underline{\gamma}}(t,t') = \nabla\vec{u}(t,t') + [\nabla\vec{u}(t,t')]^T = \begin{bmatrix} 2(\cos\psi-1) & 0 & 0 \\ 0 & 2(\cos\psi-1) & 0 \\ 0 & 0 & 0 \end{bmatrix}_{xyz} \tag{6-16}$$

式(6-16) 表示无穷小应变张量 $\underline{\underline{\gamma}}(t,t')$ 是旋转刚体旋转角 ψ 的函数。把 $\underline{\underline{\gamma}}(t,t')$ 代入 GLVE 模型，则预测刚体绕 z 转动的应力张量：

$$\underline{\underline{\tau}} = +\int_{-\infty}^{t} M(t-t') \begin{bmatrix} 2(\cos\psi-1) & 0 & 0 \\ 0 & 2(\cos\psi-1) & 0 \\ 0 & 0 & 0 \end{bmatrix}_{xyz} \mathrm{d}t' \tag{6-17}$$

由此可以发现刚体绕某一轴转动的应力张量 $\underline{\underline{\tau}}$ 依赖物体的转动角度，这实际是一个错误的预测。

有关 $\underline{\underline{\gamma}}$ 的问题直接用相对位移矢量 $\vec{u} = \vec{r}' - \vec{r}$ 来度量形变，相对位移矢量指明了流体中粒子的相对位移，也携带了运动方向信息，见图 6.2。粒子相对方向变化与应力状态无关，直接把 $\vec{u}$ 代入描述问题的数学表达式中，这样就人为引入了大形变速率，而 GLVE 方程只对小形变速率有效，因此当本构方程中使用 $\underline{\underline{\gamma}}$ 时，就出现了式(6-17) 那样非实际的结果。下面想找到既能保留形变信息又能去掉方向信息的应变度量。在缓慢变形以及转动引起很小的形变速率条件下，GLVE 模型预测有效，因此令式(6-17) 中 ψ 接近零，无穷小应变张量就为零，这是刚体转动希望的情形。

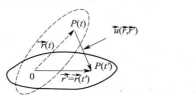
$\vec{r}$ 方向变化，（$\bar{r}$ 长度不变）形状不变

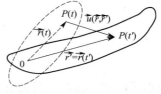
方向和形状都变化

起始点 O 的空间位置固定

图 6.2　位移矢量 $\vec{u}(\vec{r}, \vec{r}') \equiv \vec{r}' - \vec{r}$ 反映方向和形状的改变

6.1.1　形变梯度张量

　　如前述我们要找的应变张量应该是既能准确捕捉大应变形变又不受无关刚体转动量影响的张量，为此先描述包括形状和转动两方面变化的形变，然后再设法消除描述转动变化量。

一流体粒子 P 在两个时刻位置如图 6.3 所示，当前时间为 t 和参考时间为 t'，参考时间为过去某一感兴趣时间，粒子在时刻 t 的位置用矢量 $\vec{r}$ 表示，方向为从固定坐标系的原点指向流体粒子。

　　粒子在前一时刻 t' 的位置由矢量 $\vec{r}'$ 指定，因此每一个粒子在所有时刻都有一个矢量函数 $\vec{r}'(t')$ 描述粒子的路径，即每个粒子在 t' 时刻的位置可以表示为 $\vec{r}'(t',\vec{r})$。

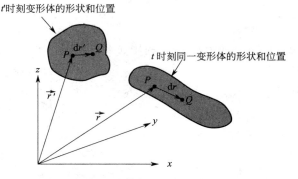

图 6.3　流体粒子形变示意图

　　为了描述形状的改变，考虑 P 和临近粒子 Q 之间的距离随时间的变化，如图 6.3 所示。在时刻 t' 时，P 和 Q 之间的距离是 $\mathrm{d}\vec{r}'$，时刻 t 时，两者间距是 $\mathrm{d}\vec{r}$。两个临近粒子经历当前时刻与时间 t' 之间的形变可以用 $\mathrm{d}\vec{r}$ 和 $\mathrm{d}\vec{r}'$ 之间的函数变化来描述，$\mathrm{d}\vec{r}$ 和 $\mathrm{d}\vec{r}'$ 的笛卡尔坐标系表达式：

$$\mathrm{d}\vec{r}=\begin{pmatrix}\mathrm{d}x\\\mathrm{d}y\\\mathrm{d}z\end{pmatrix}_{xyz}\qquad \mathrm{d}\vec{r}'=\begin{pmatrix}\mathrm{d}x'\\\mathrm{d}y'\\\mathrm{d}z'\end{pmatrix}_{xyz} \tag{6-18}$$

t' 时刻粒子位置 $\vec{r}'=\vec{r}'(\vec{r})$，微分 $\mathrm{d}x'$ 与坐标 x，y，z 的关系表示如下：

$$\mathrm{d}x'=\frac{\partial x'}{\partial x}\mathrm{d}x+\frac{\partial x'}{\partial y}\mathrm{d}y+\frac{\partial x'}{\partial z}\mathrm{d}z$$

$$=\mathrm{d}\vec{r}\cdot\frac{\partial x'}{\partial\vec{r}} \tag{6-19}$$

类似的，$\mathrm{d}y'$ 和 $\mathrm{d}z'$ 为

$$\mathrm{d}y'=\mathrm{d}\vec{r}\cdot\frac{\partial y'}{\partial\vec{r}} \tag{6-20}$$

$$\mathrm{d}z'=\mathrm{d}\vec{r}\cdot\frac{\partial z'}{\partial\vec{r}} \tag{6-21}$$

或相当于

$$\mathrm{d}\vec{r}'=\mathrm{d}\vec{r}\cdot\frac{\partial\vec{r}'}{\partial\vec{r}} \tag{6-22}$$

最后的表达式给出了时刻 t 相对位置矢量 $\mathrm{d}\vec{r}$ 到时刻 t' 位置矢量 $\mathrm{d}\vec{r}'$ 的大小、方向变化。表示这种变换的张量 $\partial\vec{r}'/\partial\vec{r}$，被称作形变梯度张量，用 $\underline{\underline{F}}(t,t')$ 表示：

形变梯度张量
$$\underline{\underline{F}}(t,t')\equiv\frac{\mathrm{d}\vec{r}'}{\mathrm{d}\vec{r}} \tag{6-23}$$

和

$$\mathrm{d}\vec{r}' = \mathrm{d}\vec{r} \cdot \underline{\underline{F}} \tag{6-24}$$

按照同样的步骤，我们可以用 x'，y'，z' 表示 $\mathrm{d}x$，$\mathrm{d}y$ 和 $\mathrm{d}z$ 如下：

$$\mathrm{d}\vec{r} = \mathrm{d}\vec{r}' \cdot \frac{\mathrm{d}\vec{r}}{\mathrm{d}\vec{r}'} \tag{6-25}$$

定义逆形变梯度张量 $\underline{\underline{F}}^{-1}$，使 $\underline{\underline{F}} \cdot \underline{\underline{F}}^{-1} = \underline{\underline{I}}$。在方程（6-24）的右侧点乘 $\underline{\underline{F}}^{-1}$，和方程（6-25）对比可以看出：

$$\mathrm{d}\vec{r}' \cdot \underline{\underline{F}}^{-1} = \mathrm{d}\vec{r} \cdot \underline{\underline{F}} \cdot \underline{\underline{F}}^{-1} \mathrm{d}\vec{r}' \cdot \underline{\underline{F}}^{-1} = \mathrm{d}\vec{r} \tag{6-26}$$

逆形变梯度张量
$$\underline{\underline{F}}^{-1}(t',t) \equiv \frac{\mathrm{d}\vec{r}}{\mathrm{d}\vec{r}'} \tag{6-27}$$

变形梯度张量和逆变形梯度张量都是时间和位置的线性函数，它们描述了每个流体粒子的全部形变历史。$\underline{\underline{F}}$ 和 $\underline{\underline{F}}^{-1}$ 互逆，即 $\underline{\underline{F}}$ 描述的运动和 $\underline{\underline{F}}^{-1}$ 描述的运动相反。这两个张量可以追踪流动流体中粒子的相对位置，因此也就可以追踪因流动引起的形状和方向变化。这两个张量是提出大变形本构方程的必要工具。

为了熟悉 $\underline{\underline{F}}$ 和 $\underline{\underline{F}}^{-1}$，现在计算剪切流动中的逆变形梯度张量。

实例 笛卡尔坐标系 (x,y,z) 下，计算稳定简单剪切流动在剪切速率 $\dot{\gamma}_0(\dot{\gamma}_0 > 0)$ 的逆变形梯度张量 $\underline{\underline{F}}^{-1}$。

解：稳定剪切流动的速度场

$$\vec{v} = \begin{bmatrix} \dot{\gamma}_0 y \\ 0 \\ 0 \end{bmatrix}_{xyz} \tag{6-28}$$

在 t' 时刻粒子相对于原点的位置 $\vec{r}'$

$$\vec{r}' = \begin{bmatrix} x' \\ y' \\ z' \end{bmatrix}_{xyz} \tag{6-29}$$

流体粒子在稍后时刻 t 的位置由矢量 $\vec{r}$ 表示。在剪切变形中 $\vec{r}'$ 的 y' 和 z' 坐标没有变化，因为在这些方向速度分量为零，在 x' 方向坐标变化为：

$$\vec{r} = \begin{bmatrix} x \\ y \\ z \end{bmatrix}_{xyz} = \begin{bmatrix} x' + (t-t')\dot{\gamma}_0 y \\ y' \\ z' \end{bmatrix}_{xyz} \tag{6-30}$$

$(t-t')\dot{\gamma}_0$ 是在时刻 t 相对于时刻 t' 流体的应变 $\gamma(t',t) = \int_{t'}^{t} \dot{\gamma}_0 \mathrm{d}t''$，这种情况下参考时间 $t_{\mathrm{ref}} = t'$。从这个 $\vec{r}$ 表达式和 $\underline{\underline{F}}^{-1}$ 的定义可以直接计算 $\underline{\underline{F}}^{-1}$：

$$\underline{\underline{F}}^{-1}(t',t) = \frac{\partial \vec{r}}{\partial \vec{r}'} = \begin{bmatrix} \dfrac{\partial x}{\partial x'} & \dfrac{\partial y}{\partial x'} & \dfrac{\partial z}{\partial x'} \\ \dfrac{\partial x}{\partial y'} & \dfrac{\partial y}{\partial y'} & \dfrac{\partial z}{\partial y'} \\ \dfrac{\partial x}{\partial z'} & \dfrac{\partial y}{\partial z'} & \dfrac{\partial z}{\partial z'} \end{bmatrix}_{xyz} \tag{6-31}$$

剪切流动逆形变梯度
$$F^{-1}(t',t)=\begin{pmatrix} 1 & 0 & 0 \\ \gamma & 1 & 0 \\ 0 & 0 & 1 \end{pmatrix}_{xyz} \tag{6-32}$$

其中 $\gamma\equiv\dot{\gamma}_0(t-t')$ 且是个正数。

将要用的某些量中会出现 $\underline{\underline{F}}^{-1}$ 对时间 t 和 t' 的导数，所以有必要把要用这些量和速度梯度 $\nabla\vec{v}$ 关联起来。要计算 $\partial\underline{\underline{F}}^{-1}/\partial t$，由 $\underline{\underline{F}}^{-1}$ 的定义开始计算其时间导数，并且用爱因斯坦标记（$x=x_1$，$y=x_2$，$z=x_3$）：

$$\underline{\underline{F}}^{-1}=\frac{\partial\vec{r}}{\partial\vec{r}'}=\frac{\partial x_k}{\partial x_p'}\hat{e}_p\hat{e}_k \qquad \frac{\partial\underline{\underline{F}}^{-1}}{\partial t}=\frac{\partial}{\partial t}\frac{\partial x_k}{\partial x_p'}\hat{e}_p\hat{e}_k=\frac{\partial}{\partial x_p'}\frac{\partial x_k}{\partial t}\hat{e}_p\hat{e}_k=\frac{\partial v_k}{\partial x_p'}\hat{e}_p\hat{e}_k \tag{6-33}$$

如果确认 v_k（在时刻 t 的第 k 个速度分量）是粒子 $\vec{r}$ 的函数，就可以写成更熟悉的形式。因此 $\mathrm{d}v_k$ 的微分如下：

$$\mathrm{d}v_k=\frac{\partial v_k}{\partial x_1}\mathrm{d}x_1+\frac{\partial v_k}{\partial x_2}\mathrm{d}x_2+\frac{\partial v_k}{\partial x_3}\mathrm{d}x_3$$

$$\frac{\partial v_k}{\partial x_p'}=\frac{\partial v_k}{\partial x_1}\frac{\partial x_1}{\partial x_p'}+\frac{\partial v_k}{\partial x_2}\frac{\partial x_2}{\partial x_p'}+\frac{\partial v_k}{\partial x_3}\frac{\partial x_3}{\partial x_p'}$$

$$=\frac{\partial v_k}{\partial x_m}\frac{\partial x_m}{\partial x_p'} \tag{6-34}$$

最后得到：

$$\frac{\partial\underline{\underline{F}}^{-1}}{\partial t}=\frac{\partial v_k}{\partial x_p'}\hat{e}_p\hat{e}_k=\frac{\partial v_k}{\partial x_m}\frac{\partial x_m}{\partial x_p'}\hat{e}_p\hat{e}_k=\underline{\underline{F}}^{-1}\cdot\nabla\vec{v} \tag{6-35}$$

形变梯度张量 $\underline{\underline{F}}$ 的时间导数与之类似

$$\frac{\partial\underline{\underline{F}}}{\partial t}=-\nabla\vec{v}\cdot\underline{\underline{F}} \tag{6-36}$$

$\underline{\underline{F}}$ 和 $\underline{\underline{F}}^{-1}$ 以及相关张量的各种导数总结在表 6.1 中。

表 6.1　应变张量及其导数

名称	$\underline{\underline{A}}$	参考方程	定义	$\dfrac{\partial\underline{\underline{A}}}{\partial t}$	$\dfrac{\partial\underline{\underline{A}}}{\partial t'}$
变形梯度 $t\to t'$	$\underline{\underline{F}}$	(6-23)	$\dfrac{\partial\vec{r}'}{\partial\vec{r}}$	$-\nabla\vec{v}\cdot\underline{\underline{F}}$	$\underline{\underline{F}}\cdot\nabla'\vec{v}'$
逆变形梯度 $t'\to t$	$\underline{\underline{F}}^{-1}$	(6-27)	$\dfrac{\partial\vec{r}}{\partial\vec{r}'}$	$\underline{\underline{F}}^{-1}\cdot\nabla\vec{v}$	$-\nabla'\vec{v}'\cdot\underline{\underline{F}}^{-1}$
Cauchy $t\to t'$	$\underline{\underline{C}}$	(6-83)	$\underline{\underline{F}}\cdot\underline{\underline{F}}^T$	$-[\underline{\underline{C}}\cdot(\nabla\vec{v})^T+\nabla\vec{v}\cdot\underline{\underline{C}}]$	$\underline{\underline{F}}\cdot\dot{\underline{\underline{\gamma}}}'\cdot\underline{\underline{F}}^T$
Finger $t'\to t$	$\underline{\underline{C}}^{-1}$	(6-84)	$(\underline{\underline{F}}^{-1})^T\cdot\underline{\underline{F}}^{-1}$	$(\nabla\vec{v})^T\cdot\underline{\underline{C}}^{-1}+\underline{\underline{C}}^{-1}\cdot\nabla\vec{v}$	$-(\underline{\underline{F}}^{-1})^T\cdot\dot{\underline{\underline{\gamma}}}'\cdot\underline{\underline{F}}^{-1}$
有限应变 $t\to t'$	$\underline{\underline{\gamma}}^{[0]}$	(6-99)	$\underline{\underline{C}}-\underline{\underline{I}}$	$\dfrac{\partial\underline{\underline{C}}}{\partial t}$	$\dfrac{\partial\underline{\underline{C}}}{\partial t'}$

名称	$\underline{\underline{A}}$	参考方程	定义	$\dfrac{\partial \underline{\underline{A}}}{\partial t}$	$\dfrac{\partial \underline{\underline{A}}}{\partial t'}$
有限应变 $t \to t'$	$\underline{\underline{\gamma}}\ [\text{□}0\text{□}]$	(6-102)	$I - \underline{\underline{C}}^{-1}$	$-\dfrac{\partial \underline{\underline{C}}^{-1}}{\partial t}$	$-\dfrac{\partial \underline{\underline{C}}^{-1}}{\partial t'}$
位移梯度 $t \to t'$	$\nabla \vec{u}$	(4-66)	$\vec{r}\,' - \vec{r}$	$\dfrac{\partial \underline{\underline{F}}}{\partial t}$	$\dfrac{\partial \underline{\underline{F}}}{\partial t'}$
无限小应变 $t \to t'$	$\underline{\underline{\gamma}}$	(5-123)	$\nabla \vec{u} + (\nabla \vec{u})^T$	$\dfrac{\partial \gamma(t,t')}{\partial t} = -\dot{\underline{\underline{\gamma}}}$	$\dfrac{\partial \gamma(t,t')}{\partial t'} = \dot{\underline{\underline{\gamma}}}\,'$

6.1.2　Finger 张量 和 Cauchy 张量

我们要寻找的应变张量应能反映去除转动信息后的形变。上一节定义了两个相关应变度量 $\underline{\underline{F}}(t,t')$ 和 $\underline{\underline{F}}^{-1}(t',t)$，它们描述材料临近粒子之间相对位置的变化，这两个张量包含了物体运动的全部信息，也包括了简单转动的信息。为了正确描述大应变的形变，需要把旋转部分信息从产生形变的应力中分离出来，这可以通过极分解方法来处理，把 $\underline{\underline{F}}$ 和 $\underline{\underline{F}}^{-1}$ 分解成旋转和变形两个部分。

极分解原理可以表述为，任意一个张量 $\underline{\underline{A}}$，存在逆张量 $\underline{\underline{A}}^{-1}$（$\underline{\underline{A}} \cdot \underline{\underline{A}}^{-1} = 1$），该张量有两种独特的分解。

$$\underline{\underline{A}} = \underline{\underline{R}} \cdot \underline{\underline{U}} = \underline{\underline{V}} \cdot \underline{\underline{R}} \tag{6-37}$$

其中 $\underline{\underline{U}}$，$\underline{\underline{V}}$ 和 $\underline{\underline{R}}$ 计算式如下：

$$\underline{\underline{U}} \equiv (\underline{\underline{A}}^T \cdot \underline{\underline{A}})^{\frac{1}{2}} \tag{6-38}$$

$$\underline{\underline{V}} \equiv (\underline{\underline{A}} \cdot \underline{\underline{A}}^T)^{\frac{1}{2}} \tag{6-39}$$

$$\underline{\underline{R}} = \underline{\underline{A}} \cdot (\underline{\underline{A}}^T \cdot \underline{\underline{A}})^{-\frac{1}{2}} = \underline{\underline{A}} \cdot \underline{\underline{U}}^{-1} \tag{6-40}$$

$\underline{\underline{U}}$ 和 $\underline{\underline{V}}$ 是对称的非奇异张量，张量 $\underline{\underline{R}}$ 是正交张量。正交张量的转置矩阵也是其逆张量：

$$\underline{\underline{R}}^{-1} = \underline{\underline{R}}^T \tag{6-41}$$

$$\underline{\underline{R}}^T \cdot \underline{\underline{R}} = \underline{\underline{R}} \cdot \underline{\underline{R}}^T = I \tag{6-42}$$

正交张量有个非常重要的性质，下面用正交张量 $\underline{\underline{R}}$ 对任一个矢量 $\vec{u}$ 运算来演示其重要性。对任一个矢量 $\vec{u}$ 和张量 $\underline{\underline{R}}$ 可以表示为：

$$\vec{v} \equiv \underline{\underline{R}} \cdot \vec{u} = \vec{u} \cdot \underline{\underline{R}}^T \tag{6-43}$$

上式等号两边的等效性可以用爱因斯坦标记进行点积来验证。现在计算 $\vec{v}$ 的大小

$$v = +\sqrt{\vec{v} \cdot \vec{v}} = \sqrt{(\vec{u} \cdot \underline{\underline{R}}^T) \cdot (\underline{\underline{R}} \cdot \vec{u})} = \sqrt{\vec{u} \cdot (\underline{\underline{R}}^T \cdot \underline{\underline{R}}) \cdot \vec{u}} \tag{6-44}$$

由于 $\underline{\underline{R}}$ 是正交量，$\underline{\underline{R}}^T \cdot \underline{\underline{R}} = I$，我们得到：

$$v = \sqrt{\vec{u} \cdot \vec{u}} = u \tag{6-45}$$

或者对正交张量 $\underline{\underline{R}}$ 运算之后，矢量的大小不变。$\underline{\underline{R}}$ 是表示纯旋转的张量，对这个张量运算时，矢量的方向在改变而其大小不变。

对称张量 $\underline{\underline{U}}$ 和 $\underline{\underline{V}}$ 来自张量 $\underline{\underline{A}}$ 的极分解，分别称作 $\underline{\underline{A}}$ 的右和左柯西-格林（Cauchy-Green）伸长

张量。因为原始张量A一般发生（矢量）长度和方向上两方面变化，R是纯旋转张量，U和V一定包含张量A的全部伸长信息。下面的实例将会说明U和V也确实包含一些转动信息。

实例 1 对如下表达的张量A，

$$A = \begin{bmatrix} 1 & 0 & 2 \\ 0 & 3 & 1 \\ 1 & 0 & 0 \end{bmatrix}_{xyz} \tag{6-46}$$

计算右拉伸张量U和旋转张量R。计算R旋转矢量$\vec{u}$的角度，U旋转矢量$\vec{u}$的角度，由U和A引起长度变化。矢量$\vec{u}$为

$$\vec{u} = \begin{bmatrix} 1 \\ 2 \\ 1 \end{bmatrix}_{xyz} \tag{6-47}$$

解： 感兴趣的矢量如图 6.4 所示，根据定义式(6-38) 和式(6-40) 直接计算右伸长张量和旋转张量。利用计算机软件（如 Mathcad，Matlab 和 Mathematica 以及 Maple）也可以简化这些计算。

首先我们构造张量$A^T \cdot A$，

$$A^T \cdot A = \begin{bmatrix} 2 & 0 & 2 \\ 0 & 9 & 3 \\ 2 & 3 & 5 \end{bmatrix}_{xyz} = (R \cdot U)^T \cdot R \cdot U = U^T \cdot R^T \cdot R \cdot U = U^2 \tag{6-48}$$

其中，最后的表达式遵从U的几何对称性和R的正交性。

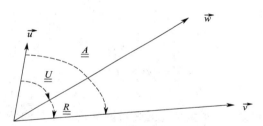

图 6.4 右伸长张量和旋转张量计算示意图

为了计算U^2的平方根，先把这个张量表示成对角线的形式，即找到坐标系ξ_1，ξ_2，ξ_3，在这个坐标系当中，只有U的对角线分量是非零单元，一旦形成这样对角线形式，就可以通过取对角线单元的平方根来计算。

$$\begin{pmatrix} a & 0 & 0 \\ 0 & b & 0 \\ 0 & 0 & c \end{pmatrix}_{\xi_1\xi_2\xi_3}^{\frac{1}{2}} = \begin{pmatrix} \sqrt{a} & 0 & 0 \\ 0 & \sqrt{b} & 0 \\ 0 & 0 & \sqrt{c} \end{pmatrix}_{\xi_1\xi_2\xi_3} \tag{6-49}$$

这个结果可以通过坐标变换表示成原始坐标系下的形式。

平方根计算需进行坐标基变换，这些运算属于矩阵运算而不是张量运算，即计算两个不同坐标系下张量U的特征值，U是不变量。为了区分矩阵与张量运算的不同，我们用方括号表示矩阵，圆括号表示张量，用下标指示所选用的坐标系。

令$\left[U^2\right]_{xyz}$是原始坐标系下U^2的系数矩阵。$\left[U^2\right]_{\xi_1\xi_2\xi_3}$是对角线系数矩阵，则有

$$[U^2]_{\xi_1\xi_2\xi_3} = L^T [U^2]_{xyz} L \tag{6-50}$$

其中变换矩阵 L 由 $\underline{\underline{U}}^2$ 的特征向量构造而成。

特征值和特征向量的计算可以直接进行，这些内容属于本科生高等数学的内容，也可以编程插入许多软件计算包中计算。这个实例当中，$\underline{\underline{U}}^2$ 特征值是 λ_i，$\lambda_1 = 0.739$，$\lambda_2 = 4.458$ 和 $\lambda_3 = 10.713$。特征向量形成了变换矩阵 L 的列：

$$L = \begin{bmatrix} -0.083 & 0.546 & 0.113 \\ -0.19 & -0.468 & 0.863 \\ 0.524 & 0.695 & 0.493 \end{bmatrix} \tag{6-51}$$

按式（6-50）计算，得到

$$[U^2]_{\xi_1\xi_2\xi_3} = L^T [U^2]_{xyz} L = \begin{bmatrix} 0.739 & 0 & 0 \\ 0 & 4.548 & 0 \\ 0 & 0 & 10.713 \end{bmatrix} \tag{6-52}$$

$$\underline{\underline{U}}^2 = \begin{bmatrix} 0.739 & 0 & 0 \\ 0 & 4.548 & 0 \\ 0 & 0 & 10.713 \end{bmatrix}_{\xi_1\xi_2\xi_3} \tag{6-53}$$

对式（6-53）主对角线上每一项取平方根得到张量 $\underline{\underline{U}}^2$ 的平方根：

$$[U]_{\xi_1\xi_2\xi_3} = \begin{bmatrix} 0.860 & 0 & 0 \\ 0 & 2.133 & 0 \\ 0 & 0 & 3.273 \end{bmatrix} \tag{6-54}$$

$$\underline{\underline{U}} = \begin{bmatrix} 0.860 & 0 & 0 \\ 0 & 2.133 & 0 \\ 0 & 0 & 3.273 \end{bmatrix}_{\xi_1\xi_2\xi_3} \tag{6-55}$$

使用逆变换矩阵，将此平方根转换到初始坐标系中：

$$[U]_{xyz} = L [U]_{xyz} L^T \tag{6-56}$$

$$= \begin{bmatrix} 1.269 & -0.09 & 0.671 \\ -0.09 & 2.936 & 0.612 \\ 0.617 & 0.612 & 2.06 \end{bmatrix} \underline{\underline{U}} = \begin{bmatrix} 1.269 & -0.09 & 0.671 \\ -0.09 & 2.936 & 0.612 \\ 0.617 & 0.612 & 2.06 \end{bmatrix}_{xyz} \tag{6-57}$$

为了计算 $\underline{\underline{R}} = \underline{\underline{A}} \cdot \underline{\underline{U}}^{-1}$，需要知道 $\underline{\underline{U}}^{-1}$。这里用数学软件包直接计算逆矩阵得到：

$$\underline{\underline{U}}^{-1} = \begin{bmatrix} 0.0946 & 0.094 & -0.311 \\ 0.094 & 0.372 & -0.139 \\ -0.311 & -0.139 & 0.620 \end{bmatrix}_{xyz} \tag{6-58}$$

$$\underline{\underline{R}} = \underline{\underline{A}} \cdot \underline{\underline{U}}^{-1} = \begin{bmatrix} 0.324 & -0.138 & 0.928 \\ -0.03 & 0.979 & 0.204 \\ 0.946 & 0.094 & -0.311 \end{bmatrix}_{xyz} \tag{6-59}$$

可以验证张量 $\underline{\underline{R}}$ 是正交张量。现在计算所需要的矢量和角度：

$$\vec{v} = \underline{\underline{A}} \cdot \vec{u} = \begin{bmatrix} 3 \\ 7 \\ 1 \end{bmatrix}_{xyz} \tag{6-60}$$

$$\vec{w} = \underline{\underline{U}} \cdot \vec{u} = \begin{bmatrix} 1.707 \\ 6.393 \\ 3.901 \end{bmatrix}_{xyz} \tag{6-61}$$

为了计算 $\vec{u}$ 和 $\vec{w}$ 和 $\vec{w}$ 和 $\vec{v}$ 之间的角度，用矢量点积定义：

$$\vec{u} \cdot \vec{w} = uw\cos\Psi_{uw} \tag{6-62}$$

$$\Psi_{uw}\cos^{-1}\left(\frac{\vec{u} \cdot \vec{w}}{uw}\right) = 0.212\mathrm{rad} \tag{6-63}$$

$$\Psi_{wv} = \cos^{-1}\left(\frac{\vec{w} \cdot \vec{v}}{wv}\right) = 0.424\mathrm{rad} \tag{6-64}$$

由 $\underline{\underline{U}}$ 和 $\underline{\underline{A}}$ 引起的长度变化可以用 $\vec{u}$，$\vec{v}$ 和 $\vec{w}$ 的相对的长度变化来进行度量：

$$|\vec{u}| = 2.449 \tag{6-65}$$

$$|\vec{v}| = 7.681 \tag{6-66}$$

$$|\vec{w}| = 7.681 \tag{6-67}$$

$$\frac{v}{u} = \sqrt{\frac{(\vec{v} \cdot \vec{v})}{(\vec{u} \cdot \vec{u})}} = 3.136 \tag{6-68}$$

注意 $\vec{w}$ 和 $\vec{v}$ 大小的变化等于预期值，即 $\underline{\underline{A}}$ 和 $\underline{\underline{U}}$ 引起的长度变化相同。算出的角度 Ψ_{uw} 和 Ψ_{wv} 和长度变化不同于其他矢量与 $\underline{\underline{A}}$ 进行的运算。

前面实例使我们看到了张量 $\underline{\underline{A}}$ 的极分解效果，右拉伸张量不能完全把长度变化从转动量中分离出来，但是通过张量 $\underline{\underline{R}}$ 去掉了旋转部分，得到了一个非奇异对称张量 $\underline{\underline{U}}$，它含有 $\underline{\underline{A}}$ 的形变信息和一些转动信息，因此我们朝向目标前进了很重要的一步。事实上，$\underline{\underline{U}}$ 是对称张量这一点很有意义，因为 $\underline{\underline{U}}$ 的这个性能允许把形状变化和转动完全分离开来。

张量无法进行旋转三组平行矢量的运算，当张量与这样三组矢量之一运算时，矢量的长度发生变化，但是其空间方向不变。张量 $\underline{\underline{U}}$ 的这些族矢量记作 $\hat{\xi}_1$，$\hat{\xi}_2$ 和 $\hat{\xi}_3$，满足以下方程：

$$\underline{\underline{U}} \cdot \hat{\xi}_1 = \lambda_1\hat{\xi}_1 \tag{6-69}$$

$$\underline{\underline{U}} \cdot \hat{\xi}_2 = \lambda_2\hat{\xi}_2 \tag{6-70}$$

$$\underline{\underline{U}} \cdot \hat{\xi}_3 = \lambda_3\hat{\xi}_3 \tag{6-71}$$

式中，λ_i 表示 $\underline{\underline{U}}$ 在 $\hat{\xi}_i$ 方向上的拉伸量，我们熟悉这些 $\underline{\underline{U}}$ 的单位特征矢量，λ_1，λ_2 和 λ_3 是 $\underline{\underline{U}}$ 的特征值，非奇异张量都可以找到这样矢量。对于对称张量，例如左和右拉伸张量，特征值 λ_i 有明确数值，而且特征矢量 $\hat{\xi}_i$ 相互垂直。

为了理解变形张量的左右拉伸张量如何成为无旋转应变的度量，参见图 6.5 的情形。令 $\hat{\xi}_1$，$\hat{\xi}_2$ 和 $\hat{\xi}_3$ 和 λ_1，λ_2 和 λ_3 为 $\underline{\underline{U}}$ 的特征向量和特征值，$\hat{\zeta}_1$，$\hat{\zeta}_2$ 和 $\hat{\zeta}_3$ 和 ν_1，ν_2 和 ν_3 为 $\underline{\underline{V}}$ 的特征向量和特征值，由前面 $\underline{\underline{U}}$ 和 $\underline{\underline{V}}$ 的定义：

$$\underline{\underline{A}} = \underline{\underline{R}} \cdot \underline{\underline{U}} = \underline{\underline{V}} \cdot \underline{\underline{R}} \tag{6-72}$$

如果我们用 $\hat{\xi}_1$ 右点乘这个方程得到：

$$\underline{\underline{R}} \cdot (\underline{\underline{U}} \cdot \hat{\xi}_1) = \underline{\underline{V}} \cdot (\underline{\underline{R}} \cdot \hat{\xi}_1) \tag{6-73}$$

$$\lambda_1 \cdot (\underline{\underline{R}} \cdot \hat{\xi}_1) = \underline{\underline{V}} \cdot (\underline{\underline{R}} \cdot \hat{\xi}_1) \tag{6-74}$$

式（6-74）只是 $\underline{\underline{V}}$ 的另一个特征值方程，对比这个方程与 $\hat{\zeta}_1$ 特征值方程得到：

$$\nu_1\hat{\zeta}_1 = \underline{\underline{V}}\hat{\zeta}_1 \tag{6-75}$$

因此可以得出结论，$\underline{\underline{R}} \cdot \hat{\xi}_1$ 和 λ_1 分别是 $\underline{\underline{V}}$ 的特征向量和特征值，这具有一般性，可以选 $\hat{\zeta}_1 = \underline{\underline{R}} \cdot \hat{\xi}_1$ 和 $\lambda_1 = v_1$，其他特征值类似满足以下关系：

$$\hat{\zeta}_i = \underline{\underline{R}} \cdot \hat{\xi}_i = \hat{\xi}_i \cdot \underline{\underline{R}}^T \tag{6-76}$$

$$\lambda_i = v_i \tag{6-77}$$

$$\hat{\xi}_i = \hat{\zeta}_i \cdot \underline{\underline{R}} \tag{6-78}$$

可以利用 $\underline{\underline{R}}$ 的正交性质。

借助图 6.5 和下面解释来理解上述关系。当张量 $\underline{\underline{A}}$ 与矢量 $\hat{\xi}_1$（$\hat{\xi}_1$ 是 $\underline{\underline{U}}$ 的单位特征矢量）运算时，这个矢量可以看作在适当的位置的第一次拉伸量 λ_i，然后其旋转变成 $\lambda_i \hat{\zeta}_i$（$\hat{\zeta}_i$ 是 $\underline{\underline{V}}$ 的单位特征矢量），见图 6.5 的路径 I。

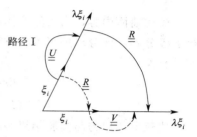

图 6.5　左右拉伸张量与其特征矢量

路径 I：
$$\underline{\underline{A}} \cdot \hat{\xi}_i = \underline{\underline{R}} \cdot \underline{\underline{U}} \cdot \hat{\xi}_i = \underline{\underline{R}} \cdot (\lambda_i \hat{\xi}_i)$$
$$= \lambda_i (\underline{\underline{R}} \cdot \hat{\xi}_i) = \lambda_i \hat{\zeta} \tag{6-79}$$

或者说张量 $\underline{\underline{A}}$ 对矢量 $\hat{\xi}_1$ 的作用可以看作循着虚线路径 II，矢量 $\hat{\xi}_i$ 先旋转但没有长度变化变为 $\hat{\zeta}_i$，然后这个新的矢量在原地被拉伸量 λ_i，得到的结果与路径 I 相同。

路径 II：$\underline{\underline{A}} \cdot \hat{\zeta}_i = \underline{\underline{V}} \cdot (\underline{\underline{R}} \cdot \hat{\zeta}_i) = \underline{\underline{V}} \cdot \hat{\zeta}_i = \lambda_i \hat{\zeta}_i \tag{6-80}$

$\underline{\underline{V}}$ 的单位特征矢量左乘 $\underline{\underline{A}}$，$\hat{\zeta}_i \cdot \underline{\underline{A}}$，其变换与上面描述过程类似，

以上解释可以看出，借助应变特征矢量 $\hat{\xi}_i$ 或 $\hat{\zeta}_i$，左右拉伸张量的确能从形变张量中分离出纯拉伸张量。$\underline{\underline{U}}$ 和 $\underline{\underline{V}}$ 的特征矢量表示原始变形张量 $\underline{\underline{A}}$ 沿拉伸方向发生的纯拉伸，而这些张量的特征值表示在三个正交拉伸方向上的拉伸量多少。因此可以由变形拉伸张量提出无旋转大应变度量，而不是由变形张量 $\underline{\underline{F}}$ 和 $\underline{\underline{F}}^{-1}$ 自身提出这一度量。

下面把这些概念应用到变形梯度张量 $\underline{\underline{F}}$ 和 $\underline{\underline{F}}^{-1}$ 中。$\mathrm{d}r' \to \mathrm{d}r$ 和 $\mathrm{d}r \to \mathrm{d}r'$ 的转换，

$$\mathrm{d}\vec{r} = \mathrm{d}\vec{r'} \cdot \underline{\underline{F}}^{-1} = (\underline{\underline{F}}^{-1})^T \cdot \mathrm{d}\vec{r'} \tag{6-81}$$

$$\mathrm{d}\vec{r'} = \mathrm{d}\vec{r} \cdot \underline{\underline{F}} = \underline{\underline{F}}^T \cdot \mathrm{d}\vec{r'} \tag{6-82}$$

这些转换涉及四个变形张量，$\underline{\underline{F}}$，$\underline{\underline{F}}^T$ 和 $\underline{\underline{F}}^{-1}(\underline{\underline{F}}^{-1})^T$。应用极分解，从这些张量中去除旋转部分，即计算每个变形张量的 $\underline{\underline{U}}$ 和 $\underline{\underline{V}}$，变形梯度张量的左右拉伸张量平方根见表 6.2。

表 6.2　各种变形张量左右拉伸张量平方根

$\underline{\underline{A}}$	$\underline{\underline{V}}^2$	$\underline{\underline{U}}^2$
$\underline{\underline{F}}$	$\underline{\underline{F}} \cdot \underline{\underline{F}}^T$	$\underline{\underline{F}}^T \cdot \underline{\underline{F}}$
$\underline{\underline{F}}^T$	$\underline{\underline{F}}^T \cdot \underline{\underline{F}}$	$\underline{\underline{F}} \cdot \underline{\underline{F}}^T$
$\underline{\underline{F}}^{-1}$	$\underline{\underline{F}}^{-1} \cdot (\underline{\underline{F}}^{-1})^T$	$(\underline{\underline{F}}^{-1})^T \cdot \underline{\underline{F}}^{-1}$
$(\underline{\underline{F}}^{-1})^T$	$(\underline{\underline{F}}^{-1})^T \cdot \underline{\underline{F}}^{-1}$	$\underline{\underline{F}}^{-1} \cdot (\underline{\underline{F}}^{-1})^T$

尽管表 6.2 中可选的应变张量有很多，但是考虑几个因素会使可选数目减少。先任选右和左拉伸向量，它们与 $\underline{U}$ 或 $\underline{V}$ 特征向量相对应。参考表 6.2，$\underline{F}^T \cdot \underline{F}$ 等效于 $\underline{F} \cdot \underline{F}^T$，$(\underline{F}^{-1})^T \cdot \underline{F}^{-1}$ 等效于 $\underline{F}^{-1} \cdot (\underline{F}^{-1})^T$。这是从变形张量分离出来的两个独特张量，$\underline{F} \cdot \underline{F}^T$ 被称作 Cauchy 张量，$(\underline{F}^{-1})^T \cdot \underline{F}^{-1}$ 被称作 Finger 张量，这两个张量互逆，分别用符号 $\underline{\underline{C}}$ 和 $\underline{\underline{C}}^{-1}$ 表示。

$$\underline{\underline{C}} \equiv \underline{\underline{F}} \cdot \underline{\underline{F}}^T \tag{6-83}$$

$$\underline{\underline{C}}^{-1} \equiv (\underline{\underline{F}}^{-1})^T \cdot \underline{\underline{F}}^{-1} \tag{6-84}$$

概述前面内容，为去除流体运动描述中不需要的转动部分，对变形梯度和相关的张量进行了极分解，区分出用于本构方程 γ 表达的两个有限应变张量 $\underline{\underline{C}}$ 和 $\underline{\underline{C}}^{-1}$。张量 $\underline{\underline{C}}$ 和 $\underline{\underline{C}}^{-1}$ 和矢量变换有关

$$d\vec{r}' = \underline{\underline{F}}^T \cdot d\vec{r} \qquad \underline{\underline{C}} = \underline{\underline{F}}^T \text{ 的 } U^2 \tag{6-85}$$

$$d\vec{r} = (\underline{\underline{F}}^{-1})^T \cdot d\vec{r}' \qquad \underline{\underline{C}}^{-1} = (\underline{\underline{F}}^{-1})^T \text{ 的 } V^2 \tag{6-86}$$

比较剪切应力与实验结果表明，对于弹性固体，用平方张量 U^2 或 V^2 替代 U 或 V 作为应变度量是合理的。回想对比一下 6.1 节中 GLVE 模型未通过客观性检测的第一个实例，用 $\underline{\underline{C}}^{-1}$ 作应变度量，计算旋转弹性体 $\underline{\underline{\tau}}$。

实例 2 用有限应变胡克定律本构方程计算转动刚体应力 $\underline{\underline{\tau}}$，用负的 Finger 应变张量来替代 $\gamma(t_{\text{ref}}, t)$，$-\underline{\underline{C}}^{-1} = -(\underline{\underline{F}}^{-1})^T \cdot \underline{\underline{F}}^{-1}$。

解： 胡克定律

$$\underline{\underline{\tau}}(t) = -G\underline{\underline{\gamma}}(t_{\text{ref}}, t) \tag{6-87}$$

式中，G 被称作模量，是标量。应变度量是无穷小应变张量。参考时间取材料取各向同性应力时刻，这里取 $t_{\text{ref}} = 0$。为了使胡克本构方程适用于大应变，用 $-\underline{\underline{C}}^{-1}(t, 0) = -(\underline{\underline{F}}^{-1})^T \cdot \underline{\underline{F}}^{-1}$ 来替代 $\underline{\underline{\gamma}}(0, t)$。Finger 张量描述的是 0 时刻相对 t 时刻的粒子形状，应变为负值。

$$\underline{\underline{\tau}}(t) = -G\underline{\underline{C}}^{-1} = G(\underline{\underline{F}}^{-1})^T \cdot \underline{\underline{F}}^{-1} \tag{6-88}$$

材料绕 z 轴逆时针旋转，逆变形梯度张量为

$$\underline{\underline{F}}^{-1} = \begin{pmatrix} \cos\Psi & \sin\Psi & 0 \\ -\sin\Psi & \cos\Psi & 0 \\ 0 & 0 & 1 \end{pmatrix}_{xyz} \tag{6-89}$$

其中 Ψ 是 $\vec{r}(0)$ 和 $\vec{r}(t)$ 之间的夹角，用此张量计算 $(\underline{\underline{F}}^{-1})^T \cdot \underline{\underline{F}}^{-1}$：

$$(\underline{\underline{F}}^{-1})^T \cdot \underline{\underline{F}}^{-1} = \begin{pmatrix} 1 & 0 & 0 \\ 0 & 1 & 0 \\ 0 & 0 & 1 \end{pmatrix}_{xyz} \tag{6-90}$$

把这个结果带入修正的胡克本构方程中，

$$\underline{\underline{\tau}}(t) = G\begin{pmatrix} 1 & 0 & 0 \\ 0 & 1 & 0 \\ 0 & 0 & 1 \end{pmatrix}_{xyz} \tag{6-91}$$

因此得到刚体旋转的正确结果，$\underline{\underline{\tau}} = G\underline{\underline{I}}$，即弹性体的应力不依赖于刚体旋转的旋转角，而是等于其静止时的应力。用 $\underline{\underline{C}}^{-1}$ 作为应变度量，有限应变胡克定律通过了客观性检验。

实例 3 用前面实例的有限应变胡克定律，计算弹性体经历稳定剪切起始时刻（$t = 0$）产生

的剪切和法向应力，剪切速率 $\dot{\gamma}_0$ 恒定。

解：有限应变胡克定律

$$\underline{\underline{\tau}} = G\,\underline{\underline{C}}^{-1}(t,0) = G(\underline{\underline{F}}^{-1})^T \cdot \underline{\underline{F}}^{-1} \tag{6-92}$$

用 Finger 张量度量零时刻相对当前时刻样品构型的形变。对于剪切流动，用式（6-32）计算 $\underline{\underline{F}}^{-1}$，然后将其带入本构方程，

$$\underline{\underline{\tau}} = G\begin{bmatrix} 1 & \gamma & 0 \\ 0 & 1 & 0 \\ 0 & 0 & 1 \end{bmatrix}\begin{bmatrix} 1 & 0 & 0 \\ \gamma & 1 & 0 \\ 0 & 0 & 1 \end{bmatrix} = G\begin{bmatrix} 1+\gamma^2 & \gamma & 0 \\ \gamma & 1 & 0 \\ 0 & 0 & 1 \end{bmatrix} \tag{6-93}$$

其中 $\gamma = \gamma(0,t) = \int_0^t \dot{\gamma}_0 \mathrm{d}t'' = \dot{\gamma}_0 t$。因此当弹性体变形时，预测的剪切应力和两个法向应力差为

$$\tau_{21} = G\gamma = G\dot{\gamma}_0 t \tag{6-94}$$

$$\tau_{11} - \tau_{22} = G_\gamma{}^2 = G\dot{\gamma}_0^2 t^2 \tag{6-95}$$

$$\tau_{22} - \tau_{33} = 0 \tag{6-96}$$

胡克定律所描述的材料，当时间趋近于无穷大的时候，剪切应力 $\tau_{21} = G\dot{\gamma}_0 t$ 并没有趋近于稳定状态，这反应出胡克材料的固体特性。

为了检验上面结果预测是否有效，对比预测结果与弹性体简单剪切实验数据，硅橡胶扭转剪切数据见图 6.6。尽管在大应变的时候数据有一些偏离，但总体上二者吻合较好。模量 G 的最佳拟合值是 160kPa。模型和数据结果表明，剪切应力可为正或者负，法向应力差却总是正值。法向应力大小用法向应力差 $\tau_{11} - \tau_{22}$ 表示。

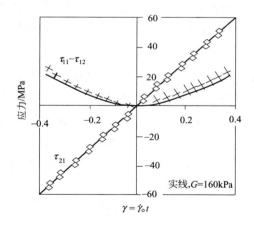

图 6.6　硅橡胶扭转剪切实验数据：剪切应力和第一法向应力差

实线是有限应变胡克模型拟合结果，$G = 160\mathrm{kPa}$

数据来源 Rheology：Principle，Measurement and Appplications，C. W. Macosko 著

用 Finger 张量表达有限应变胡克定律通过了重要的客观性检验：预测和实验数据符合很好。这个方程对单轴拉伸预测也有效。与实验数据对比结果可以确认 Finger 张量，即 $(\underline{\underline{F}}^{-1})^T$ 左拉伸张量的平方，是弹性体应变的有用度量。

已经找到了本构模型中新的大应变度量：Finger 应变张量 $\underline{\underline{C}}^{-1}(t',t)$ 和 Cauchy 应变张

量$\underline{\underline{C}}(t,t')$,这些应变张量不依赖于观察者的坐标系,具有客观性,因此避免了 Maxwell 和 GLVE 模型中遇到的假旋转问题。接下来用$-\underline{\underline{C}}^{-1}(t,t')$替代 GLVE 模型中$\underline{\underline{\gamma}}(t,t')$检验黏弹性本构方程应变张量$\underline{\underline{\tau}}$预测的准确程度。

再考虑两个与$\underline{\underline{C}}$,$\underline{\underline{C}}^{-1}$和$\underline{\underline{\gamma}}$相关的应变张量。本章讨论过位移矢量$\vec{u}(t,t')=\vec{r'}-\vec{r}$与$\underline{\underline{F}}$相关:

$$\nabla\vec{u}=\frac{\partial}{\partial\vec{r}}(\vec{r'}-\vec{r})=\underline{\underline{F}}-\underline{\underline{I}} \tag{6-97}$$

无穷小应变张量$\underline{\underline{\gamma}}$的定义:

$$\underline{\underline{\gamma}}(t,t')\equiv\nabla\vec{u}+(\nabla\vec{u})^T \tag{6-98}$$

一般有限应变张量$\underline{\underline{\gamma}}^{[0]}$的小位移极限定义如下:

$$\underline{\underline{\gamma}}^{[0]}=\underline{\underline{F}}\cdot\underline{\underline{F}}^T-\underline{\underline{I}}\equiv\underline{\underline{C}}-\underline{\underline{I}} \tag{6-99}$$

其中$\underline{\underline{C}}$是 Cauchy 张量。应用$\underline{\underline{F}}=\nabla\vec{u}+\underline{\underline{I}}$[式(6-97)],小位移梯度下$\underline{\underline{\gamma}}^{[0]}$变为:

$$\underline{\underline{\gamma}}^{[0]}=(\nabla\vec{u}+\underline{\underline{I}})(\nabla\vec{u}+\underline{\underline{I}})^T-\underline{\underline{I}}=\nabla\vec{u}\cdot(\nabla\vec{u})^T+\nabla\vec{u}+(\nabla\vec{u})^T \tag{6-100}$$

$$\lim_{\nabla\vec{u}\to0}(\underline{\underline{\gamma}}^{[0]})=\nabla\vec{u}+(\nabla\vec{u})^T=\underline{\underline{\gamma}}(t,t') \tag{6-101}$$

另一个有限应变张量$\underline{\underline{\gamma}}_{[0]}$在小位移梯度下也变成$\underline{\underline{\gamma}}$:

$$\underline{\underline{\gamma}}_{[0]}\equiv\underline{\underline{I}}-\underline{\underline{C}}^{-1} \tag{6-102}$$

$\underline{\underline{C}}$,$\underline{\underline{C}}^{-1}$和$\underline{\underline{\gamma}}^{[0]}$,$\underline{\underline{\gamma}}_{[0]}$这两对量之间的主要差异是刚体转动时的值不同,没有形变时,$\underline{\underline{C}}=\underline{\underline{C}}^{-1}=\underline{\underline{I}}$,而$\underline{\underline{\gamma}}^{[0]}=\underline{\underline{\gamma}}_{[0]}=0$;还有,在小应变下,$\underline{\underline{\gamma}}^{[0]}$和$\underline{\underline{\gamma}}_{[0]}$减小为$\underline{\underline{\gamma}}$,$\underline{\underline{C}}$和$\underline{\underline{C}}^{-1}$与$\underline{\underline{\gamma}}$相差一个各向同性的常量$\underline{\underline{I}}$。因此$\underline{\underline{\gamma}}^{[0]}$和$\underline{\underline{\gamma}}_{[0]}$表示的是形状的相对变化,而$\underline{\underline{C}}$和$\underline{\underline{C}}^{-1}$直接表示的是形状变化。正是这一差异导致应力张量预测中出现的差异。这些应变度量的时间导数可以用通常方法计算,有关量见表 6.1。

变形梯度张量的逆张量$\underline{\underline{F}}^{-1}$给出了从$\vec{r'}\to\vec{r}$的变化,可以写作$\underline{\underline{F}}^{-1}(t',t)$。Finger 张量$\underline{\underline{C}}^{-1}=(\underline{\underline{F}}^{-1})^T\cdot\underline{\underline{F}}^{-1}$也同样描述了从$t'\longrightarrow t$的变化,记作$\underline{\underline{C}}^{-1}(t',t)$。变形梯度张量$\underline{\underline{F}}$描述的是从$\vec{r}\to\vec{r'}$的逆变化,相关的 Cauchy 张量分别写作$\underline{\underline{F}}(t',t)$和$\underline{\underline{C}}(t',t)$,无穷小应变张量$\underline{\underline{\gamma}}$可以表示成其中任何一种形式,但是含义不同。

$$\underline{\underline{\gamma}}(t',t)=\int_{t'}^{t}\underline{\dot{\underline{\gamma}}}(t'')\mathrm{d}t'' \tag{6-103}$$

$$\underline{\underline{\gamma}}(t,t')=\int_{t}^{t'}\underline{\dot{\underline{\gamma}}}(t'')\mathrm{d}t'' \tag{6-104}$$

$$\underline{\underline{\gamma}}(t',t)\doteq-\underline{\underline{\gamma}}(t,t') \tag{6-105}$$

在$\underline{\underline{C}}$和$\underline{\underline{C}}^{-1}$的小应变极限中会显示出的差异,可以从它们的定义和式(6-97)推出:

$$\lim_{\overrightarrow{(\vec{r'}-\vec{r})}\to0}\underline{\underline{C}}^{-1}(t',t)=\underline{\underline{I}}-\underline{\underline{\gamma}}(t,t') \tag{6-106}$$

$$\lim_{\overrightarrow{(\vec{r'}-\vec{r})}\to0}\underline{\underline{C}}(t,t')=\underline{\underline{\gamma}}(t,t')-\underline{\underline{I}} \tag{6-107}$$

在小应变下,Cauchy 张量正比于无限小应变张量$\underline{\underline{\gamma}}(t,t')$,而 Finger 张量正比于负的$\underline{\underline{\gamma}}(t,t')$。用$\underline{\underline{C}}(t,t')$或者$-\underline{\underline{C}}^{-1}(t',t)$替代小应变本构方程的$\underline{\underline{\gamma}}(t,t')$(如胡克定律,GLVE,

Maxwell 模型），有限应变本构方程就降为实验验证的小应变方程。

有了可能的有限应变张量就可以导出不依赖于坐标的大应变本构方程，描述聚合物熔体和溶液的真实流动。

6.2　Lodge 方程

这一节，我们用 Finger 张量代替 Maxwell 方程中的应变度量导出 Lodge 方程。前面的 Maxwell 方程可以表示成微分方程或者积分方程的形式，Lodge 方程也有微分或积分两种形式，根据使用方便可选择任一种形式 Lodge 方程。

6.2.1　积分形式的 Lodge 方程

这里试图导出基于 Maxwell 模型的有限应变方程。利用 Maxwell 松弛函数 $G(t-t') = (\eta_0/\lambda)\mathrm{e}^{-\frac{t-t'}{\lambda}}$ 和 GLVE 模型的积分形式 [式(6-8)]，用应变张量表示 Maxwell 模型：

$$\underline{\underline{\tau}}(t) = + \int_{-\infty}^{t} \frac{\eta_0}{\lambda^2}\mathrm{e}^{-\frac{(t-t')}{\lambda}}\underline{\underline{\gamma}}(t,t')\mathrm{d}t' \tag{6-108}$$

我们知道应变度量 $\underline{\underline{\gamma}}(t,t')$ 不依赖于刚体的转动，用不随转动变化的新应变张量代替 Maxwell 模型中的 $\underline{\underline{\gamma}}(t,t')$，可以提出一个新的本构方程。可选得新应变张量的有限应变度量 $\underline{\underline{C}}(t,t')$ 或者 $-\underline{\underline{C}}^{-1}(t',t)$ 或者这些量的组合量，通过检验这些量代入本构方程的结果才可判断哪个本构方程更合理。Lodge 用 $-\underline{\underline{C}}^{-1}(t,t')$ 代替 $\underline{\underline{\gamma}}(t,t')$，得到 Lodge 本构方程：

Lodge 方程
$$\underline{\underline{\tau}} = -\int_{-\infty}^{t}\left[\frac{\eta_0}{\lambda^2}\mathrm{e}^{-\frac{(t-t')}{\lambda}}\right]\underline{\underline{C}}^{-1}(t',t)\mathrm{d}t' \tag{6-109}$$

这个方程不随着坐标变化，因为当无变形转动时，Finger 张量能正确地描述刚体转动。
下面实例把 Finger 张量（见表 6.3）代入 Lodge 流动方程（6-109）计算相应的材料函数和应力分量。

实例 1　用 Lodge 方程计算单轴拉伸黏度 $\bar{\eta}$。

解：表 6.3 中给出了三种常见的流动情况的 Finger 张量 $\underline{\underline{C}}^{-1}$。从运动学量开始

$$\vec{v} = \begin{pmatrix} -\dfrac{\dot{\epsilon}(t)}{2}x_1 \\ -\dfrac{\dot{\epsilon}(t)}{2}x_2 \\ \dot{\epsilon}(t)x_3 \end{pmatrix} \tag{6-110}$$

$$\dot{\epsilon}(t) = \dot{\epsilon}_0 = 常量 \tag{6-111}$$

$\underline{\underline{C}}^{-1}$ 的定义为：
$$\underline{\underline{C}}^{-1} = (\underline{\underline{F}}^{-1})^T \cdot \underline{\underline{F}}^{-1} \tag{6-112}$$
其中

$$\underline{\underline{F}}^{-1} = \frac{\partial \vec{r}}{\partial \vec{r}'} \tag{6-113}$$

因此须计算位移函数 $\vec{r}(\vec{r}')$，其中 $\vec{r}$ 是粒子当前时间的位置，$\vec{r}'$ 是该粒子在过去某一时刻 t' 的位置。

表 6.3　笛卡尔坐标下剪切和拉伸的应变张量

张量	剪切在 1-方向，梯度在 2-方向	单轴拉伸在 3-方向	绕 $\hat{e}_3$ 逆时针转动
$\underline{F}(t,t')$	$\begin{pmatrix} 1 & 0 & 0 \\ -\gamma & 1 & 0 \\ 0 & 0 & 1 \end{pmatrix}_{123}$	$\begin{pmatrix} e^{\frac{\epsilon}{2}} & 0 & 0 \\ 0 & e^{\frac{\epsilon}{2}} & 0 \\ 0 & 0 & e^{-\epsilon} \end{pmatrix}_{123}$	$\begin{pmatrix} \cos\Psi & -\sin\Psi & 0 \\ \sin\Psi & \cos\Psi & 0 \\ 0 & 0 & 1 \end{pmatrix}_{123}$
$\underline{F}^{-1}(t',t)$	$\begin{pmatrix} 1 & 0 & 0 \\ \gamma & 1 & 0 \\ 0 & 0 & 1 \end{pmatrix}_{123}$	$\begin{pmatrix} e^{-\frac{\epsilon}{2}} & 0 & 0 \\ 0 & e^{-\frac{\epsilon}{2}} & 0 \\ 0 & 0 & e^{\epsilon} \end{pmatrix}_{123}$	$\begin{pmatrix} \cos\Psi & \sin\Psi & 0 \\ -\sin\Psi & \cos\Psi & 0 \\ 0 & 0 & 1 \end{pmatrix}_{123}$
$\underline{C}(t,t')$	$\begin{pmatrix} 1 & -\gamma & 0 \\ -\gamma & 1+\gamma^2 & 0 \\ 0 & 0 & 1 \end{pmatrix}_{123}$	$\begin{pmatrix} e^{\epsilon} & 0 & 0 \\ 0 & e^{\epsilon} & 0 \\ 0 & 0 & e^{-2\epsilon} \end{pmatrix}_{123}$	$\underline{I}$
$\underline{C}^{-1}(t',t)$	$\begin{pmatrix} 1+\gamma^2 & \gamma & 0 \\ \gamma & 1 & 0 \\ 0 & 0 & 1 \end{pmatrix}_{123}$	$\begin{pmatrix} e^{-\epsilon} & 0 & 0 \\ 0 & e^{-\epsilon} & 0 \\ 0 & 0 & e^{2\epsilon} \end{pmatrix}_{123}$	$\underline{I}$
$\underline{\gamma}^{[0]}(t,t')$	$\begin{pmatrix} 0 & -\gamma & 0 \\ -\gamma & \gamma^2 & 0 \\ 0 & 0 & 1 \end{pmatrix}_{123}$	$\begin{pmatrix} e^{\epsilon}-1 & 0 & 0 \\ 0 & e^{\epsilon}-1 & 0 \\ 0 & 0 & e^{-2\epsilon}-1 \end{pmatrix}_{123}$	$\underline{0}$
$\underline{\gamma}_{[0]}(t,t')$	$\begin{pmatrix} -\gamma^2 & \gamma & 0 \\ \gamma & 0 & 0 \\ 0 & 0 & 1 \end{pmatrix}_{123}$	$\begin{pmatrix} e^{-\epsilon}-1 & 0 & 0 \\ 0 & e^{-\epsilon}-1 & 0 \\ 0 & 0 & e^{2\epsilon}-1 \end{pmatrix}_{123}$	$\underline{0}$

$$\vec{r}(t) = \begin{pmatrix} x_1 \\ x_2 \\ x_3 \end{pmatrix}_{123} \qquad \vec{r'}(t') = \begin{pmatrix} x'_1 \\ x'_2 \\ x'_3 \end{pmatrix}_{123} \tag{6-114}$$

粒子位置是由其初始位置（$\vec{r'} = x'_1\dot{e}_1 + x'_2\dot{e}_2 + x'_3\dot{e}_3$）和速度决定。计算 1-方向上 x_1 和 x'_1 之间的关系：

$$v_1 = \frac{\mathrm{d}x_1}{\mathrm{d}t} = -\frac{\dot{\epsilon}_0}{2}x_1 \tag{6-115}$$

$$\frac{\mathrm{d}x_1}{x_1} = -\frac{\dot{\epsilon}_0}{2}\mathrm{d}t \tag{6-116}$$

$$\ln x_1 = -\frac{\dot{\epsilon}_0}{2}t + C_1 \tag{6-117}$$

其中，C_1 是积分常数。初始条件 $t=t'$ 时，$x_1=x'_1$。因此 x_1 方向位移方程：

$$x_1 = x'_1 e^{-\frac{\dot{\epsilon}_0(t-t')}{2}} = x'_1 e^{-\frac{\epsilon}{2}} \tag{6-118}$$

其中 $\epsilon = \dot{\epsilon}_0(t-t')$ 是流动中的拉伸应变。按照同样的步骤，得到 2-和 3-方向的位移方程：

$$x_2 = x_2' \mathrm{e}^{-\frac{\epsilon}{2}} \tag{6-119}$$

$$x_3 = x_3' \mathrm{e}^{-\epsilon} \tag{6-120}$$

因此稳定单轴拉伸流动的位移矢量 $\vec{r}$

$$\vec{r} = \begin{pmatrix} x_1' \mathrm{e}^{-\frac{\epsilon}{2}} \\ x_2' \mathrm{e}^{-\frac{\epsilon}{2}} \\ x_3' \mathrm{e}^{\epsilon} \end{pmatrix} \tag{6-121}$$

根据 $\underline{\underline{F}}^{-1}$ 和 $\underline{\underline{C}}^{-1}$ 的定义：

$$\underline{\underline{F}}^{-1} \equiv \frac{\partial \vec{r}}{\partial \vec{r}'} = \begin{pmatrix} \dfrac{\partial x_1}{\partial x_1'} & \dfrac{\partial x_2}{\partial x_1'} & \dfrac{\partial x_3}{\partial x_1'} \\ \dfrac{\partial x_1}{\partial x_2'} & \dfrac{\partial x_2}{\partial x_2'} & \dfrac{\partial x_3}{\partial x_2'} \\ \dfrac{\partial x_1}{\partial x_3'} & \dfrac{\partial x_2}{\partial x_3'} & \dfrac{\partial x_3}{\partial x_3'} \end{pmatrix}_{123}$$

$$= \begin{pmatrix} \mathrm{e}^{-\frac{\epsilon}{2}} & 0 & 0 \\ 0 & \mathrm{e}^{-\frac{\epsilon}{2}} & 0 \\ 0 & 0 & \mathrm{e}^{\epsilon} \end{pmatrix}_{123} \tag{6-122}$$

$$\underline{\underline{C}}^{-1} \equiv (\underline{\underline{F}}^{-1})^T \cdot \underline{\underline{F}}^{-1} = \begin{pmatrix} \mathrm{e}^{-\epsilon} & 0 & 0 \\ 0 & \mathrm{e}^{-\epsilon} & 0 \\ 0 & 0 & \mathrm{e}^{2\epsilon} \end{pmatrix}_{123} \tag{6-123}$$

把单轴拉伸 Finger 张量带入 Lodge 模型中，计算应力张量 $\underline{\underline{\tau}}(t)$：

$$\underline{\underline{\tau}}(t) = -\int_{-\infty}^{t} \frac{\eta_0}{\lambda^2} \mathrm{e}^{\frac{-(t-t')}{\lambda}} \begin{pmatrix} \mathrm{e}^{-\epsilon} & 0 & 0 \\ 0 & \mathrm{e}^{-\epsilon} & 0 \\ 0 & 0 & \mathrm{e}^{2\epsilon} \end{pmatrix}_{123} \mathrm{d}t' \tag{6-124}$$

拉伸黏度被定义为

$$\bar{\eta} \equiv \frac{-(\tau_{33}-\tau_{11})}{\dot{\epsilon}_0} \tag{6-125}$$

因此须计算 τ_{33} 和 τ_{11}，记住 $\epsilon = \dot{\epsilon}_0(t-t')$

$$\tau_{33} = -\int_{-\infty}^{t} \frac{\eta_0}{\lambda^2} \mathrm{e}^{\frac{-(t-t')}{\lambda}} \mathrm{e}^{2\epsilon} \mathrm{d}t'$$

$$= -\int_{-\infty}^{t} \frac{\eta_0}{\lambda^2} \mathrm{e}^{(2\dot{\epsilon}_0-\frac{1}{\lambda})s} \mathrm{d}s \quad 其中 s = t-t'$$

$$= \frac{\eta_0}{\lambda^2} \frac{1}{2\dot{\epsilon}_0 - \frac{1}{\lambda}} \quad 2\dot{\epsilon}_0\lambda < 1 \tag{6-126}$$

类似可得：

$$\tau_{11}=\frac{\eta_0}{\lambda^2}(\frac{-1}{1+\lambda\ \dot{\epsilon}_0}) \tag{6-127}$$

计算拉伸黏度：

$$\overline{\eta}\equiv\frac{-(\tau_{33}-\tau_{11})}{\dot{\epsilon}_0}=\frac{3\lambda G_0}{(1-2\lambda\ \dot{\epsilon}_0)(1+\lambda\ \dot{\epsilon}_0)} \tag{6-128}$$

其中 $G_0\equiv\eta_0/\lambda$。当 $\dot{\epsilon}_0=1/2\lambda$ 时，轴向应力 τ_{33} 和拉伸黏度变得无限大。

可以看出在稳定剪切中，Lodge 模型预测得到常数黏度 $\eta=\lambda G_0$，因此 Lodge 模型中的特鲁顿比既不是 3，也不是常数，而是随拉伸速率 $\dot{\epsilon}_0$ 变化。

特鲁顿比（Lodge 模型） $\qquad\dfrac{\overline{\eta}(\dot{\epsilon}_0\sqrt{3}=\dot{\gamma})}{\eta(\dot{\gamma})}=\dfrac{3}{\left(1-\dfrac{2\lambda\dot{\gamma}}{\sqrt{3}}\right)(1+\lambda\dot{\gamma}/\sqrt{3})}$ （6-129）

从前面的介绍可以看出，在高拉伸应变率下，Lodge 方程预测的拉伸黏度变得不可控；在剪切流动中，该模型和 GLVE 模型一样预测到常数黏度，但是 Lodge 模型还预测到非零第一法向应力系数，Lodge 模型预测的黏度和第一法向应力差都是常数，Lodge 模型无法预测非零第二法向应力系数。因此，对于非线性聚合物流变模型，尽管 Lodge 模型对广义牛顿流体和 GLVE 流体进行了很大的改进，但仍然无法预测观察到的一些重要行为，比如剪切变稀和非零第二法向应力系数。

再回到转盘问题。在转盘实例中有两个坐标系：一个坐标系随着转盘上的流动单元缓慢转动，另一个坐标系是固定的实验室坐标系。我们基于固定的参考坐标系计算了 GLVE 流体在剪切流动中的应力，得出错误结果：旋转剪切流动应力依赖于转盘的角速度，最后是 GLVE 模型没有通过客观性检测。这一章提出了一个新的应变度量 $\underline{\underline{C}}^{-1}$ 来解决与 $\underline{\underline{\gamma}}(t，t')$ 相关的旋转问题，并导出 Lodge 方程，Lodge 方程能通过了转盘客观性检测吗？下面来作一下检测。

剪切流动单元位于缓慢转动的转盘上，转盘的角速度 Ω。选择与转盘同速转动的参考坐标系 $(\overline{x}，\overline{y}，\overline{z})$，$\vec{v}=\dot{\overline{\gamma}}_0\overline{y}\ \widehat{e_{\overline{x}}}$，还有静止坐标系 $(x，y，z)$。要用 Lodge 方程求流体相对于静止坐标 $x，y，z$ 和参考坐标 $\overline{x}，\overline{y}，\overline{z}$ 这两个坐标系下的应力，就须求每个坐标系下的 $\underline{\underline{C}}^{-1}=(\underline{\underline{F}}^{-1})^T\cdot\underline{\underline{F}}^{-1}$，知道 t 时刻和 t' 时刻粒子的位移函数 $\vec{r}$ 和 $\vec{r}'$，可以计算 $\underline{\underline{F}}^{-1}$，

$$\underline{\underline{F}}^{-1}=\frac{\partial\vec{r}}{\partial\vec{r}'}=\begin{pmatrix}\dfrac{\partial x}{\partial x'}&\dfrac{\partial y}{\partial x'}&\dfrac{\partial z}{\partial x'}\\[2mm]\dfrac{\partial x}{\partial y'}&\dfrac{\partial y}{\partial y'}&\dfrac{\partial z}{\partial y'}\\[2mm]\dfrac{\partial x}{\partial z'}&\dfrac{\partial y}{\partial z'}&\dfrac{\partial z}{\partial z'}\end{pmatrix}_{xyz} \tag{6-130}$$

先从转动坐标系 $\overline{x}，\overline{y}，\overline{z}$ 开始计算 $\vec{r}$ 和 $\vec{r}'$，然后计算 $\underline{\underline{F}}^{-1}$ 和 $\underline{\underline{C}}^{-1}$。

在 $\overline{x}，\overline{y}，\overline{z}$ 转动坐标系下发生的剪切流动，可以直接写出 t 时刻和 t' 时刻粒子位置的相互关系。

$$\overline{x}=\overline{x}'+\dot{\overline{\gamma}}_0\overline{y}(t-t') \tag{6-131}$$

$$\overline{y}=\overline{y}' \tag{6-132}$$

$$\overline{z} = \overline{z}' \tag{6-133}$$

在转动坐标系中，按定义来计算 $\underset{=}{C}^{-1}$，然后代入 Lodge 方程：

$$\underset{=}{C}^{-1} = \begin{pmatrix} 1+\gamma^2 & \gamma & 0 \\ \gamma & 1 & 0 \\ 0 & 0 & 1 \end{pmatrix}_{\overline{xyz}} \tag{6-134}$$

Lodge 应力张量（圆盘，转动坐标系 $\overline{x}$，$\overline{y}$，$\overline{z}$）

$$\underset{=}{\tau}(t) = -\int_{-\infty}^{t} \frac{\eta_0}{\lambda^2} \, \mathrm{e}^{-\frac{(t-t')}{\lambda}} \begin{pmatrix} 1+\gamma^2 & \gamma & 0 \\ \gamma & 1 & 0 \\ 0 & 0 & 1 \end{pmatrix}_{\overline{xyz}} \mathrm{d}t' \tag{6-135}$$

为了计算静止坐标系 x，y，z 下的 $\underset{=}{\tau}$，把静止坐标系 x，y，z 和转动坐标系 $\overline{x}$，$\overline{y}$，$\overline{z}$）两个坐标系之间的关系代入式（6-131）～式（6-133），得到静止坐标系 x，y，z 下的位移函数。

$$(y - y_0) = (y' - y_0)[C'C + S'S + SC'\gamma] + (x' - x_0)[-CS' + SC' - SS'\gamma] \tag{6-136}$$

$$(x - x_0) = (y' - y_0)[-SC' + CS' + CC'\gamma] + (x' - x_0)[SS' + CC' - CS'\gamma] \tag{6-137}$$

$$z = z'$$

其中，$S = \sin\Omega t$，$S' = \sin\Omega t'$，$C = \cos\Omega t$，$C' = \cos\Omega t'$ 和 $\gamma = \dot{\gamma}_0(t - t')$。已知函数 $\vec{r}\,(\vec{r}\,')$，可以计算 $\underset{=}{F}^{-1}$ 和 $\underset{=}{C}^{-1}$，尽管涉及代数运算，但结果十分简单：

$$\underset{=}{C}^{-1}(t',t) = \begin{pmatrix} 1 - 2CS\gamma + C^2\gamma^2 & (C^2 - S^2)\gamma + SC\gamma^2 & 0 \\ (C^2 - S^2)\gamma + SC\gamma^2 & 1 - 2CS\gamma + C^2\gamma^2 & 0 \\ 0 & 0 & 1 \end{pmatrix}_{xyz} \tag{6-138}$$

把 Finger 张量插入 Lodge 方程中，得到静止坐标系下应力 $\underset{=}{\tau}$ 的表达式。

转盘实例，静止坐标系 x，y，z 下，Lodge 应力张量，

$$\underset{=}{\tau}(t) = -\int_{-\infty}^{t} \frac{\eta_0}{\lambda^2} \, \mathrm{e}^{-\frac{(t-t')}{\lambda}} \times \begin{pmatrix} 1 - 2CS\gamma + C^2\gamma^2 & (C^2 - S^2)\gamma + SC\gamma^2 & 0 \\ (C^2 - S^2)\gamma + SC\gamma^2 & 1 - 2CS\gamma + C^2\gamma^2 & 0 \\ 0 & 0 & 0 \end{pmatrix}_{xyz} \mathrm{d}t' \tag{6-139}$$

为了检验 Lodge 模型客观性，希望用静止坐标系下应力表达式［式（6-139）］来计算黏度。

$$\underset{=}{\dot{\gamma}} = \begin{pmatrix} 0 & \dot{\gamma}_0 & 0 \\ \dot{\gamma}_0 & 0 & 0 \\ 0 & 0 & 0 \end{pmatrix}_{123} \tag{6-140}$$

当 $t=0$ 时，静止坐标系变为剪切坐标系。设定 $t=0$，应力计算为

$$\underset{=}{\tau}(0) = -\int_{-\infty}^{t} \frac{\eta_0}{\lambda^2} \, \mathrm{e}^{\frac{t'}{\lambda}} \begin{pmatrix} 1+\gamma^2 & \gamma & 0 \\ \gamma & 1 & 0 \\ 0 & 0 & 1 \end{pmatrix}_{xyz} \mathrm{d}t' \tag{6-141}$$

这个表达式不依赖转盘转速 Ω。在 $t=0$ 时，静止坐标系 x，y，z 的应力与转动剪切坐标系 $\overline{x}$，$\overline{y}$，$\overline{z}$ 下 Lodge 方程计算的应力［式（6-135）］相一致，因此，Lodge 方程通过了材料客观性的检验。

最后实例是用 Lodge 方程计算非稳态材料函数。

实例 2　用 Lodge 方程计算稳定平面拉伸流动启动时的材料函数 $\bar{\eta}_{P_1}^+(t, \dot{\epsilon}_0)$ 和 $\bar{\eta}_{P_2}^+(t, \dot{\epsilon}_0)$。

解： 计算材料函数时，先从平面拉伸启动流动的流体运动学量开始

$$\vec{v} = \begin{bmatrix} -\dot{\epsilon}(t) \\ 0 \\ -\dot{\epsilon}(t)x_3 \end{bmatrix}_{123} \tag{6-142}$$

$$\dot{\epsilon}(t) = \begin{cases} 0 & t < 0 \\ \dot{\epsilon}_0 & t \geq 0 \end{cases} \tag{6-143}$$

其中 $\dot{\epsilon}_0$ 为正值。平面拉伸流动的 Finger 张量为

$$\underset{=}{C}^{-1}(t', t) = \begin{bmatrix} e^{-2\epsilon} & 0 & 0 \\ 0 & 1 & 0 \\ 0 & 0 & e^{2\epsilon} \end{bmatrix}_{123} \tag{6-144}$$

其中

$$\epsilon(t', t) = \int_{t'}^{t} \dot{\epsilon}(t'') dt'' \tag{6-145}$$

该流动的 Lodge 方程：

$$\underset{=}{\tau}(t) = -\int_{-\infty}^{t} \frac{\eta_0}{\lambda^2} e^{-\frac{(t-t')}{\lambda}} \begin{bmatrix} e^{-2\epsilon} & 0 & 0 \\ 0 & 1 & 0 \\ 0 & 0 & e^{2\epsilon} \end{bmatrix}_{123} dt' \tag{6-146}$$

为了计算 ϵ，用方程(6-143)中的函数 $\dot{\epsilon}$ 积分式(6-145)，函数 $\dot{\epsilon}$ 是名义变量 t'' 的函数，见图 6.7。积分上限是当前时刻 t 或者计算 $\underset{=}{\tau}$ 的时刻，大于零；积分下限是过去某一时刻 t'，可以为正或者为负。根据 t' 决定积分 ϵ 的不同表达式。

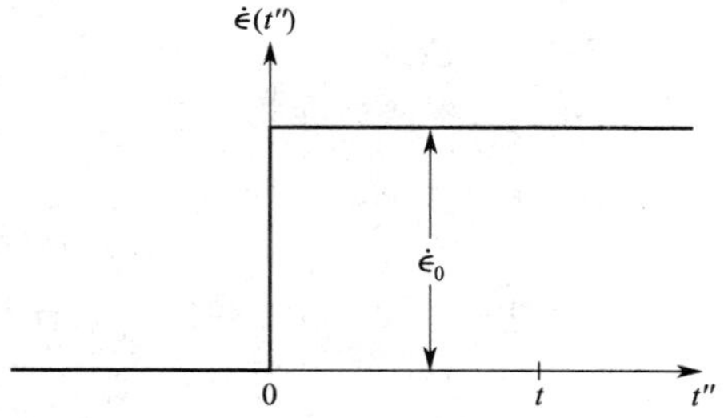

图 6.7　平面拉伸启动实验的
形变速率函数 $\dot{\epsilon}(t'')$

$$\epsilon(t', t) = \begin{cases} \int_0^t \dot{\epsilon}_0 dt'' = \dot{\epsilon}_0 t & t' < 0 \\ \int_{t'}^t \dot{\epsilon}_0 dt'' = \dot{\epsilon}_0(t - t') & t' \geq 0 \end{cases} \tag{6-147}$$

把 ϵ 的表达式代入方程（6-146）计算应力分量，结果为

$$\tau_{11} = -\frac{\eta_0}{C\lambda}(2\dot{\epsilon}_0\lambda e^{-\frac{tC}{\lambda}} + 1) \tag{6-148}$$

$$\tau_{22} = -\frac{\eta_0}{\lambda} \tag{6-149}$$

$$\tau_{33} = \frac{\eta_0}{A\lambda}(2\dot{\epsilon}_0\lambda e^{-\frac{tA}{\lambda}} - 1) \tag{6-150}$$

其中 $A \equiv 1 - 2\dot{\epsilon}_0\lambda$ 和 $C \equiv 1 + 2\dot{\epsilon}_0\lambda$，现在按定义计算 $\bar{\eta}_{P_1}^+(t, \dot{\epsilon}_0)$ 和 $\bar{\eta}_{P_2}^+(t, \dot{\epsilon}_0)$

$$\overline{\eta}\,^{+}_{P_1}=\frac{-(\tau_{33}-\tau_{11})}{\dot{\epsilon}_0}=\frac{2\,\eta_0}{AC}(2-A\,\mathrm{e}^{-\frac{Ct}{\lambda}}-C\,\mathrm{e}^{-\frac{At}{\lambda}}) \tag{6-151}$$

$$\overline{\eta}\,^{+}_{P_2}=\frac{-(\tau_{22}-\tau_{11})}{\dot{\epsilon}_0}=\frac{2\,\eta_0}{C}(1-\mathrm{e}^{-\frac{Ct}{\lambda}}) \tag{6-152}$$

当 $\dot{\epsilon}_0=1/2\lambda$ 时，注意 $\overline{\eta}\,^{+}_{P_1}$ 变得不可控。

6.2.2　微分形式 Lodge 方程——上随体 Maxwell 方程

为了把积分 Lodge 方程转化为微分方程，对方程(6-109) 微分计算 $\mathrm{d}\underset{=}{\tau}/\mathrm{d}t$，并对积分求导时应用了莱布尼茨法则。

$$-\frac{\mathrm{d}\underset{=}{\tau}}{\mathrm{d}t}=\frac{\mathrm{d}}{\mathrm{d}t}\int_{-\infty}^{t}\frac{\eta_0}{\lambda^2}\,\mathrm{e}^{-\frac{(t-t')}{\lambda}}\underset{=}{C}^{-1}(t',t)\mathrm{d}t'$$

$$=\int_{-\infty}^{t}\frac{\partial}{\partial t}\left[\frac{\eta_0}{\lambda^2}\,\mathrm{e}^{-\frac{(t-t')}{\lambda}}\underset{=}{C}^{-1}(t',t)\right]\mathrm{d}t'+\left[\frac{\eta_0}{\lambda^2}\,\mathrm{e}^{-\frac{(t-t')}{\lambda}}\underset{=}{C}^{-1}(t',t)\right]\Big|_{t'=t} \tag{6-153}$$

由于 $\underset{=}{C}(t,t)=\underset{=}{I}$，简化上式第二项，展开积分内部乘积的导数，

$$-\frac{\mathrm{d}\underset{=}{\tau}}{\mathrm{d}t}=\frac{\eta_0}{\lambda^2}\underset{=}{I}+\int_{-\infty}^{t}\frac{\eta_0}{\lambda^2}\,\mathrm{e}^{-\frac{(t-t')}{\lambda}}\frac{\partial\underset{=}{C}^{-1}(t,t')}{\partial t}\mathrm{d}t'+\frac{1}{\lambda}\underset{=}{\tau} \tag{6-154}$$

式中应用方程（6-109）写出最后一项。查表 6.1，代入 $\partial\underset{=}{C}^{-1}/\partial t$ 结果

$$-\frac{\mathrm{d}\underset{=}{\tau}}{\mathrm{d}t}=\frac{\eta_0}{\lambda^2}\underset{=}{I}-(\nabla\vec{v})^T\cdot\underset{=}{\tau}-\underset{=}{\tau}\cdot\nabla\vec{v}+\frac{1}{\lambda}\underset{=}{\tau} \tag{6-155}$$

$$\frac{\eta_0}{\lambda^2}\underset{=}{I}=\left[\frac{\mathrm{d}\underset{=}{\tau}}{\mathrm{d}t}-(\nabla\vec{v})^T\cdot\underset{=}{\tau}-\underset{=}{\tau}\cdot\nabla\vec{v}\right]+\frac{1}{\lambda}\underset{=}{\tau} \tag{6-156}$$

中括号中各项都有具体含义，并且用 $\overset{\triangledown}{\underset{=}{\tau}}$ 标记，其中符号 ∇ 表示对张量 $\underset{=}{A}$ 进行如下运算：

$$\underset{=}{A}\text{ 的上随体导数}\qquad\overset{\triangledown}{\underset{=}{A}}\equiv\frac{\mathrm{D}\underset{=}{A}}{\mathrm{D}t}-(\nabla\vec{v})^T\cdot\underset{=}{A}-\underset{=}{A}\cdot\nabla\vec{v} \tag{6-157}$$

式中 $\mathrm{D}\underset{=}{A}/\mathrm{D}t=\mathrm{d}A/\mathrm{d}t$，微分 Lodge 方程就变为

$$\underset{=}{\tau}+\lambda\overset{\triangledown}{\underset{=}{\tau}}=-\frac{\eta_0}{\lambda}\underset{=}{I} \tag{6-158}$$

如果定义一个新的应力张量 $\underset{=}{\zeta}\equiv\underset{=}{\tau}+(\eta_0/\lambda)\underset{=}{I}$，Lodge 方程的微分形式就变为：

$$\underset{=}{\zeta}-\frac{\eta_0}{\lambda}\underset{=}{I}+\lambda\overset{\triangledown}{\underset{=}{\zeta}}-\eta_0\overset{\triangledown}{\underset{=}{I}}=-\frac{\eta_0}{\lambda}\underset{=}{I} \tag{6-159}$$

$$\underset{=}{\zeta}+\lambda\overset{\triangledown}{\underset{=}{\zeta}}=-\eta_0\dot{\underset{=}{\gamma}} \tag{6-160}$$

式中，应用了 $\overset{\triangledown}{\underset{=}{I}}=\dot{\underset{=}{\gamma}}$ [见方程（6-157）]。

现在已经得到了常用的微分 Lodge 模型，因为它和 Maxwell 方程相像，故称它为上随体 Maxwell 方程。

上随体 Maxwell 模型 $\qquad\qquad\underset{=}{\tau}+\lambda\overset{\triangledown}{\underset{=}{\tau}}=-\eta_0\dot{\underset{=}{\gamma}} \tag{6-161}$

这里用 $\underset{=}{\tau}$ 作为应力张量。有 ∇ 标记并且由方程（6-157）定义的导数叫做上随体导数（upper convected derivative）。上随体 Maxwell 模型与 Lodge 积分方程的结果很吻合。

6.2.3　其他的类 Lodge 方程

Lodge 提出本构方程时选用 Finger 张量用作应变的度量，如果 Maxwell 方程采用 Cauchy 张量作为应变度量，则方程为

Cauchy-Maxwell 方程
$$\underset{=}{\tau}(t)=+\int_{-\infty}^{t}\frac{\eta_0}{\lambda^2}\mathrm{e}^{-\frac{(t-t')}{\lambda}}\underset{=}{C}^{-1}(t,t')\mathrm{d}t' \tag{6-162}$$

应变度量的选择，本构方程预测的准确性是关键。本构方程选用柯西张量会使非零第二法向应力差的预测存在差异，这是 Lodge 方程和其他仅用 Finger 张量本构方程的主要弱点。Cauchy-Maxwell 方程［方程（6-162）］对第二法向应力差效应的估计过高，因此这个模型不被广泛使用。

修改 GLVE 模型中的坐标变量，可以导出一个更通用的 Lodge 方程。用 $-\underset{=}{C}^{-1}(t,t')$ 代替方程（6-8）中的 $\underset{=}{\gamma}(t,t')$，得到 Lodge 类橡胶液体方程。

类橡胶液体 Lodge 模型
$$\underset{=}{\tau}(t)=\int_{-\infty}^{t}M(t-t')\underset{=}{C}^{-1}(t',t)\mathrm{d}t' \tag{6-163}$$

记忆函数 $M(t-t')$ 第一次被引入到方程（6-9）中。用通用函数 $M(t-t')$ 替代 Lodge 方程中的单松弛时间记忆函数［方程（6-109）中括号内函数］，就会改变 Lodge 模型对系统线性黏弹性行为的预测能力。广义 Maxwell 模型中通常选择 $M(t-t')$ 为记忆函数，记忆函数的定义为

$$M(t-t')\equiv\frac{\partial G(t-t')}{\partial t'} \tag{6-164}$$

对于广义 Maxwell 模型，

$$G(t-t')=\sum_{k=1}^{N}\left(\frac{\eta_k}{\lambda_k}\right)\mathrm{e}^{\frac{-(t-t')}{\lambda k}} \tag{6-165}$$

因此
$$M(t-t')=\sum_{k=1}^{N}\left(\frac{\eta_k}{\lambda_k^2}\right)\mathrm{e}^{\frac{-(t-t')}{\lambda k}} \tag{6-166}$$

选择这种记忆函数，类橡胶液体 Lodge 模型能准确预测线性黏弹行为。

到现在为止，我们介绍的类 Lodge 模型是准线性模型，因为 τ_{21} 和 $\dot{\gamma}_{21}$ 方程为线性方程，以此为基础的修正模型也就是线性本构方程。但是 $\dot{\gamma}_{21}$ 中应变的度量 $\underset{=}{C}^{-1}$ 和 $\underset{=}{C}$ 是非线性的，所以类 lodge 模型是非线性方程。也可能存在其他 Lodge 模型的经验修正模型，尤其可能有非线性行为模型，例如我们可以用含有时间和应变速率张量 $\underset{=}{\dot{\gamma}}$ 不变量的函数来代替 $M(t-t')$，或者提出含有 Finger 和 Cauchy 张量的积分方程，这些非线性积分方程这里就不再细述，可以参阅有关文献。

这里介绍的模型都是基于连续介质方法，还有分子模型法建立的更精细复杂的本构方程这里没有介绍，比如微观/宏观随机方法建立的模型。这里已经介绍的内容是理解更高级聚合物流变学模型的入门知识。

第 7 章　流变学测量

前面章节介绍了外力作用下连续体的行为表现，描述这些行为的方程主要有：运动方程（动量守恒）、连续体方程（质量守恒）、能量平衡方程（能量守恒）和本构方程。本构方程是材料特性方程，表示应力和形变之间的关系。以上这几个方程都是解决流体问题所需要的关系式。我们试图将连续体计算方法应用于解决复杂流体和复杂几何学的实际问题中，并且要求结果准确，对模拟准确性最有深刻影响的决定也许就是对本构方程的选择。

要确定一个本构方程是否准确地反映所研究材料的行为表现，唯一的途径是测量材料的性质，并且将测量结果与本构方程所给出的预测相比较。对流变材料函数做测量被称为流变测量法（rheometry）。为了测量材料函数，我们必须设计一个实验产生材料函数定义中所描述的运动学，然后测量所需要的应力分量，计算材料函数。本章中我们将讨论常见测量剪切和拉伸材料函数的方法，包括毛细管流变仪、椎板流变仪和拉伸测试方法。

7.1　毛细剪切流动

大多数流变学测量是按照四种剪切几何学方法之一进行的：毛细管流动、平行板、锥板扭转流动和 Couette 流动，这是因为这些实验容易进行。在黏度为材料主要性质诸如近壁面流动和混合应用情况下，剪切流动是重要流动。

流体通过毛细管是单向流动，流动中不同圆柱表面相互滑动如同可折叠式望远镜一样。近管壁处，除了 θ 方向上表面曲率以外，这一流动与黏度定义所描述的简单剪切流动完全相同。要了解如何依据毛细管流动中可测量量进行黏度计算，就必须把圆柱坐标系和剪切坐标系关联起来。圆柱坐标系，是根据流动情况建立的自然坐标，用于分析管内流动。而剪切坐标 1、2、3，用于定义材料函数：

$$\vec{v}=\dot{\gamma}_0 x_2 \widehat{e_1}=\begin{bmatrix} \dot{\gamma}_0 x_2 \\ 0 \\ 0 \end{bmatrix}_{123} \qquad (7\text{-}1)$$

我们可以将这一问题常用的圆柱坐标 r、θ、z 与近壁面剪切坐标系 1、2、3 结合如下：$\widehat{e_z}$ 是流动（1）方向，$-\widehat{e_r}$ 是梯度（2）方向，$-\widehat{e_\theta}$ 是中和方向。我们取 $-\widehat{e_r}$ 为梯度方向，所以剪切应力 τ_{21} 代表负 x_2 方向上正动量的通量，情形如同通常剪切流动定义中所见

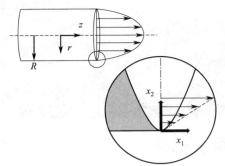

图 7.1　圆管内流动的剪切流动

坐标系 x_1、x_2、x_3，与通常

圆柱坐标系 r、θ、z 的对比

（见图 7.1）。取 $-\widehat{e_\theta}$ 为方向 3 以维持右手坐标系统。因此，我们能够将毛细管流动中的应力和剪切率与剪切坐标系统中的这些变量关联在一起：

$$\tau_{21} = -\tau_{rz}\big|_{r=R} \tag{7-2}$$

$$\dot{\gamma}_0 = \frac{\partial v_z}{(-r)} = -\frac{\partial v_z}{\partial r} \tag{7-3}$$

管内泊肃叶流动形变速率张量为

$$\dot{\underline{\underline{\gamma}}} = \nabla \vec{v} + (\nabla \vec{v})^T \tag{7-4}$$

$$= \begin{pmatrix} 0 & 0 & \dfrac{\partial v_z}{\partial v_r} \\ 0 & 0 & 0 \\ \dfrac{\partial v_z}{\partial v_r} & 0 & 0 \end{pmatrix}_{r\theta z} \tag{7-5}$$

我们看到 $-\partial v_z / \partial r\big|_{r=R}$ 是管壁处的剪切速率 $\dot{\gamma}_R$：

$$\dot{\gamma} = |\dot{\underline{\underline{\gamma}}}| = -\frac{\partial v_z}{\partial r} \tag{7-6}$$

$$\dot{\gamma}(R) = -\frac{\partial v_z}{\partial r}\bigg|_{r=R} \equiv \dot{\gamma}_R \tag{7-7}$$

现在，能够依据毛细管流动的相关变量，计算黏度：

$$\eta = \frac{-\tau_{21}}{\dot{\gamma}_0} = \frac{\tau_{rz}\big|_{r=R}}{-\dfrac{\partial v_z}{\partial r}\bigg|_{r=R}} = \frac{\tau_{rz}\big|_{r=R}}{\dot{\gamma}_R} \tag{7-8}$$

因此，要确定来自实验的毛细管流动黏度，需要含有实验变量的管壁剪切应力 $\tau_{rz}\big|_{r=R}$ 和管壁剪切速率 $\dot{\gamma}_R$ 的表达式。

7.1.1　毛细管流动的剪切应力

我们将圆管内压力驱动的流动（泊肃叶流动）看作一般流体，即本构方程未知的某种流体。假设这种流体是不可压缩的，而且是单向流动。按照圆柱坐标解决该流动，

$$\vec{v} = \begin{pmatrix} v_r \\ v_\theta \\ v_z \end{pmatrix}_{r\theta z} = \begin{pmatrix} 0 \\ 0 \\ v_z \end{pmatrix}_{r\theta z} \tag{7-9}$$

$$\nabla \cdot \vec{v} = \frac{\partial v_z}{\partial z} = 0 \tag{7-10}$$

对于稳态单向流动，运动方程左侧的惯性贡献为零，如同牛顿方案和幂律流体中将压力项和重力项结合起来，泊肃叶流动中一般流体的运动方程简化为

$$\underline{0} = -\nabla P - \nabla \cdot \underline{\underline{\tau}} \tag{7-11}$$

$$\begin{pmatrix} 0 \\ 0 \\ 0 \end{pmatrix}_{r\theta z} = \begin{pmatrix} -\dfrac{\partial P}{\partial r} \\ -\dfrac{1}{r}\dfrac{\partial P}{\partial \theta} \\ -\dfrac{\partial P}{\partial z} \end{pmatrix}_{r\theta z} - \begin{pmatrix} \dfrac{1}{r}\dfrac{\partial}{\partial r}(r\,\tau_{rr}) + \dfrac{1}{r}\dfrac{\partial \tau_{\theta r}}{\partial \theta} + \dfrac{\partial \tau_{zr}}{\partial z} - \dfrac{\tau_{\theta\theta}}{r} \\ \dfrac{1}{r^2}\dfrac{\partial}{\partial r}(r^2 \tau_{r\theta}) + \dfrac{1}{r}\dfrac{\partial \tau_{\theta\theta}}{\partial \theta} + \dfrac{\partial \tau_{z\theta}}{\partial z} + \dfrac{\tau_{\theta r} - \tau_{r\theta}}{r} \\ \dfrac{1}{r}\dfrac{\partial}{\partial r}(r\,\tau_{rz}) + \dfrac{1}{r}\dfrac{\partial \tau_{\theta z}}{\partial \theta} + \dfrac{\partial \tau_{zz}}{\partial z} \end{pmatrix}_{r\theta z} \tag{7-12}$$

要继续深入，必须给出与实现这一流动实验相兼容的某些假设。第一个假设是，应力和压强是 θ-非依赖性的，因此方程（7-12）中关于 θ 导数的各项均被消除。由于材料从上游大直径的储槽进入毛细管，如图 7.2，实际测量的流场不随 z 变化。由于收缩流动入口处的拉伸引起速率重排和弹性影响那一区域内的应力，而且熔体离开毛细管时，近出口处的速度将不同于管内主体部分充分发展的速度场，然而如果毛细管较长，这些末端效应的影响是衰减的。这里假设毛细管较长，因此速率或应力分量上没有 z-变量（7.1.3 节中将讨论考虑终末效应）。最后假设应力张量是对称的，因此运动方程为

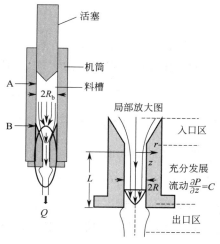

图 7.2　商用毛细管流变仪几何示意图

待测聚合物大部分位于上游储槽内，活塞推挤流体通过半径为 R 的毛细管，材料以流速 Q 从底部出口流出。许多聚合物表现为离膜膨胀，即流体流出直径可以大于毛细管直径几倍的现象。该示意图没完全按比例；毛细管半径 R 与外筒半径 R_b 的比应是 $10 \sim 12 : 1$。

$$\begin{pmatrix} 0 \\ 0 \\ 0 \end{pmatrix}_{r\theta z} = \begin{pmatrix} -\dfrac{\partial P}{\partial r} \\ 0 \\ -\dfrac{\partial P}{\partial z} \end{pmatrix}_{r\theta z} - \begin{pmatrix} \dfrac{1}{r}\dfrac{\partial}{\partial r}(r\tau_{rr}) - \dfrac{\tau_{\theta\theta}}{r} \\ \dfrac{1}{r^2}\dfrac{\partial}{\partial r}(r^2\tau_{r\theta}) \\ \dfrac{1}{r}\dfrac{\partial}{\partial r}(r\tau_{rz}) \end{pmatrix}_{r\theta z} \tag{7-13}$$

θ-分量可解出 $\tau_{\theta r}$：

$$\tau_{\theta r} = \frac{c_1}{r^2} \tag{7-14}$$

积分常数 C_1 可利用边界条件求出，即 $r = 0$ 时应力是确定的，因此 $\tau_{\theta r} = 0$。运动方程的 z-分量可解出剪切应力 $\tau_{rz}(r)$ 的表达式：

z-分量：
$$-\frac{\partial P(r, z)}{\partial z} = \frac{1}{r}\frac{\partial}{\partial r}\left[r\tau_{rz}(r)\right] \tag{7-15}$$

至此，简化压强场，P 是 r 和 z 的函数。要探讨 P 的 r-依赖性，考察运动方程的 r-分量：

r-分量：
$$-\frac{\partial P}{\partial r} = \frac{1}{r}\frac{\partial}{\partial r}(r\tau_{rr}) - \frac{\tau_{\theta\theta}}{r} \tag{7-16}$$

可以按照第二法向应力差 $N_2 = \tau_{rr} - \tau_{\theta\theta}$ 写出法向应力分量

$$-\frac{\partial P}{\partial r} = \frac{\partial \tau_{rr}}{\partial r} + \frac{\tau_{rr}}{r} - \frac{\tau_{\theta\theta}}{r}$$

$$= \frac{\partial N_2}{\partial r} + \frac{N_2}{r} + \frac{\partial \tau_{\theta\theta}}{\partial r} \tag{7-17}$$

由方程（7-17）看出，对于 N_2 很小或为零以及 $\tau_{\theta\theta}$ 不依赖于 r 时，P 仅是 z 的函数，而且我们可以很容易地通过变量分离解出方程（7-15）。如同第四章中所讨论，$\Psi_2 = -N_2/r_0^2$ 对于聚合物是非常小的一个（负）量。关于 $\tau_{\theta\theta}$ 了解极少，但在假设 θ-对称性的流动中，假设这一应力很小或为零应是合理的，因此 $N_2 = 0 = \partial \tau_{\theta\theta}/\partial r$ 的条件应当很容易被大多数材料所满足。

对于 N_2 或 $\partial \tau_{\theta\theta}/\partial r$ 为非零的材料，只要流动主域内微分 $\partial P/\partial z$ 是常数，依然可以解出方程（7-15），这一条件与 P 的 r-依赖性是相兼容的，如同通过积分 $\partial P/\partial z$ 得到 $P = （常数）z + f(r)$，其中 $f(r)$ 是 r 的一个未知函数。因此，只要压强分布具有该问题中的形式，即使 $N_2 \neq 0$ 或 $\partial \tau_{\theta\theta}/\partial r \neq 0$，我们也可有方程（7-15）的解决方案。

回到运动方程的 z-分量：

$$-\frac{\partial P(z)}{dz}=\frac{1}{r}\frac{\partial}{\partial r}\left[r\,\tau_{rz}(r)\right] \tag{7-18}$$

这同样是可分离的微分方程，如同牛顿和幂律广义牛顿流体解决流动问题时所遇到的情形。如果压强的边界条件为 $P(0)=P_0$、$P(L)=P_L$，结果为

$$\tau_{rz}=\frac{P_0-P_L}{L}\frac{r}{2}+\frac{C_1}{r} \tag{7-19}$$

其中，C_1 为积分常数。对于 $r=0$ 处的有限应力，积分常数为零，于是得到：

毛细流动中的剪应力 $\qquad \tau_{rz}=\frac{(P_0-P_L)r}{2L}=\tau_R\frac{r}{R} \tag{7-20}$

其中，$\tau_R=(P_0-P_L)R/2L$ 是壁面剪应力。取得这一结果所用的假设列表于 7.1。

壁面剪应力表达式 τ_R 适用于几乎所有材料，它可以利用来自实验测量 ΔP 的数据和几何常数 R 和 L 计算。要获得黏度，还需要找到根据实验测量表达的壁面剪速率 $\dot{\gamma}_R$。

表 7.1　泊肃叶毛细流动假设

1. 单向流动
2. 不可压缩流体
3. θ-对称性
4. 毛细管较长以致 z-变化可忽略
5. 对称应力张量
6. $\partial P/\partial z$ 常数
7. $r=0$ 处应力有限

7.1.2　毛细管流动中的剪切速率

寻求 $-\partial v_z/\partial r|_{r=R}$ 的表达式。如果速率场已知，可以直接计算壁面剪切速率 $\dot{\gamma}_R$。对于牛顿流体，

$$v_{z(r)}=\frac{2Q}{\pi R^2}\left[1-\left(\frac{r}{R}\right)^2\right] \tag{7-21}$$

$$\dot{\gamma}=-\frac{\mathrm{d}v_z}{\mathrm{d}r}=\frac{4Q}{\pi R^3}\frac{r}{R} \tag{7-22}$$

$$\dot{\gamma}_R=\frac{4Q}{\pi R^3} \tag{7-23}$$

黏度计算为

$$\eta\equiv\frac{-\tau_{21}}{\dot{\gamma}_0}=\frac{\tau_R}{\dot{\gamma}_R}$$

$$=\frac{(P_0-P_L)R}{2L}\left(\frac{\pi R^3}{4Q}\right)=\mu \tag{7-24}$$

其中，对于 Q 采用早先牛顿流体（哈根-泊肃叶定律）所推导的表达式，以简化最后一步。从方程(7-24) 可以看出，如果由牛顿流体数据获得压强降和流率，通过壁面剪切率 $4Q/\pi R^3$ 与壁面剪应力 $(P_0-P_L)R/2L$ 作图并取斜率的倒数（参见图 7.3）即可获得精确黏度：

$$\frac{4Q}{\pi R^3}\equiv\dot{\gamma}_a=\frac{1}{\mu}\frac{(P_0-P_L)R}{2L} \tag{7-25}$$

牛顿流体毛细流动
$$\dot\gamma_a = \frac{1}{\mu}\tau_R \tag{7-26}$$

$4Q/\pi R^3$ 是牛顿流体的壁面剪切率，对于非牛顿流体，该量也称为表观剪切速率，并用符号 $\dot\gamma_a$ 表示，实际上该量并无任何表观可言；如果材料是牛顿流体，$\dot\gamma_a$ 仅是壁面上剪切率，这种变量组合在非牛顿表达式中也会出现。

由于速度场〔方程（5-60）〕已知，可以计算幂律广义牛顿流体壁面上剪切率，结果是

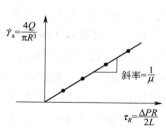

图 7.3　由牛顿流体的压力降和流率信息求得黏度

$$v_z = R^{\frac{1}{n}+1}\left(\frac{P_0 - P_L}{2mL}\right)^{\frac{1}{n}}\left[\frac{1}{\frac{1}{n}+1}\right]\left[1-\left(\frac{r}{R}\right)^{\frac{1}{n}+1}\right] \tag{7-27}$$

$$\dot\gamma_R = -\left.\frac{\mathrm{d}\,v_z}{\mathrm{d}r}\right|_{r=R}$$

$$= \left(\frac{\tau_R}{m}\right)^{\frac{1}{n}} = \left(\frac{4Q}{\pi R^3}\right)\left(\frac{\frac{1}{n}+3}{4}\right) \tag{7-28}$$

式中，为获得最后方程，采用幂律流体流率 Q〔方程(5-65)〕。

幂律流体的壁面剪切速率方程中有未知参数 n，仔细观察方程(7-28) 显示，我们可以依据实验测量的 $\dot\gamma_R$ 与 τ_R 的双对数图计算 n：

$$\log\left(\frac{4Q}{\pi R^3}\right) = \frac{1}{n}\log\tau_R + \log\left(\frac{4\,m^{-\frac{1}{n}}}{\frac{1}{n}+3}\right) \tag{7-29}$$

幂律 GNF 毛细流动
$$\log\dot\gamma_a = \frac{1}{n}\log\tau_R + \log\left(\frac{4\,m^{-\frac{1}{n}}}{\frac{1}{n}+3}\right) \tag{7-30}$$

幂律模型中的参数 n 和 m 可依据这一直线（参见图 7.4）的斜率和截距数据进行计算。因此，要测量据信为幂律广义牛顿流体的未知黏度，先收集流体的压降和流率资料（压降是

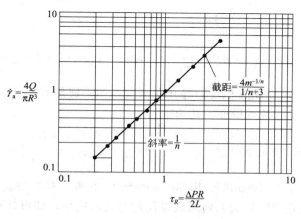

图 7.4　广义牛顿流体模型中参数 m
和 n 由压力降和流率获得

设定的，流率是测量量，或反之亦然），由 $\dot\gamma_R$ 与 τ_R 双对数图获得 n 和 m。然后，用计算出的 n 值、壁剪应力方程 $\tau_R=(P_0-P_L)R/2L$、方程(7-24) 和方程(7-28)，将原始压降和流率数据转换为黏度与剪切速率。

对于牛顿和幂律流体，采用 $v_z(r)$ 计算 $\dot\gamma_R$，然后用于黏度计算。对于一般流体，我们未知 $v_z(r)$ 而必须计算 $\dot\gamma_R$。怎样进一步深入？观察两种情况下不同类型 $\dot\gamma_a$ 与 τ_R 图获得与黏度相关的各量。我们也看到，剪切速率与流率以及几何参数有关。通过力图将 $\dot\gamma_a$ 表达为一般流体 τ_R 的函数，我们将会看到，勿须假设速率场就能把压降和流率与黏度联系起来。

由毛细资料得到一般黏度表达式是源于 Weissenberg 和 Rabinowitsch。为获得 $\dot\gamma_R$，我们从管内流率的一般方程开始着手：

$$Q=2\pi\int_0^R v_z(r)\,r\,\mathrm{d}r \tag{7-31}$$

该流动的剪切率是 $\dot\gamma=|\dot{\underline{\underline\gamma}}|=-\mathrm{d}v_z/\mathrm{d}r$。在方程(7-31) 中引入 $\dot\gamma$ 作为一个变量，分部积分，其结果是

$$Q=\pi\int_0^R \dot\gamma\,r^2\,\mathrm{d}r \tag{7-32}$$

我们已经假设壁面上没有滑移，$v_z(R)=0$，也已经将流率与剪切率关联起来，但来自牛顿和广义牛顿流体的结果，也许我们需要一个涉及剪切率和剪应力的方程。为将剪应力引入方程(7-32)，采用方程(7-20) 计算 τ_{rz}，并进行变量代换以消除 r：

$$\tau_{rz}=\tau_R\frac{r}{R} \tag{7-33}$$

$$Q=\frac{\pi R^3}{\tau_R^3}\int_0^{\tau_R}\dot\gamma\,\tau_{rz}^2\,\mathrm{d}\tau_{rz} \tag{7-34}$$

$$\frac{4Q}{\pi R^3}\equiv\dot\gamma_a=\frac{4}{\tau_R^3}\int_0^{\tau_R}\dot\gamma(\tau_{rz})\,\tau_{rz}^2\,\mathrm{d}\tau_{rz} \tag{7-35}$$

方程(7-35) 中我们用 $\dot\gamma_a$ 替代 $4Q/\pi R^3$，得到一个关于 $\dot\gamma_a$ 和 τ_R 的方程。为消除积分，现在可以对方程 (7-35) 做 τ_R 的微分，采用莱布尼兹规则

$$\dot\gamma_a\,\tau_R^3=4\int_0^{\tau_R}\dot\gamma(\tau_{rz})\,\tau_{rz}^2\,\mathrm{d}\tau_{rz} \tag{7-36}$$

$$\frac{\mathrm{d}}{\mathrm{d}\tau_R}(\dot\gamma_a\,\tau_R^3)=4\int_0^{\tau_R}\frac{\partial}{\partial\tau_R}\left[\dot\gamma(\tau_{rz})\,\tau_{rz}^2\right]\mathrm{d}\tau_{rz}+4\,\dot\gamma(\tau_R)\,\tau_R^2 \tag{7-37}$$

右侧第一项为零，可以用乘积规则展开左侧项，如果回想 $\mathrm{d}\ln x=\mathrm{d}x/x$，则得到下述形式的 $\dot\gamma(\tau_R)\equiv\dot\gamma_R$，即毛细流动壁面剪切速率：

幂律 GNF 毛细流动壁面剪切速率 $\qquad \dot\gamma(\tau_R)\equiv\dot\gamma_R=\dot\gamma_a\left[\frac{1}{4}\left(3+\frac{\mathrm{d}\ln\dot\gamma_a}{\mathrm{d}\ln\tau_R}\right)\right]$ (7-38)

方括号内的量称为 Weissenberg-Rabinowitsch 校正项。对牛顿流体，校正项为 1、而 $\dot\gamma_R=\dot\gamma_a$ 同前。这一校正项使得我们勿须假设任何形式的速率，即可计算壁面剪切率。Weissenberg-Rabinowitsch 校正项解释了牛顿流体和一般流体间剪切率上差异的原因：由于毛细流动中非牛顿流体的流速剖面分布为非抛物线形的（参见图 7.5）。

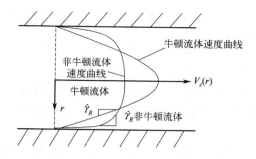

图 7.5 壁面处材料性能对剪切率影响示意图

对于剪切变稀流体，壁面剪切率高于具有相同平均流速的牛顿流体

现在，由方程（7-8）可获得黏度：

$$\eta \equiv \frac{-\tau_{21}}{\dot{\gamma}_0} \tag{7-39}$$

$$\eta(\dot{\gamma}_R) = \frac{\tau_R}{\dot{\gamma}_R} \tag{7-40}$$

均匀流体毛细流动
$$\eta(\dot{\gamma}_R) = \frac{4}{\dot{\gamma}_a}\tau_R \left(3 + \frac{\mathrm{d\ln}\dot{\gamma}_a}{\mathrm{d\ln}\tau_R}\right)^{-1} \tag{7-41}$$

因此，毛细流动中黏度的确定可由 Q 的测量数据（需要计算 $\dot{\gamma}_R$）、$\Delta P \equiv P_0 - P_L$（需要计算 τ_R）和几何常数 R 和 L 得到。$\dot{\gamma}_R$ 与 τ_R 双对数图的斜率与每一数据对（τ_R，$\dot{\gamma}_R$）一起用于计算 $\eta(\dot{\gamma}_R)$（参见图 7.6）。

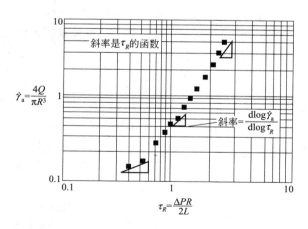

图 7.6 Weissenberg-Rabinowitsch 校正示意图

由任何类型流体的压强降和流动率信息求得微分的方法

所推导的黏度表达式是基于近壁流体的性质。如果壁面流体性质对一般流体的性质有代表性，如聚合物熔体和其他类似系统，那么毛细流动测量的黏度是可以信赖的，然而必须注意的是，悬浮液和其他复杂系统已经显示不同寻常的壁面行为。

下面两部分介绍校正项，可用于毛细流变测量法中解释终末效应和壁面滑移。

7.1.3　入口和出口效应——Bagley 校正

毛细管内 τ_R 推导中假设之一是毛细管较长，因此 z-方向上的流速变化可忽略不计，下面描述流动长度 L 上的压力差 $P_0 - P_L$ 校正。

实际上毛细流变仪中的流动需要花一定时间才能在入口处形成，而且对于聚合物，出口处流动受到离膜膨胀的干扰。这两个效应引起 z-方向上流速一定变化，但只要我们仅仅计算毛细管部分稳态充分发展单向流动的 $P_0 - P_L$ 和 L，这一 z-方向的变化就不会构成问题。问题是我们不知道稳定充分发展流动部分的压强降，也不知道稳定充分发展流动区域的长度。

毛细管压强降测量代表性设备如图 7.2 所示。重力效应忽略不计，$P = p$。毛细管顶部的压强 P_0（图 7.2 中点 B）与单位面积的力 $F/\pi R_b^2$ 有关，该作用力以稳定的速率推动活塞，较大外筒上的压强降忽略不计，毛细管底部的压强 P_L 为大气压，则整个毛细管上的压强降仅为这两个压强之差：

$$P_0 = P_{\mathrm{atm}} + \frac{F}{\pi R_b^2} \tag{7-42}$$

$$P_L = P_{\mathrm{atm}} \tag{7-43}$$

$$P_0 - P_L = \frac{F}{\pi R_b^2} \tag{7-44}$$

其中，R_b 是外筒半径，P_{atm} 为大气压。流动的全长即为毛细管总长 L，入口长度忽略不计的事实是聚合物流动于毛细管入口和出口处大分子必须重新排列。

要消除外筒内压强降效应，可以单独测量毛细管入口处的压强，亦即在图 7.2 中点 B 处安装一个压力传感器，某些流变仪有这个功能。终末效应可以通过观察剪切率稳定时不同毛细管长径比来解释。

对于既定材料处于某一固定温度下，毛细流变仪内稳定的壁面剪切率（稳定流率 Q）总是产生相同的壁面剪切应力，即 $\tau_R = \Delta pR/2L$。但流动率稳定而毛细管不同（改变 R 或 L）会导致 Δp 的测量值如下：

$$\Delta p = 2\tau_R \frac{L}{R} \tag{7-45}$$

因此稳定剪切率（即常数 Q）下，Δp 与 L/R 图是一条斜率 $2\tau_R$ 通过原点的直线，此时没有任何末端效应，如果出现终末效应时，这一直线就不再经过原点。

某些高弹性材料短毛细管上的实验结果表明，Δp 与 L/R 图确实形成的直线 y-截距不为零（参见图 7.7），Δp 与 L/R 图上的 y-截距值是由入口和出口的压力损失总合造成的，由入口和出口处流速图重新排列所造成的。毛细数据对于终末效应的校正，可从计算 τ_R 的压强中减去 Δp 与 L/R 图上压强轴上的截距进行。同理，终末效应的校正，也可把增加 e 值加到计算 τ_R 的 L/R 值上（参见图 7.7）。这种校正称为 Bagley 校正。

7.1.4　壁面滑移

Weissenberg-Rabinowitsch 方程的推导中，我们假设毛细管壁面上没有滑移，这是管流动的标准，但已有证据表明，个别情况下是可以违反这一条件的。

要确定观察什么情况伴有壁面滑移，我们可以考察一个滑移系统、例如图 7.8 中所示。滑移效应降低流体所经历的形变。滑移发生的情况下，与没有滑移的情况相比，剪切率始终是减小的、特别在近壁面处。壁面上剪应力 $\tau_R = \Delta pR/2L$ 却不受边界条件改变的影响。

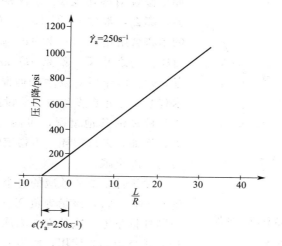

图 7.7　聚乙烯的压力降与 L/R

熔体指数＝2.9，T＝290℃，曲线取自表观剪切率 $\dot{\gamma}_a$＝$4Q/\pi R^3$ 为常数时，
表观剪切率末端效应校正由 y-截距或由外推的 x-截距 e 计算　1psi＝6894.76Pa

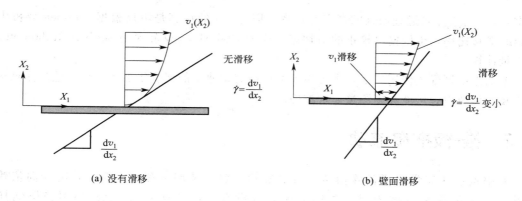

图 7.8　剪切流动系统

对于毛细管流动，$v_1(X_2)=v_z(-r)$

　　为计算滑移发生情况下的黏度，必须计算近壁面处的真实剪切速率。首先要校正滑移表观剪切速率 $\dot{\gamma}_a$，校正后的 $\dot{\gamma}_a$ 用于 Weissenberg-Rabinowitsch 计算［方程（7-38）］，以解释非抛物线的流速图。表观剪切率一般由下式所给出（无滑移）：

$$\dot{\gamma}_a=\frac{4Q}{\pi R^3}=\frac{4\,v_{z,\text{av}}}{R} \tag{7-46}$$

　　其中，$v_{z,\text{av}}=Q/\pi R^2$ 是管内流体的平均流速。滑移发生时，由于 $v_{z,\text{av}}$ 大部分进入壁面滑移，这种计算 $\dot{\gamma}_a$ 值太大，这时用 $v_{z,\text{av}}-v_{z,\text{slip}}$ 替代 $v_{z,\text{av}}$ 可以获得 $\dot{\gamma}_a$ 的校正值，$v_{z,\text{slip}}$ 为壁面滑移速度

$$\dot{\gamma}_{a,\text{滑移校正}}=\frac{4\,v_{z,\text{av}}}{R}-\frac{4\,v_{z,\text{slip}}}{R} \tag{7-47}$$

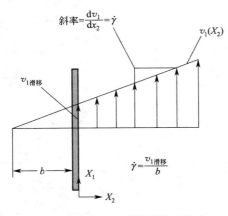

图 7.9　流体沿壁面滑移流动外推长度 b 的定义

如果假设滑移速度 $v_{z,\text{slip}}$ 仅是壁面剪切应力 τ_R 的函数，那么，常数 τ_R 下 $4v_{z,\text{av}}/R = 4Q_{\text{测量}}/\pi R^3$ 与 $1/R$ 的图将会给出其斜率为 $4v_{z,\text{slip}}$ 和截距为 $\gamma_{a,\text{滑移校正}}$ 的直线。与之相反，如果 $4Q/\pi R^3$ 与 $1/R$ 图的斜率为零，则实验中没有发生任何滑移。然而，Mooney 技术仅是基于正在发生滑移假设的 $v_{z,\text{slip}}$ 间接测量技术。违反假设的其他情况，可能与所测量的非零斜率有关，例如，入口损耗、不稳定性、可压缩性或法向应力的可能贡献。

关于计量滑移效应的一个备选方法是基于外推长度 b（图 7.9），该量为负 X_2-方向上的距离，此处流速图外推至零，这种方法为从分子原因去研究滑移机理的研究者喜欢使用，因为分子模型可以用诸如分子量和单体性质这些参数预测 b 的变化。参数 b 和滑移速率关系如下：

$$\dot{\gamma}_{R,\text{滑移-校正}} = \frac{v_{1,\text{slip}}}{b} \tag{7-48}$$

其中，$\dot{\gamma}_{R,\text{滑移-校正}}$ 是近壁面处的真实剪切率，因此，b 的计算是不仅根据 Mooney 分析中所得到的滑移速率，也根据双校正的剪切率，亦即应用 Mooney 和 Weissenberg-Rabinowitsch 校正量计算。

毛细流变测量法使用广泛，主要用于测量高剪切速率的聚合物加工黏度。适当注意末端效应和滑移效应，可使黏度测量非常准确。

7.2　锥-板拖曳流动

采用锥盘几何学，可消除扭转平行盘实验中剪切速率（和剪应应变）的径向依赖的问题，在小角度 θ_0 范围内可产生同质流动（没有径向依赖）。由于锥必须挤压到样品上，所以锥板黏度仪中很难加载高黏性材料，还有，高剪切率下锥板几何学形状会遭受边缘扭曲。

锥板几何形状如图 7.10 所示。实验中，如果流线曲率可以忽略不计，锥以恒定的角速率 Ω 转动时，ϕ-方向上将会产生简单的剪切流动。这种流动是按照球坐标进行分析的，

$$\vec{v} = \begin{bmatrix} 0 \\ 0 \\ v_\phi \end{bmatrix}_{r\theta\phi} \tag{7-49}$$

注意，这种流动的剪切面是角度 θ 为常数的表面，其中 θ 是通常的球坐标系角度，从垂直方向向下测量的夹角。锥角较小时，这些锥形表面近似于平面。

椎板流动分析与平行盘几何内流动分析类似。对于一个浅锥，需分析的目标空间区域接近底板，而且这一区域内，$-r\theta$ 近乎与 z 相同。如果假设 ϕ-方向上发生简单剪切流动，并伴有（$-r\theta$)-方向上的梯度（并忽略 ϕ-方向上的曲率），那么，由连续方程知 $\partial v_\phi/\partial \phi = 0$，

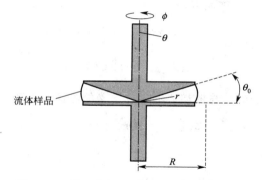

图 7.10　用于黏度测量的扭转式锥板流变仪

则可以写出

$$v_\phi = C_1(-r\theta) + C_2 \tag{7-50}$$

其中，C_1 和 C_2 为常数。对于如图 7.10 所示的坐标系，边界条件为：$\theta = \pi/2$ 时，$v_\phi = 0$；$\theta = \pi/2 - \theta_0$ 时，$v_\phi = r\Omega$。其中 θ_0 为小锥角。这些边界条件应用于 v_ϕ 的方程时得出

$$v_\phi = \frac{r\Omega}{\theta_0}\left(\frac{\pi}{2} - \theta\right) \tag{7-51}$$

这一流动（$v_r = v_z = 0$）中形变率张量 $\dot{\underline{\underline{\gamma}}}$ 为

$$\dot{\underline{\underline{\gamma}}} = \begin{bmatrix} 0 & 0 & r\dfrac{\partial}{\partial r}\left(\dfrac{v_\phi}{r}\right) \\[3mm] 0 & 0 & \dfrac{\sin\theta}{r}\dfrac{\partial}{\partial \theta}\left(\dfrac{v_\phi}{\sin\theta}\right) \\[3mm] r\dfrac{\partial}{\partial r}\left(\dfrac{v_\phi}{r}\right) & \dfrac{\sin\theta}{r}\dfrac{\partial}{\partial \theta}\left(\dfrac{v_\phi}{\sin\theta}\right) & 0 \end{bmatrix}$$

$$= \begin{bmatrix} 0 & 0 & 0 \\ 0 & 0 & \dot{\gamma}_{\theta\phi} \\ 0 & \dot{\gamma}_{\theta\phi} & 0 \end{bmatrix}_{r\theta\phi} \tag{7-52}$$

由于 θ 接近于 $\pi/2$（θ_0 较小），$\sin\theta \approx 1$，$\dot{\gamma}_{\theta\phi}$ 简化如下：

$$\dot{\gamma}_{\theta\phi} = \frac{\sin\theta}{r}\frac{\partial}{\partial \theta}\left(\frac{v_\phi}{\sin\theta}\right)$$

$$= \frac{1}{r}\frac{\partial v_\phi}{\partial \theta} = -\frac{\Omega}{\theta_0} \tag{7-53}$$

因此，

$$\dot{\underline{\underline{\gamma}}} = \begin{bmatrix} 0 & 0 & 0 \\ 0 & 0 & -\dfrac{\Omega}{\theta_0} \\[3mm] 0 & -\dfrac{\Omega}{\theta_0} & 0 \end{bmatrix}_{r\theta\phi}$$

$$\dot{\gamma} = |\dot{\underline{\underline{\gamma}}}| = +\frac{\Omega}{\theta_0} \tag{7-54}$$

对于锥板几何学形状，应变计算如下：

$$\gamma(0,t)=\int_0^t \dot{\gamma}(t')\,\mathrm{d}t'$$

$$=\int_0^t \frac{\Omega}{\theta_0}\mathrm{d}t'=\frac{\Omega t}{\theta_0} \tag{7-55}$$

方程(7-51) 和方程(7-54)与剪切流动黏度定义的流速和形变率张量比较，

$$\dot{\gamma}_0=\frac{1}{r}\frac{\partial v_\phi}{\partial(-\theta)}=\frac{\Omega}{\theta_0}=\dot{\gamma} \tag{7-56}$$

$$\tau_{21}=-\tau_{\theta\phi} \tag{7-57}$$

$$\eta=\frac{-\tau_{21}}{\dot{\gamma}_0}=\frac{\tau_{\theta\phi}}{\dot{\gamma}} \tag{7-58}$$

不仅剪切率而且剪应变均不依赖于锥板几何学的位置，这就可以根据总转矩测量数据直接计算黏度。底板上的转矩计算如下

$$T=\int_A (\text{应力})(\text{力臂})\,\mathrm{d}A$$

$$=\int_0^{2\pi}\int_0^R (\tau_{\theta\phi}\,|_{\theta=\frac{\pi}{2}})(r)(r\mathrm{d}\phi\mathrm{d}r) \tag{7-59}$$

由于整个流动域中剪切速率为常数，黏度和剪应力也是常数，$\tau_{\theta\phi}$可从积分中消除。边界条件$\tau_{\theta\phi}=0$和$r=0$下，得到板上转矩，

$$T=\frac{2}{3}\pi R^3 \tau_{\theta\phi}\,|_{\theta=\frac{\pi}{2}} \tag{7-60}$$

因此，黏度可直接计算为：

锥板流动的黏度 $$\eta\equiv\frac{-\tau_{21}}{\dot{\gamma}_0}=\frac{\tau_{\theta\phi}}{\dot{\gamma}}=\frac{3T\,\theta_0}{2\pi R^3 \Omega} \tag{7-61}$$

我们看到，限制于小锥角条件下，对于整个样本，锥板几何形状中产生了恒定的剪切率、恒定的剪应力和同质性应变，这使得锥板几何形状中的黏度计算［方程（7-61）］非常简单。当处理结构成形材料，诸如液晶、不可压缩性混合物和应变或速率敏感性悬浮液时，锥板几何学中流动均匀一致性就是一个极大的优点。此外，锥板几何学的优点还有，根据 Bird 等人的推导，第一法向应力差可以依据锥上的轴向推力测量数据进行计算。

由于流体流动造成的板上总推力 F 恰是板上法向应力在作用面积上的积分减去大气推力 $\pi R^2 P_{\text{atm}}$：

$$F=\left[2\pi\int_0^R \Pi_{\theta\theta}\,\Big|_{\theta=\frac{\pi}{2}}r\mathrm{d}r\right]-\pi R^2 P_{\text{atm}} \tag{7-62}$$

要计算 $\Pi_{\theta\theta}\,|_\theta=\pi/2$，需求运动方程的 r-分量，取 $v_r=v_\theta=0$，并设流体不可压缩，运动方程的 r-分量成为

$$-\frac{\rho v_\phi^2}{r}=-\frac{\partial p}{\partial r}-\frac{1}{r^2}\frac{\partial}{\partial r}(r^2\tau_{rr})-\frac{1}{r\sin\theta}\frac{\partial}{\partial\theta}(\tau_{\theta r}\sin\theta)-\frac{1}{r\sin\theta}\frac{\partial\tau_{\phi r}}{\phi}+\frac{\tau_{\theta\theta}+\tau_{\phi\phi}}{r} \tag{7-63}$$

所考虑的流体限于相当低速率，这样就使惯性效应和边缘不稳定性降至最小，因此可以忽略离心力项 $\rho v_\phi^2/2$。由于这一实验中整个流动场的剪切率为常数，应力张量 $\underset{=}{\tau}$ 的所有分量均为常数，这可消除应力的偏导数而进一步简化运动方程。另外注意，$\partial\Pi_{\theta\theta}/\partial r=\partial p/\partial r$。

最后，我们感兴趣的特定表面 $\theta = \pi/2$，因此 $\sin\theta = 1$。展开方程（7-63）中的偏导数并进行如上所述的简化，得到：

$$0 = -\frac{\partial \Pi_{\theta\theta}}{\partial r} - \frac{2\,\tau_{rr}}{r} + \frac{\tau_{\theta\theta} + \tau_{\phi\phi}}{r} \tag{7-64}$$

对于稳定剪切流动，按照以前所定义的第一和第二法向应力系数 Ψ_1 和 Ψ_2，

$$\Psi_1 = -\frac{\tau_{11} - \tau_{22}}{\dot{\gamma}_0^2} = -\frac{\tau_{\phi\phi} - \tau_{\theta\theta}}{\dot{\gamma}_0^2} \tag{7-65}$$

$$\Psi_2 = -\frac{\tau_{11} - \tau_{22}}{\dot{\gamma}_0^2} = -\frac{\tau_{\theta\theta} - \tau_{rr}}{\dot{\gamma}_0^2} \tag{7-66}$$

用第一和第二法向应力系数表示的运动方程结果是

$$\frac{\partial \Pi_{\theta\theta}}{\partial \ln r} = -\dot{\gamma}_0^2 (\Psi_1 + \Psi_2) \tag{7-67}$$

对方程（7-67）做积分，但需要一个边界条件，在边缘处，径向的法向应力是大气压，$\Pi_{rr}(R) = P_{atm}$，因此 $\tau_{rr}(R) = 0$。由此并根据方程（7-66），我们看到 $\tau_{\theta\theta}(R) = -\Psi_2 \dot{\gamma}_0^2$，因此，在边缘处，$\Pi_{\theta\theta}(R) = P_{atm} - \Psi_2 \dot{\gamma}_0^2$。采用这一边界条件对方程（7-67）的积分，得到

$$\Pi_{\theta\theta} \big|_{\theta = \frac{\pi}{2}} = [-\dot{\gamma}^2 (\Psi_1 + 2\Psi_2)] \ln\left(\frac{r}{R}\right) + (P_{atm} - \Psi_2 \dot{\gamma}_0^2) \tag{7-68}$$

用此表达式不用任何进一步的假设，可以计算方程（7-62），直接代数运算后可得到下述简单结果：

锥板流动第一法向应力系数

$$\Psi_1 = \frac{2F\,\theta_0^2}{\pi R^2 \Omega^2} \tag{7-69}$$

因此，锥板几何学中，稳定剪切的黏度值〔方程（7-61）〕可从保持下板不移动所需总转矩的测量数据、角转动速率以及几何学因素的知识来求得。从板上总推力的附加测量数据中可得到第一法向应力系数。这些测量的简单性解释了这一系统的普遍性。

锥板几何学与平行盘几何学相似。它们广泛用于线性黏弹性、小幅震荡剪切（SAOS）测量。对于 SAOS 实验，材料函数的锥板几何学计算如下：

锥板设备 SAOS 材料函数

$$\phi = \phi_0 \gamma \{e^{i\omega t}\}$$

$$\eta' = \frac{3\,\theta_0\,T_0 \sin\delta}{2\pi R^3 \omega\,\phi_0}$$

$$\eta'' = \frac{3\,\theta_0\,T_0 \cos\delta}{2\pi R^3 \omega\,\phi_0} \tag{7-70}$$

其中，ϕ 为锥震荡的扭转角；T_0 为转矩幅度；δ 为转矩和扭转角的相位差。

关于稳定剪切黏度测量，这里讨论了两种几何情况：毛细管和锥板，还有平行盘和 Couette 流同心几何情况没有讨论。锥板扭转流动还可以测量 $\Psi_1(\dot{\gamma})$。根据便利来选择采用哪种几何学进行测量，即哪种流变仪易得，实验限定有哪些，如扭矩测量能力，样本大小，样本加载问题，所需剪切速率等。几种常见几何学测量这里列表进行了简单对比，见表 7.2 和表 7.3。

上面提到的四种几何学也可以用于非稳定剪切实验，如启动、中止、蠕变和扭转几何等产生 SAOS、阶梯应变和蠕变恢复运动学。对于非稳定流动，会有以下方面的限制：由于几何惯性导致仪器的响应速度，马达驱动速度或驱动压力。这些问题随不同仪器而变化。当要进行非稳态实验时，察看流变仪器出厂文件，确定有哪些限制很重要。

表 7.2   常见几何学的稳态剪切流变学量

几何学	剪切应力大小 $[\tau_{21}]$	剪切速率 $\dot{\gamma}$	测量的材料函数
毛细流动（壁面条件） $P_0 - P_L = $ 点 $z=0,L$ 处的修正压力 $Q = $ 流率 $L = $ 毛细管长度 $R = \frac{1}{4}\left[3 + \dfrac{\mathrm{dln}(4Q/\pi R^3)}{\mathrm{dln}\,\tau_R}\right]$ $\tau_R = \tau_{rz}\mid_{r=R}$	$\dfrac{(P_0 - P)R}{2L}$	$\dfrac{4Q}{\pi R^3}R$	$\eta = \dfrac{\tau_R}{4Q/\pi R^3}R^{-1}$
平行盘 $T = $ 上盘扭矩 $\Omega = $ 上盘角速度 >0 $H = $ 间隙 $R = \frac{1}{4}\left[3 + \dfrac{\mathrm{dln}(T/2\pi R^3)}{\mathrm{dln}\,\dot{\gamma}_R}\right]$ $\dot{\gamma}_R = \dot{\gamma}(R)$	$\dfrac{2T}{\pi R^3}R$	$\dfrac{R\Omega}{H}$	$\eta = \dfrac{2T}{\pi R^3 \dot{\gamma}_R}R$
锥板 $T = $ 板上扭矩 $F = $ 板上推力 $\Omega = $ 锥的角速度 >0 $\theta_0 = $ 锥角	$\dfrac{3T}{2\pi R^3}$	$\dfrac{\Omega}{\theta_0}$	$\eta = \dfrac{3T\theta_0}{2\pi R^3\Omega}$ $\eta = \dfrac{2F\theta_0^2}{\pi R^2\Omega^2}$
Couette（锤转动） $T = $ 内圆柱扭矩 <0 $\Omega = $ 锤角速度 >0 $R = $ 外半径 $\kappa R = $ 内半径 $L = $ 锤长度	$\dfrac{-T}{2\pi R^2 L\kappa^2}$	$\dfrac{\kappa\Omega}{1-\kappa}$	$\eta = \dfrac{T(\kappa-1)}{2\pi R^2 L\kappa^3\Omega}$
Couette（杯转动） $T = $ 内圆柱扭矩, >0 $\Omega = $ 杯角速度 <0 $R = $ 外半径 $\kappa R = $ 内半径 $L = $ 锤长度	$\dfrac{T}{2\pi R^2 L\kappa^2}$	$\dfrac{\kappa\Omega}{1-\kappa}$	$\eta = \dfrac{T(1-\kappa)}{2\pi R^2 L\kappa^3\Omega}$

表 7.3   三种常见几何学实验特点比较

特点	平行盘	锥板	毛细管
应力范围	高黏度好	高黏度好	高黏度好
流动稳定性	适度速率下有边缘效应	适度速率下有边缘效应	高速率下熔体破裂
样品尺寸和载荷	<1g;易加载	<1g;高黏度材料很难加载	最少 40g;易加载
数据处理	需要校正剪切速率;大多数商用软件都忽略此校正	直接	需多次校正
均匀性	不均匀;剪切速率和剪切应力随半径变化	均匀	不均匀;剪切速率和剪切应力随半径变化
压力效应	无	无	料槽中的高压力在熔体可压缩时会有问题

特点	平行盘	锥板	毛细管
剪切速率	边缘破裂限制最高剪切速率；通常无法得到剪切变稀的数据	边缘破裂限制最高剪切速率；通常无法得到剪切变稀的数据	可达到非常高的速率
特征	刚性样品很好，甚至胶体；温度范围宽	可测 Ψ_1；温度范围宽	有恒 Q 或恒定 ΔP 模式；温度范围宽

7.3　单轴拉伸流动

7.3.1　熔体伸展

尽管大多数测量是剪切流动测量，这并非因为拉伸流动不重要，相反，所有工业流动均有拉伸成分，例如收缩流动射流冲击，而且还有拉伸流动占据主要过程流动，例如纤维纺纱、膜泡膨胀、涂层。剪切测量占据主要流变学文献的原因在于其容易操作，而且由其得到的某些黏度函数或关于线性黏弹性行为的信息就是所需要的全部内容，诸如窄隙成型流动或质量控制。

拉伸流动的性质，尽管重要，却非常难以测量。正如 4.2.1 节中所讨论，拉伸流动的重要性质之一是流体单元非常快和大的变形。然而，正是这一特性使产生拉伸流动成为一个挑战。本节内容主要讨论单轴拉伸流动中确定聚合物熔体和溶液性质的某些现行方法。拉伸流动中应力和变形的计算相当直接，主要困难在于可靠地产生流动。文献发表的大部分拉伸测量还不是常规测量，它们是现在的研究焦点。

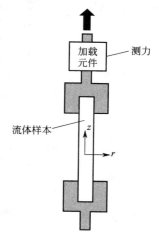

图 7.11　圆柱样本单轴拉伸流动几何形状
产生变形的力可由固定于顶端的加载单元测量

单轴拉伸流动可由快速拉伸十字头之间聚合物熔体样本所产生，如拉伸测试机分离十字头，末端运动是程序设定的，所以熔体样本的长度按照一定的方式伸长，以给出所需的拉伸率函数 $\dot{\epsilon}(t)$。另外，流动也可以设计为以所需的拉伸应力函数 $-[\tau_{33}(t)-\tau_{11}(t)]=-(\tau_{zz}-\tau_{rr})$ 进行拉伸。

样本变形所需要的总力可由固定在样本一端的压力传感器来测量（参见图 7.11），这个变形总力是时间的函数。因此流动的测量量与 Π_{zz} 之间的联系为

$$\Pi_{zz}(t)=P_{\text{atm}}-\frac{f(t)}{A(t)} \qquad (7\text{-}71)$$

其中，P_{atm} 为大气压，而且等于 Π_{rr}，$f(t)$ 是拉伸力的大小，$A(t)$ 是样本正在变化的横断面面积。因此，法向应力差为

$$\tau_{zz}-\tau_{rr}=\Pi_{zz}-\Pi_{rr}=-\frac{f(t)}{A(t)} \qquad (7\text{-}72)$$

由此可计算所需的材料应力函数。如果流动中整个样本处处皆产生拉伸流动，亦即流动是同质性的，那么，对于稳定拉伸的启动，面积变化则为 $A(t)=A_0 e^{-\dot{\epsilon}_0 t}$ [可由方程 (4-125) 计算]，拉伸黏度增长函数可仅由 $f(t)$ 的测量数据来计算

$$\bar{\eta}^+ = \frac{f(t)\,\mathrm{e}\,\dot{\epsilon}_0 t}{A_0\,\dot{\epsilon}_0} \tag{7-73}$$

稳定拉伸黏度 $\bar{\eta}^+$ 可由 $f(t)$ 的稳态值（表示为 f_∞）计算：

$$\bar{\eta} = \frac{f_\infty\,\mathrm{e}\dot{\epsilon}_0 t_\infty}{A_0\,\dot{\epsilon}_0} \tag{7-74}$$

注意，尽管 $\mathrm{e}\dot{\epsilon}_0 t_\infty$ 项随时间呈指数增加，但 f_∞ 随时间却呈指数降低，而且稳定状态时，即在一特定 t_∞（t_∞ 较大）时，二者的乘积应当为常数。

遗憾的是，这一比较简单的实验却困难重重。由于初始样本的任何缺陷将引起流动中显著的异质性，同质性流动的条件在实践中难以达到。由于样本末端夹钳的宽度通常并不随样本变窄而进行宽度调整，异质性也将进入钳夹末端附近区域的流动中，如图 7.12 所示。此外，这些实验所用的拉伸测试设备对样本拉伸比 l/l_0 也无法远超过 50，这等同于应变 $\varepsilon = \ln(l/l_0) < 4$，这样就不足以达到稳定状态。如果在空气环境下实验，适度拉伸时，即使小的温度梯度和气流也会对测量力的扭曲有极大影响，参见图 7.12。只有十分的小心，并采用化学惰性流体，以便热绝缘条件下支撑垂直或水平拉伸的样本，才能获得这一配置下适度拉伸的可信结果。采用惰性流体时，要小心消除样本与支撑性流体相互间任何化学作用，可进行实验的最高温度受限于支持性流体的稳定性。

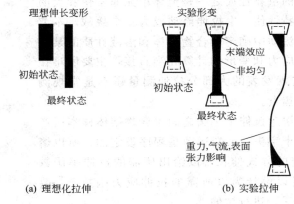

(a) 理想化拉伸　　　　　　　　　(b) 实验拉伸

图 7.12　拉伸实验

实验可能遇到的一些困难：难以做到样本无泡或无尘，这些不同质性能可能以某些显著的方式影响变形；
两末端也会引起形变不同质性；最后，重力、表面张力和气流也能长时间地影响流动

拉伸测试仪尺寸所引起的应变局限性的问题，可由反向旋转辊或金属传输带拉伸固定长度样本来解决，参见图 7.12（a）。这类拉伸黏度测试仪由 Meissner 及其同事所发明。Meissner 仪器中，拉伸力是通过应变传感器下端安装一套夹钳或辊来测量，应变计的运动与金属带夹钳或辊所经受的力成正比。在商用版仪器中，样本悬浮在一个以惰性气体为铺垫的多孔台上方，从而消除了嵌入支持性液体导致设计上存在的相互化学作用，在样本上撒些小玻璃珠以便标志变形，见图 7.13，用视频设备从顶部或侧边监测整个实验，根据视频图像计算流动中真实的应变速率，可获得令人印象深刻的重复性实验结果。

Meissner 仪器也能够测量以恒定率拉伸后的无约束回弹，按照所需时间切割样本，然后用视频设备监测样本收缩。它还可以测量恒定拉伸变形中止后的应力松弛，以所需时间中

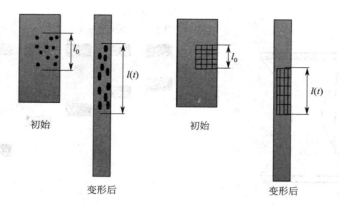

图 7.13　拉伸流动实验的一种应变测量方法

一些标志性颗粒或一个格网置于样本表面上，可假设表面上标志的变形是整个样本的特征。
如果流动为同质性，基于对多对点的拉伸测量即可获得极大的可靠性

止流动并监测拉伸应力的衰减。各种情况的应力测量都是由装在拉伸夹钳或带上的传感器完成，而应变测量是通过样本上的可视性观察标志进行测量。然后直接用方程（7-72）和材料函数定义计算材料函数。

Meissner 流变仪是目前测量黏性聚合物熔体最好的仪器。由于样本必须漂浮在空气床上，因而存在所测黏性的最小值。最大的应变率受限于夹钳的速度和流动的稳定性，而最大的黏度受限于应变计传感器的测量范围。

7.3.2　单丝拉伸

聚合物溶液无法采用抓住标本两端的方式进行拉伸，但由 Sridhar 等人引入了这种几何学形状的一种变体形状来测量聚合物溶液的拉伸黏性，见图 7.14。基于 Matta、Tytus 和 Chen 等人提出的想法，这一技术拉伸两块圆板间少量的聚合物溶体，两板快速分离，这样接近恒定的变形速率。作用在单丝上力，通过附着于固定端上一个加载元件来测量，而变形率的检测是通过视频和其他光学方法。这种装置的各种变体已由多个科研组建造并改进优化。如果能实现同质性单轴拉伸，流动分析方程完全同于本节开始的内容。这一技术的优点是，样本从明确定义的初始静止状态开始，其次是除去近两端处，这种几何学形状下样本中每一材料单元的应变是都是相同的。

单丝拉伸设备的实验和计算表明，由于重力、表面张力和板上无滑移条件，近两端处的变形不是同质性单轴拉伸。存在一个短时感应期，这其间由于重力和表面张力的相互作用，板附近发生了次级流动，这就延迟了流动期间均匀圆柱柱体的形成。进而，基于长度改变计算的拉伸速率不同于基于半径改变计算的拉伸率。后一问题可通过一个两步骤实验予以解决，实验中首先施加基于微丝长度的恒定拉伸率，测量单丝中间直径，得到单丝长度 Hencky 应变相对于微丝中间直径 Hencky 应变的校正曲线，然后把一曲线用于第二个实验，以便使板按指定程序分离，这会导致单丝中间直径按指数降低。然而，即使采取这一措施，近板面处的不同质性依然使得所测应力的理解复杂化，因此，尽管目前这是一个富有前景能给出可重复性结果的技术，但数据的理解上依然存在某些重要的困难，研究人员正试图通过在零重力飞船上进行实验以消除这一测试几何学中的重力影响，如果得以成功，尽管短时间内零重力流变学测试不大可能成为常规，但重力效应可以从其他原因中分离出来。

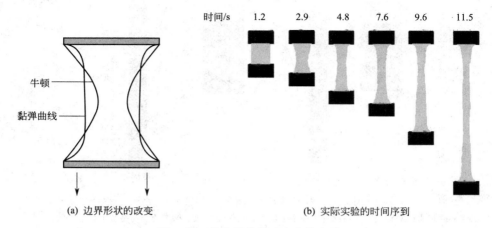

图 7.14　单丝拉伸实验产生的流动

时间序列数据来自 T. Sridhar 等 Journal of Non-Newtonian Fluid Mechanics，1991，271-280

最可信的测量拉伸流动性能的两种几何简要对比见表 7.4，对于流变学研究者而言，要开发出可靠、灵活地测量出拉伸性能的技术是一种挑战。

表 7.4　两种拉伸几何实验特性对比

特点	熔体伸展	单丝拉伸
应力范围	高黏度好	室温低黏度好
流动稳定性	受重力、表面张力、气流影响	受重力、表面张力、气流影响
样品尺寸和样品载荷	10g；要小心使末端效应最小	<1g；易于加载
数据处理	直接，但无法直接得出材料函数	考虑应变的不均匀性需要二次测试
均匀性	不均匀，不只是末端	不均匀，不只是末端
压力效应	无	无
拉伸速率	最大速率取决于夹具运动速度	最大速率取决于板速；最小速率取决于重力和黏性效应之比
特征	无法达到高应变或稳态；温度范围宽；有商用仪器	目前限于室温液体

这一章给出了几种描述聚合物和其他非牛顿材料的特征的流变学测量技术的概述性介绍。关于流体几何学、包括应力应变速率公式，更为展开的讨论详见 Bird 等人著作，关于材料函数实际测量中许多效应的讨论可参见 Walter 的著作，对于光学流变学的更多内容，参见 Fuller 著作。

参 考 文 献

[1] 陈文芳. 非牛顿流体力学. 北京：科学出版社，1984.

[2] 史铁钧，吴德峰. 高分子流变学基础. 北京：化学工业出版社，2009.

[3] 江体乾. 化工流变学. 上海：华东理工大学出版社，2004.

[4] Z. 塔德莫尔，C G. 戈戈斯. 聚合物加工原理. 耿孝正等译. 北京：化学工业出版社，1990.

[5] 吴其晔，巫静安. 高分子材料流变学. 北京：高等教育出版社，2002.

[6] 周彦豪. 聚合物加工流变学基础. 西安：西安交通大学出版社，1988.

[7] 王玉忠，郑长义. 高聚物流变学导论. 成都：四川大学出版社，1993.

[8] 金日光. 高聚物流变学及其在加工中的应用. 北京：化学工业出版社，1986.

[9] ［韩］Han C D. 聚合物加工流变学. 许僙，吴大诚译. 北京：科学出版社，1985.

[10] 沈崇棠，刘鹤年. 非牛顿流体力学及其应用. 北京：高等教育出版社，1989.

[11] 顾国芳，浦鸿汀. 聚合物流变学基础. 上海：同济大学出版社，2000.

[12] J. M. Dealy, K. F. Wissbrun. Melt Rheology and Its Role in Plastics Processing. New York：Van Nostrand Reinhold，1990.

[13] N. P. Cheremisinoff. An Introduction to Polymer Rheology and Processing. Boca Raton：CRC Press，FL 1993.

[14] H. A. Barnes, J. F. Hutton, K. Walters. An Introduction to Rheology. New York：Elsevier Science Publishers，1989.

[15] J. Meissner, J. Hostettler. A new elongational rheometer for polymer melts and other highly viscoelastic liquids. Rheol. Acta, 1994, 33, 1-21.

[16] R. I. Tanner. Engineering Rheology. Oxford：Clarendon Press，1988.

[17] T. Sridhar, V. Tirtaatmadja, D. A. Nguyen, R. K. Gupta. Measurement of extensional viscosity of polymer solutions. J. Non-newt. Fluid Mech.，1991，40，271-280.

[18] Faith A. Morrison Understanding rheology. New York：Oxford University，2001.

[19] C. W. Macosko. Rheology Principles. New York：Measurements, and Applications VCH Publishers，1994.

[20] R. B. Bird, R. C. Armstrong, O. Hassager. Dynamics of Polymeric Liquids, Fluid Mechanics. 2st ed. New York：John Wiley Sons，1987.

[21] R. G. Larson. Constitutive Equations for Polymer Melts and Solutions. Boston：Butterworths，1988.

[22] R. G. Larson. The Structure and Rheology of Complex Fluids. New York：Oxford University Press，1999.

[23] K. Walters, Rheometry. Industrial Applications. New York：Research Studies Press，1980.